Gerhard H. Jirka

Einführung in die Hydromechanik

Universität Karlsruhe (TH)
Institut für Hydromechanik

Einführung in die Hydromechanik

von
Gerhard H. Jirka

universitätsverlag karlsruhe

Impressum

Universitätsverlag Karlsruhe
c/o Universitätsbibliothek
Straße am Forum 2
D-76131 Karlsruhe
www.uvka.de

Universitätsverlag Karlsruhe 2007
Print on Demand

3., überarbeitete und ergänzte Auflage
ISBN: 978-3-86644-158-3

Vorwort

Das vorliegende Lehrbuch entstand während meiner Lehrtätigkeit an der Universität Karlsruhe im Studiengang "Bauingenieurwesen" in der Fakultät für Bauingenieur-, Geo- und Umweltwissenschaften. Als Referenzwerk zur strömungsmechanischen Grundlagenvorlesung "Hydromechanik" im 3. Semester des Studiengangs ermöglicht es Fachfremden einen Einstieg in die Grundlagen der Beschreibung von Strömungen. Darüber hinaus dient es als Nachschlagewerk für Ingenieure und Forscher.

Die Herausgabe der 1. Auflage des Lehrbuchs in Form eines Skriptums im Jahre 1998 wurde von Herrn Dr.-Ing. W. Bürmann koordiniert. Mein Kollege, Prof. Dr. habil. W. Rodi, hat eine erste Version des Skriptums gründlich durchgelesen und wichtige Verbesserungsvorschläge gemacht. Bei der Überarbeitung zur 2. Auflage hat Herr Dr.-Ing. T. Bleninger tatkräftig mitgewirkt. Die Grafik-, Satz- und Layoutänderungen sowie zahlreiche Ergänzungen für die 3. Auflage wurden von cand.-ing. Sageetha Balachandran und cand.-ing. Roman von Rhein durchgeführt. An alle Beteiligten an dieser Stelle ein herzliches Dankeschön.

Das Lehrbuch ergänzende und bereichernde Materialien wie Labordemonstrationen, Video- und Multimediamaterial und praktische Anwendungsbeispiele werden auf der Webseite http://hydro.ifh.uni-karlsruhe.de zur Verfügung gestellt.

Gerhard H. Jirka

März 2007

Inhaltsverzeichnis

Verzeichnis der Symbole

Dimensionen und Einheiten

Beruhend auf dem internationalen Einheitensystem, SI = Système International d'Unités.

Größe	**Dimension**	**Einheit**	**Umrechnungen, alternative Einheiten**
Basisgrößen			
Länge	L	m (Meter)	$1\,\mathrm{m} = 10^2\,\mathrm{cm} = 10^3\,\mathrm{mm}, 1\,\mathrm{km} = 10^3\,\mathrm{m}$
Masse	M	kg (Kilogramm)	$1\,\mathrm{kg} = 10^3\,\mathrm{g}, 1\,\mathrm{t} = 10^3\,\mathrm{kg}$
Zeit	T	s (Sekunde)	$1\,\mathrm{min} = 60\,\mathrm{s}, 1\,\mathrm{h} = 3600\,\mathrm{s}, 1\,\mathrm{d} = 86400\,\mathrm{s}$
Temperatur	θ	K (Kelvin) oder °C(Grad Celsius)	$\theta\,°\mathrm{C} = \theta\,\mathrm{K} - 273{,}15$
Abgeleitete Größen			
Kraft	$F = ML/T^2$	N (Newton)	$1\,\mathrm{N} = 1\,\mathrm{N} = 1\,\mathrm{kg\ m/s^2}$
Druck, Spannung	F/L^2	Pa (Pascal)	$1\,\mathrm{Pa} = 1\,\mathrm{N/m^2}, 1\,\mathrm{bar} = 10^5\,\mathrm{Pa}$
Arbeit, Wärme, Energie	FL	J (Joule)	$1\,\mathrm{J} = 1\,\mathrm{Nm}, 1\,\mathrm{kg\ m^2/s^2}$
Leistung	FL/T	W (Watt)	$1\,\mathrm{W} = 1\,\mathrm{J/s}$

Formelzeichen

Nur mehrfach verwendete Zeichen sind hier aufgeführt.

Symbol	**Einheit**	**Bedeutung**
A	m^2	Fläche, Strömungsquerschnitt

Symbol	Einheit	Bedeutung
A_p	m^2	Querschnittsfläche eines Körpers normal zur Strömung (Kap.9)
a	$\mathrm{m/s}^2$	Beschleunigung, $\vec{a} = (a_x, a_y, a_z)$ oder $\vec{a} = (a_t, a_n)$
a_t	m^2/s	Wärmeleitfähigkeit, Konduktivität (Kap.1)
B	m	Breite
b	m	Breite
C	variabel	Integrationskonstante
C_A	–	Auftriebsbeiwert von umströmten Körpern (Kap.9)
C_f	–	Reibungskoeffizient (Kap.7)
C_p	–	Druckkoeffizient
C_W	–	Widerstandsbeiwert von umströmten Körpern (Kap.9)
c	m/s	Schallgeschwindigkeit im kompressiblen Fluid bzw. Fortpflanzungsgeschwindigkeit einer Oberflächenstörwelle im Gerinne
c_M	$\mathrm{kg/m}^3$	Massenkonzentration
c_p	$\mathrm{J/m^3K}$	spezifische Wärme
D	m	Durchmesser
D_m	m^2/s	Massendiffusivität (Kap.1)
d	m	Durchmesser
E	$\mathrm{N/m}^2$	Elastizitätsmodul (Kap.1, Kap.4)
E	J	Energie
E	m	spezifische Energiehöhe in Gerinneströmung (Kap.10)
e	J/kg	spezifische Energie
$\vec{F}$	N	Kraft, $\vec{F} = (F_x, F_y, F_z)$
F_A	N	hydrodynamische Auftriebskraft (Kap.9)
F_B	N	hydrostatische Auftriebskraft (Abschn.2.5)
$\vec{F}_B$	N	Massenkraft
F_p	N	Druckkraft
$\vec{F}_S$	N	Oberflächenkraft
F_s	N	Oberflächenreibungskraft
F_W	N	Widerstandskraft, Strömungswiderstand
Fr	–	Froudezahl
g	$\mathrm{m/s}^2$	Erdbeschleunigung
G	N	Gewichtskraft
G_p	$\mathrm{N/m}^3$	Gradient des piezometrischen Druckes (7.7)

Symbol	Einheit	Bedeutung
H	m	Höhe, Energiehöhe
h	m	Höhe, piezometrische Höhe
h	m	Wassertiefe (Kap.10)
h_p	m	Pumpenenergiehöhe
h_t	m	Turbinenenergiehöhe
h_v	m	Energieverlusthöhe
$\vec{I}$	kg m/s	linearer Impuls, $\vec{I} = (I_x, I_y, I_z)$
I	–	Gefälle
I_e	–	Energiegefälle
I_p	–	Druckgefälle
I_o	–	Sohlgefälle
K	m/s	Durchlässigkeitskoeffizient des porösen Mediums
k_s	m	Rauheit
k_{St}	$\mathrm{m}^{1/3}/\mathrm{s}$	Strickler-Beiwert (10.16)
L	m	Länge
L_j	m	Wechselsprunglänge (Abschn.10.6)
l	m	Länge
l_v	m	viskose Länge (7.28)
M	kg	Masse
$\vec{M}$	Nm	Kraftmoment (Abschn. 4.3)
M_c	kg	Tracermasse
Ma	–	Machzahl
$\dot{m}$	kg/s	Massenfluss
n	m	Koordinate normal zur Stromlinie
P	W	Leistung
P	N	Normalkraft, Druckkraft
P	m	benetzter Umfang (Perimeter) (8.29)
Pr	–	Prandtl-Zahl, $\mathrm{Pr} = \nu/a_t$
p	Pa	Druck
p_{abs}	Pa	absoluter Druck
p_d	Pa	Dampfdruck
p_{vak}	Pa	Unterdruck (Vakuum)
Q	m^3/s	Durchfluss
q	m^2/s	Durchfluss pro Breiteneinheit, spezifischer Durchfluss
$\dot{Q}_H$	J/s	Wärmezufluss

Symbol	Einheit	Bedeutung
R	J/kgK	Gaskonstante
$\vec{R}$	N	resultierende Kraft, $\vec{R} = (R_x, R_y, R_z)$
R_h	m	hydraulischer Radius
r	m	Radius, Radialkoordinate
$\vec{r}$	m	Positionsvektor, $\vec{r} = (x, y, z)$
Re	–	Reynoldszahl (3.6)
s	m	Länge, natürliche Koordinate (Distanz) entlang der Stromlinie
Sc	–	Schmidt-Zahl, $\mathrm{Sc} = \nu / D_m$
T	K, C	Temperatur
t	s	Zeit
t	m	Tiefe (Kap.2)
U_0	m/s	Anström- (Außen-)geschwindigkeit
u	m/s	Geschwindigkeit in x-Richtung
u_t	J/kg	spezifische innere Energie
u_*	m/s	Schubspannungs- (Reibungs-)geschwindigkeit (7.27)
V	m/s	Geschwindigkeit
$\vec{V}$	m/s	Geschwindigkeitsvektor, $\vec{V} = (u, v, w)$ oder $\vec{V} = (V_s, V_n)$
$\overline{V}$	m/s	mittlere Geschwindigkeit
$\forall$	m^3	Volumen
v	m/s	Geschwindigkeit in y-Richtung
$\dot{W}$	W	geleistete Arbeit
$\dot{W}_N$	W	geleistete Druckarbeit
$\dot{W}_S$	W	geleistete Scherarbeit
We	–	Weberzahl
w	m/s	Geschwindigkeit in z-Richtung
x, y, z	m	kartesische Koordinaten
y	m	Wandkoordinate (-abstand) bei G.S. (Kap.7,8)

α	–	Winkel
α	–	Energieungleichförmigkeitskoeffizient (5.13)
B	variabel	extensive Größe
β	variabel	intensive Größe
β	–	Impulsungleichförmigkeitsfaktor (4.41)
γ	N/m^3	spezifisches Gewicht

γ_m	$\mathrm{N/m^3}$	spezifisches Gewicht des Messfluids (Kap.2)
δ	m	Grenzschichtdicke
ζ	–	Verlustbeiwert für örtliche Verluste (**??**)
θ	–	Winkel, Winkelkoordinate
λ	–	Reibungsbeiwert nach Darcy-Weisbach (8.21)
κ	–	von-Karman-Kappa, $\kappa = 0{,}4$
μ	$\mathrm{Ns/m^2}$	dynamische Viskosität (Zähigkeit)
ν	$\mathrm{m^2/s}$	kinematische Viskosität (Zähigkeit)
Π	–	Nachlaufparameter (7.39c)
π	–	3,14159
ρ	$\mathrm{kg/m^3}$	Dichte
σ	$\mathrm{N/m^2}$	Normalspannung (Abschn.4.2.2)
σ	$\mathrm{N/m}$	Oberflächenspannung (Kap.1)
τ	$\mathrm{N/m^2}$	Schubspannung
ϕ	$\mathrm{m^2/s}$	Geschwindigkeitspotential
Ω	$\mathrm{1/s}$	Winkelgeschwindigkeit
$\vec{\omega}$	$\mathrm{1/s}$	Rotationsvektor, $\vec{\omega} = (\omega_x, \omega_y, \omega_z)$

Indizes

0	Referenzwert
atm	atmosphärisch
c	kritisch
D	Druckkraft (Kap.2)
f	Fluid
f	Reibung
H	horizontal
krit	kritisch
m	Modell
max	maximal
min	minimal
n	normal
o	Referenzwert
opt	optimal
p	Prototyp (Natur)

r	radial
r	Verhältnis (Kap.6)
S	Schwerpunkt (Kap.2)
s	entlang der Stromlinie
s	senkrecht
sys	System
t	tangential
V	vertikal
w	Wasser
x, y, z	bezogen auf die Richtung
δ	Grenzschicht

Abkürzungen

A	Ablösepunkt der Grenzschicht
C.B.	Schwerpunkt des verdrängten Wasservolumens
D	Druckmittelpunkt
D.L.	Drucklinie
E.L.	Energielinie
G.S.	Grenzschicht
K.O.	Kontrolloberfläche
K.V.	Kontrollvolumen
NN	Nullniveau, Datum
OW	Oberwasser
S	Schwerpunkt
S	Staupunkt
UW	Unterwasser

Literaturverzeichnis

Folgende Bücher können zum zusätzlichen Vertiefungsstudium empfohlen werden. Darüber hinaus erhält das Skriptum einige weitere Literaturzitate, die in den hier angeführten Büchern (bes. Truckenbrodt, 1998, 1992) aufgelistet sind.

Dracos, T., *Hydraulik*, Verlag der Fachvereine, Zürich, 1990

Naudascher, E., *Hydraulik der Gerinne und Gerinnebauwerke*, Springer-Verlag, Wien, New York, 2. Auflage, 1992

Nezu, I. und Nakagawa, H., *Turbulence in Open-Channel Flow*, A. A. Balkema, Rotterdam, 1993

Preißler, G. und Bollrich, G., *Technische Hydromechanik*, Band 1, VEB Verlag für Bauwesen, Berlin, 3.Auflage, 1992

Roberson, J. A. and Crowe, C.T.,*Engineering Fluid Mechanics*, Houghton-Miffin , Boston, 5. Edition,1993

Schlichting, H., *Grenzschichttheorie*, Verlag C. Braun, Karlsruhe, 1982

Truckenbrodt, E., *Fluidmechanik*, Springer-Verlag, Berlin, Heidelberg, New York, Band 1, 3. Auflage, 1989, Band 2, 3. Auflage, 1992

Kapitel 1

Einleitung und Definitionen

Die Hydromechanik ist ein Teilgebiet der Mechanik. Die Mechanik beschreibt im allgemeinen das Verhalten von *Körpern* unter Einfluss von Kräften, während sich die Hydromechanik speziell mit dem Verhalten von *Fluiden*, also deformierbaren Massensystemen, befasst.

Die Fluidmechanik hat wichtige Anwendungen in vielen Wissenschaftsbereichen und Ingenieurgebieten. Im Bau- und Umweltingenieurwesen sind zwei Fluide von besonderer Bedeutung: Wasser und Luft. Als Beispiele für typische Anwendungsgebiete und Problemkreise, in denen diese Fluide eine Rolle spielen, seien erwähnt:

- Wasser:
  - Wasserversorgung mit Rohrleitungen, Speicher und Verteilereinrichtungen, sowie Wasserentsorgung durch Kanäle und Kläranlagen
  - Energienutzung durch Wasserkraftanlagen
  - Flussbau, Hochwasserschutz und Ausgleich von Niedrigwasser durch Dämme, Wehre und Reguliereinrichtungen
  - Gewässer als Vorfluter, Träger von Nähr- oder Schadstoffen
  - Grundwassernutzung, Sanierung von Kontaminationen
- Luft:
  - Belastung von Bauwerken durch Wind
  - Luftqualitätsprobleme durch Industrieemissionen oder durch Kfz-Abgase
  - Belüftung und Klimatisierung von Innenräumen

1.1 Definitionen eines Fluides

Alle physikalischen Stoffe können in drei Phasenzuständen auftreten, als *feste Körper*, als *Flüssigkeiten* und als *Gase*. Flüssigkeiten und Gase werden *Fluide* genannt, da sie unter Einwirkung von Schubspannungen (Tangentialspannungen) im Gegensatz zu Festkörpern die Eigenschaft haben, sich kontinuierlich zu verformen. Diese Eigenschaft wird Fluidität oder Fließbarkeit genannt. Es gelten die folgenden Definitionen:

> Ein *Fluid* verformt sich kontinuierlich unter dem Einfluss von Schub- (Tangential-) spannungen, unabhängig davon, wie klein diese Spannungen sind. Die Verformungs*rate* (d. h. die zeitliche Änderung) hängt von der Größe der Schubspannungen ab.
>
> Ein *Festkörper* dagegen verformt sich um einen bestimmten Betrag unmittelbar nach Aufbringen der Schubspannung. Danach tritt ein statisches Gleichgewicht ein. Die Verformungs*größe* hängt von der Größe der Schubspannung ab. Es kommt zu keiner kontinuierlichen Verformung.

Bei Fluiden ist die Verformungsrate also proportional zur Größe der Schubspannung. Die Proportionalität ist eine Stoffeigenschaft, die sich *Viskosität* (oder Zähigkeit) nennt.

1.2 Unterschiede zwischen Flüssigkeiten und Gasen

Fluide unterteilen sich in Flüssigkeiten und Gase nach ihrem unterschiedlichen Verhalten unter Druck- (Normal-)spannungen. Flüssigkeiten verändern ihr Volumen unter Druck kaum. In der praktischen Anwendung werden *Flüssigkeiten* demnach als wenig kompressibel bzw. *inkompressibel* betrachtet.

Gase sind dagegen stark *kompressibel*. Sie zeigen schon bei kleinen Druckdifferenzen große Volumenänderungen. Um diese Eigenschaft der Gase beschreiben zu können, ist es notwendig, thermodynamische Beziehungen zwischen Dichte, Druck und Temperatur zu berücksichtigen (z. B. ideales Gasgesetz). In vielen praktischen Anwendungen sind aber die Druckänderungen klein, so dass dann auch die Gasströmung als inkompressibel betrachtet werden kann.

Das gesamte Verhalten von Fluiden unter Einfluss von Kräften wird durch die *Fluidmechanik* oder auch *Strömungsmechanik* beschrieben. Diese lässt sich in zwei Untergruppen, die Hydromechanik und die Gasdynamik, unterteilen:

Hydromechanik
Strömung von Fluiden ohne Dichteänderung, d.h. von Flüssigkeiten oder von Gasen bei kleinen Geschwindigkeiten
Anwendungen:

- Strömungen um eingetauchte Körper (Schiffe, Flugzeuge im Unterschallbereich, Bauwerke)
- Strömungen in Pumpen und Turbinen
- Strömungen in Rohren, offenen Gerinnen und Gewässern[1]
- Strömungen in porösen Medien (Grundwasser, Erdölförderung)

Gasdynamik
Strömung von Gasen mit starken Dichteänderungen
Anwendungen:

- Strömungen in Kompressoren, Verbrennungsmotoren und Gasturbinen
- Hochgeschwindigkeitsströmungen um Flugkörper (Überschallflugzeuge, Raketen, Geschosse)

1.3 Fluid als Massensystem

Ein Fluid als Massensystem betrachtet ist ein System von einzelnen Partikeln, das sich durch den Raum bewegt. Dabei kann es Gestalt und Volumen ändern: Abb. 1.1 zeigt den Umriss eines solchen Massensystems, das sich in einem Geschwindigkeitsfeld bewegt, und sich dabei verformt, zu den Zeiten t und $t+dt$.

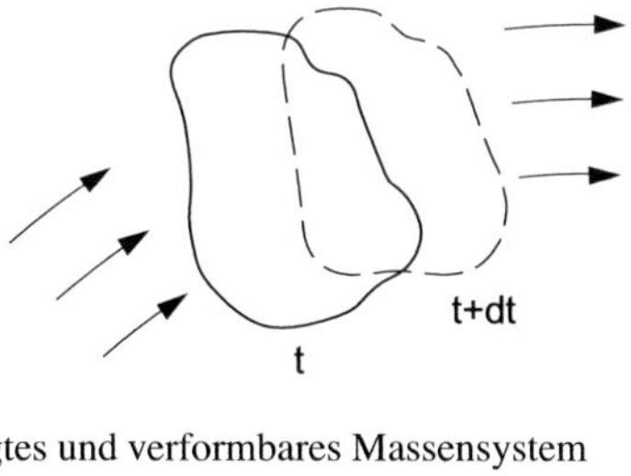

Abb. 1.1: Fluid als bewegtes und verformbares Massensystem

Ein solches System besitzt:

- *extensive* (globale) Eigenschaften: Sie beziehen sich auf das gesamte Massensystem, z.B. Volumen $\forall$, Gewicht W, Masse M, Energie E.

[1]Diese beiden Anwendungsgebiete werden in der Bau- und Umweltingenieurpraxis meist als „Hydraulik" zusammengefasst („Rohrhydraulik" bzw. „Gerinnehydraulik")

- *intensive* (lokale) Eigenschaften: Sie sind unabhängig von der Gesamtmasse und können lokal definiert werden, z. B. Temperatur T, Dichte ρ, Druck p.

Das System wird als *Kontinuum* betrachtet, d. h. die Eigenschaften der einzelnen Moleküle, aus denen das System besteht, werden ignoriert. Dies bedeutet, dass alle intensiven Fluideigenschaften kontinuierlich über das System und im Raum definierbar sind.

1.4 Intensive Fluideigenschaften

Dichte:

$$\rho = \frac{\text{Masse}}{\text{Volumen}} = \lim_{\Delta V \to 0} \frac{\Delta M}{\Delta V} \qquad \left[\frac{\text{kg}}{\text{m}^3}\right] \tag{1.1}$$

Da Fluide oft im Schwerefeld der Erde betrachtet werden, ergibt sich das *spezifische Gewicht* γ als das Produkt aus der Dichte ρ und der Erdbeschleunigung g

$$\gamma = \rho g \qquad \left[\frac{\text{N}}{\text{m}^3}\right] \tag{1.2}$$

Temperatur:

$$T \qquad [\text{K}] \text{ oder } [^\circ\text{C}]$$

Druck:

$$p = \frac{\text{Normalkraft}}{\text{Fläche}} = \lim_{\Delta A \to 0} \frac{\Delta F}{\Delta A} \qquad \left[\frac{\text{N}}{\text{m}^2}\right] = [\text{Pa}] \tag{1.3}$$

Die Normalkraft F wirkt am freigeschnittenen Körper normal auf die Schnittfläche A (vgl. Abschnitt 2.1).

Im allgemeinen besteht bei Fluiden eine Beziehung zwischen Dichte, Temperatur und Druck. Da Flüssigkeiten aber wenig kompressibel sind, kann die Druckabhängigkeit meist vernachlässigt werden, und die Dichte ist in erster Linie eine Funktion der Temperatur, wie in Tabelle 1.1 und Abb. 1.2 für Wasser dargestellt ist. Die Dichte kann dabei auch vom Gehalt gelöster Stoffe, z. B. Salze im Falle von Meerwasser, abhängen (Abb. 1.2). Süßwasser zeigt ein Dichtemaximum von 1000 kg/m^3 bei einer Temperatur von 4°C. Der Wert $\rho = 1000\ \text{kg}/\text{m}^3$ ist ein wichtiger Richtwert für viele praktische Anwendungen, in denen Temperaturunterschiede vernachlässigbar sind.

Gase dagegen sind stark kompressibel, und ihre Dichte muss immer im Zusammenhang mit Temperatur und Druck berücksichtigt werden. Die Werte für Luft in Tabelle 1.1 bzw. Abb. 1.2 beziehen sich deshalb auf den Standardatmosphärendruck von 1013 hPa (siehe Abschnitt 2.2). Ein Richtwert für die Luftdichte ist dabei $\rho = 1{,}25\ kg/m^3$, also etwa 1/800 der Wasserdichte.

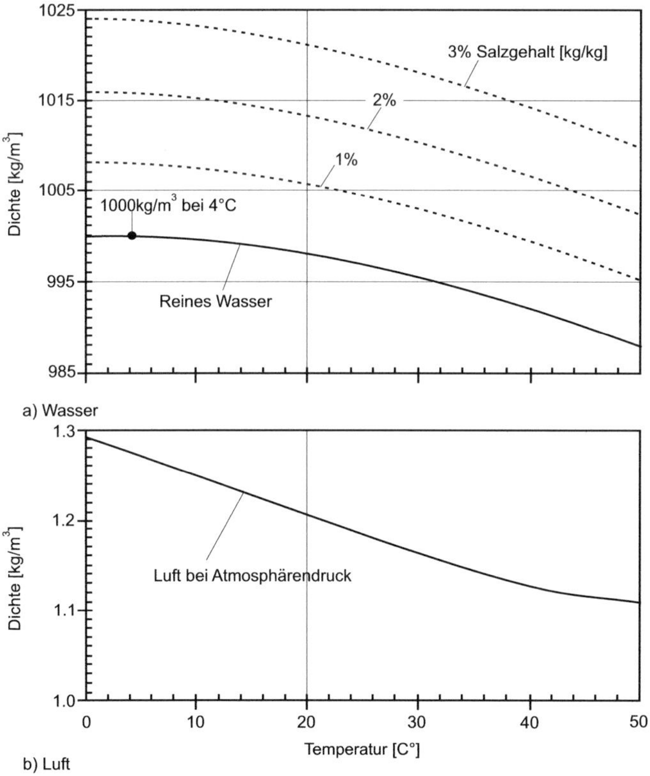

Abb. 1.2: Dichte von Wasser und Luft in Abhängigkeit von der Temperatur

Tabelle 1.1: Verschiedene Eigenschaften von Wasser und Luft in Abhängigkeit von der Temperatur

a) *Wasser*: Reines Wasser ohne gelöste Stoffe							
Temperatur T [°C]	0	4	10	20	30	50	100
Dichte ρ [kg/m^3]	999,8	1000	999,7	998,3	995,7	988	958,1
kinematische Viskosität ν [10^{-6}m^2/s]	1,780	1,584	1,300	1,006	0,805	0,556	0,294
Wärmekapazität c_p [J/kgK]	4217	4205	4192	4182	4178	4180	4216
Wärmeleitfähigkeit a_t [10^{-6}m^2/s]	0,135	–	–	0,143	–	–	0,168
Elastizitätsmodul E [10^9Pa]	1,964	–	2,092	2,197	2,233	2,264	2,041
Dampfdruck p_d [hPa]	6,11	8,13	12,27	23,37	42,41	123,35	1013,3
Oberflächenspannung σ [N/m]	0,0756	0,0749	0,0742	0,0728	0,0712	0,0679	0,0589

b) *Luft*: Werte bei Standardatmosphärendruck 1013 hPa Elastizitätsmodul $E = 1{,}42 \cdot 10^5$ Pa bei adiabatischen Verhältnissen							
Temperatur T [°C]	0	4	10	20	30	50	100
Dichte ρ [kg/m^3]	1,293	1,274	1,247	1,205	1,165	1,092	0,946
kinematische Viskosität ν [10^{-6}m^2/s]	13,28	13,64	14,18	15,10	16,03	17,86	23,15
Wärmekapazität c_p [J/kgK]	1006	–	–	1005	–	–	–
Wärmeleitfähigkeit a_t [10^{-6}m^2/s]	18,49	–	–	21,19	–	–	–

Wärmekapazität:

$$c_p = \frac{\text{Wärme}}{\text{Masse, Temperatureinheit}} \qquad \left[\frac{J}{kgK}\right]$$

Die Wärmekapazität ist ein Maß für die Fähigkeit eines Fluides, thermische Energie zu speichern. Sie entspricht der Wärmemenge, die einer Masseneinheit des Fluides zugeführt werden muss, um dessen Temperatur um ein Grad Temperatureinheit zu erhöhen. Die Wärmekapazität von Gasen hängt dabei von der Art des Prozesses ab, wie Wärme zugeführt wird. Wird der Druck konstant gehalten, so wird die Wärmekapazität mit dem Symbol c_p identifiziert. Wird dagegen das Volumen konstant gehalten, so beschreibt das Symbol c_v die Wärmekapazität.

Spezifische innere Energie:

$$u_t = \frac{\text{Energie aufgrund der molekularen Bewegung}}{\text{Masse}} \qquad \left[\frac{\text{J}}{\text{kg}}\right] \tag{1.4}$$

Die spezifische innere Energie ist der kalorische Energiegehalt, der der gesteigerten molekularen Aktivität mit zunehmender Temperatur entspricht.

Viskosität (Zähigkeit):

Die Viskosität ist eine Fluideigenschaft, die sich erst bemerkbar macht, wenn das Fluid in Bewegung ist. Durch die Bewegung können Geschwindigkeitsunterschiede zwischen benachbarten Fluidschichten entstehen. Als Beispiel dazu zeigt Abb. 1.3 eine zweidimensionale (x-y), parallele Scherströmung (z. B. eine Wasserschicht an einer Berandung). Die Geschwindigkeit des Fluides an der Berandung ist gleich null, d. h. das Fluid haftet am Festkörper. Diese Eigenschaft wird *Haftbedingung* genannt. Je nach Abstand y des Fluides vom Rand ändert sich die Fluidgeschwindigkeit V, es ergibt sich also ein Geschwindigkeitsprofil $V(y)$. Die Strömung kann aus Schichten bestehend angesehen werden, die sich mit unterschiedlicher Geschwindigkeit fortbewegen. Solche Schichtströmungen heißen *laminare Strömungen*.

Zwischen zwei Schichten einer laminaren Strömung besteht ein Geschwindigkeitsgradient dV/dy $[1/\text{s}]$, der einer Winkeldeformationsrate, d. h. der zeitlichen Verformung eines Fluidelementes, entspricht, wie anhand von Abb. 1.4 gezeigt wird.

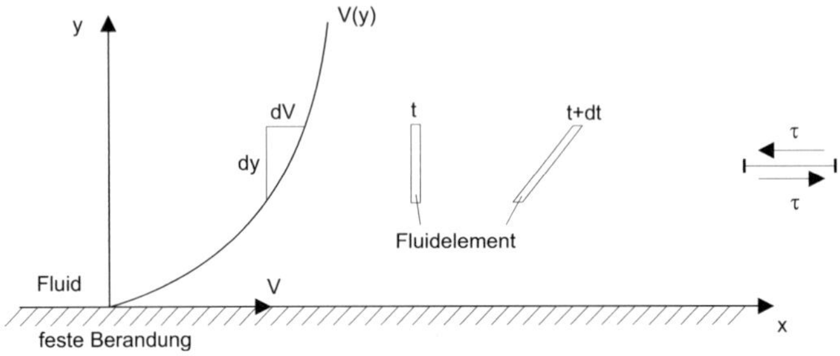

Abb. 1.3: Parallele Scherströmung

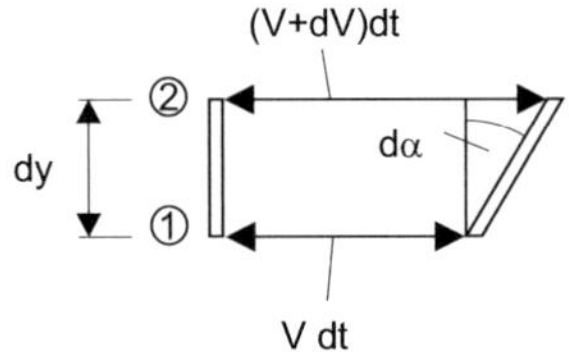

Abb. 1.4: Deformation eines vertikalen Fluidelementes in einer Scherströmung

Die Ober- und die Unterkante eines Fluidelementes, das zwischen zwei Schichten liegt, bewegen sich mit unterschiedlicher Geschwindigkeit. Punkt ② an der oberen Begrenzung zur Schicht wandert schneller als Punkt ①. Das Fluidelement hat sich nach der Zeit $t+dt$ deformiert. Der Punkt ① ist um die Distanz $V dt$, der Punkt ② um $(V+dV)dt$, gewandert. Für den Verformungswinkel $d\alpha$ ergibt sich

$$d\alpha = \frac{dV\,dt}{dy}$$

und für die Winkeldeformationsrate

$$\frac{d\alpha}{dt} = \frac{dV}{dy}$$

Zwischen den Schichten wirkt eine Schubspannung τ. Für viele Fluide (sog. Newtonsche Fluide) ist diese direkt proportional zur Winkeldeformationsrate, wie empirisch durch Messungen feststellbar ist. Für solche Fluide gilt der Newtonsche[2] Ansatz

$$\tau = \mu \frac{dV}{dy} \tag{1.5}$$

[2]Isaac Newton (1642-1727), englischer Mathematiker und Physiker

Die Proportionalitätskonstante μ in diesem Ansatz wird *dynamische Viskosität* oder Zähigkeit genannt

$$\mu = \text{dynamische Viskosität} \qquad \left[\frac{\text{N} \cdot \text{s}}{\text{m}^2}\right]$$

Die Zähigkeit kommt durch molekularen Impulsaustausch zustande. Moleküle, die sich in einer Schicht mit kleinerer Geschwindigkeit befinden (①), tauschen ihren Impuls mit Molekülen der schnelleren Schicht (②) aus, und umgekehrt.

Man kann diesen Impulsaustausch mit zwei Transportbändern vergleichen, auf denen Menschen stehen, wie in Abb. 1.5 skizziert ist. Die Transportbänder bewegen sich mit unterschiedlichen Geschwindigkeiten. Menschen steigen von einem Band auf das andere über. Sie übertragen ihren Impulsunterschied auf das jeweils andere Band. Personen, die vom schnelleren Band ② auf das langsamere Band ① umsteigen, transferieren einen Geschwindigkeitsüberschuss, d. h. einen Impulsüberfluss (Impuls = Masse mal Geschwindigkeitsüberfluss). Vom langsameren zum schnelleren Band übertragen sie ein Impulsdefizit. Impulsüberschuss und -defizit ergeben eine beschleunigende bzw. verzögernde Kraft. Im Modell wird dabei ein zufälliger Austausch betrachtet, wie er im molekularen Zustand vorkommt, d. h. Moleküle bewegen sich oder kollidieren zufallsbedingt zwischen den Schichten: Durch diesen Impulsaustausch entsteht die Scherspannung zwischen den Schichten.

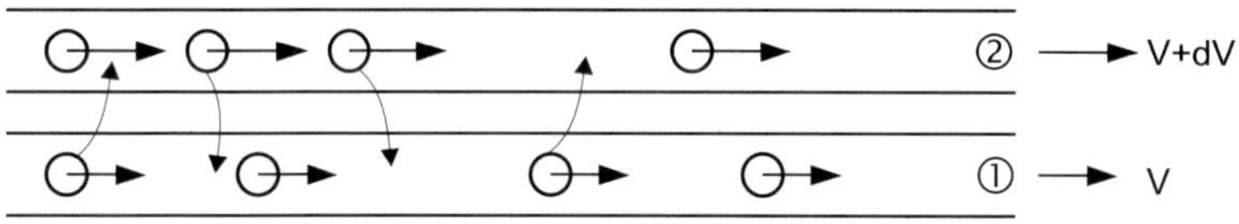

Abb. 1.5: Transportbandanalogie zum molekularen Impulsaustausch

Da die dynamische Viskosität μ oft in Kombination mit der Fluiddichte auftritt, wird auch die *kinematische Viskosität* ν definiert

$$\nu = \frac{\mu}{\rho} \qquad \left[\frac{\text{m}^2}{\text{s}}\right] \tag{1.6}$$

Die Schubspannungen können dann als proportional zum Impulsgradienten angesehen werden, wobei ρV der Massenimpuls pro Volumeneinheit ist

$$\tau = \mu \frac{dV}{dy} = \rho \nu \frac{dV}{dy} = \nu \frac{d(\rho V)}{dy} \tag{1.7}$$

Die kinematische Zähigkeit von Fluiden ist eine Funktion der Temperatur, da diese die molekularen Eigenschaften beeinflusst: Bei Flüssigkeiten nimmt die Zähigkeit mit zunehmender Temperatur ab (weniger Kohäsion), bei Gasen nimmt sie durch die zunehmende molekulare Aktivität zu (sh. Abb. 1.6 für Wasser und Luft).

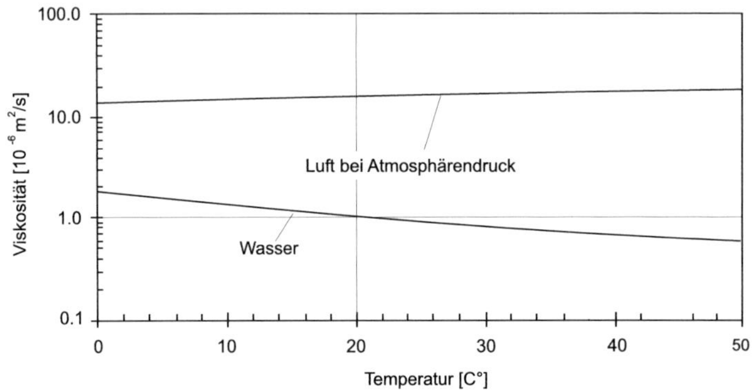

Abb. 1.6: Kinematische Viskosität von Wasser und Luft in Abhängigkeit von der Temperatur

Typische Richtwerte für die kinematische Zähigkeit sind für Wasser $\nu \approx 10^{-6}$ m^2/s und für Luft $\nu \approx 10^{-5}$ m^2/s. Luft verhält sich also relativ zäher als Wasser!

Der Newtonsche Ansatz gilt aber nicht für alle Fluide. Das generelle Fluidverhalten wird in einem rheologischen Diagramm (Abb. 1.7) dargestellt, das die Beziehung zwischen Schubspannungen und Verformungsraten angibt.

Drei Untergruppen von fluidem Verhalten sind aus Abb. 1.7 ersichtlich:

1. Newtonsche Fluide: Sie stellen im rheologischen Diagramm eine Gerade dar, genügen somit dem Newtonschen Ansatz. Die Steigung der Geraden ist die dynamische Viskosität μ. Ein leichtviskoses Fluid zeigt eine flache, ein hochviskoses Fluid eine steile Gerade. Hauptbeispiele für Newtonsche Fluide sind Wasser, Öle, Luft, und andere Gase.
2. Nicht-Newtonsche Fluide: Sie zeigen ein nicht-lineares Verhalten. Bei kleinen Verformungsraten sind die Schubspannungen, die aufzubringen sind, um das Fluid in Bewegung zu halten, größer als bei hohen Verformungsraten. Wenn das Fluid einmal in Bewegung ist, reichen kleinere Schubspannungen aus, um die Bewegung aufrecht zu erhalten. Beispiele hierfür sind Suspensionen (z. B. Lacke, Blut, Flüssigbeton).
3. Binghamsche Fluide: Sie zeigen plastisches Verhalten. Bis zu einer kritischen Schubspannung τ_c verhalten sich diese Fluide wie feste Körper. Dann tritt Fließen ein und

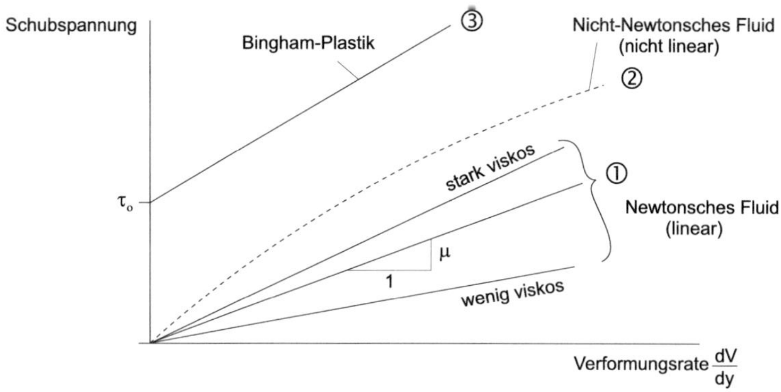

Abb. 1.7: Rheologisches Diagramm für diverse Fluide

sie reagieren wie ein Fluid. Alle Festkörper verhalten sich so beim Übergang in den plastischen Bereich (z. B. auch Stahl). Ein typisches Beispiel ist Zahnpasta: Erst beim Überschreiten eines Mindestdrucks auf die Tube wird Zahnpasta beweglich.

Bei den weiteren Überlegungen werden nur noch Newtonsche Fluide betrachtet.

Wärmeleitfähigkeit:

Wenn in einem Fluid Temperaturunterschiede oder Massenkonzentrationsunterschiede bestehen (sh. Abb. 1.8), so treten zusätzliche Transportprozesse auf, die sich analog zum molekularen Impulsaustausch verhalten.

Abb. 1.8 zeigt ein Temperaturprofil $T(y)$, wie es sich an einer gekühlten Berandung in einem Fluid einstellen kann. Der molekulare Wärmefluss q_w ist proportional zum Temperaturgradienten. Er ist negativ definiert für einen Fluss von einer hohen zu einer niedrigeren Temperatur und durch das Fouriersche[3] Gesetz gegeben.

$$q_w = -a_t \rho c_p \frac{dT}{dy} \qquad \left[\frac{\mathrm{J}}{\mathrm{m}^2 \cdot \mathrm{s}}\right] \tag{1.8}$$

wobei $a_t[\frac{\mathrm{m}^2}{\mathrm{s}}]$ die Wärmeleitfähigkeit (Konduktivität) und c_p die Wärmekapazität sind. Die Wärmeleitfähigkeit a_t ist auch temperaturabhängig, z.B $a_t = 0{,}135 \cdot 10^{-6}\mathrm{m}^2/\mathrm{s}$ für Wasser bei 0°C (sh. Tabelle 1.1).

[3]Joseph Fourier, (1768-1830), französischer Mathematiker und Physiker

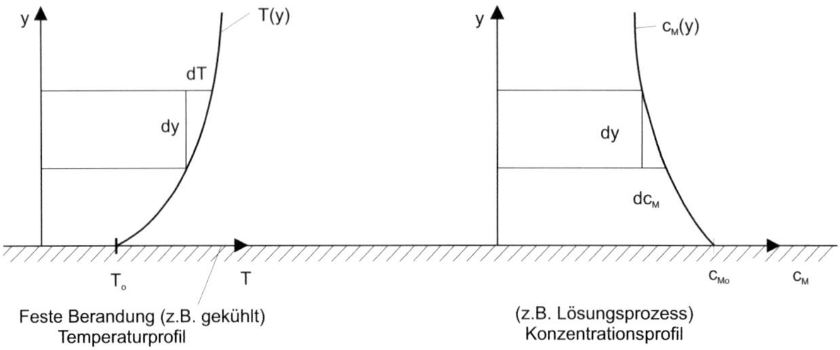

Abb. 1.8: Beispiele von Temperatur- bzw. Konzentratrationsverteilungen in einem Fluid mit fester Berandung

Massenkonzentration:

Fluide können verschiedene Fremdstoffe enthalten, z. B. gelöste Stoffe (Salze) in Wasser oder Abgase in der Luft. Das Vorhandensein solcher Stoffe wird durch die Massenkonzentration c_M gemessen.

$$c_M = \frac{\text{Fremdstoffmasse}}{\text{Volumen}} \qquad \left[\frac{\text{kg}}{\text{m}^3}\right]$$

Massendiffusivität:

Im Falle, dass ein Konzentrationsprofil $c_M(y)$ in einem Fluid existiert (z. B. Abb. 1.8), ergibt sich der Massentransport q_c in der y-Richtung durch das Ficksche[4] Gesetz

$$q_c = -D_m \frac{dc_M}{dy} \qquad \left[\frac{\text{kg}}{\text{m}^2 \cdot \text{s}}\right] \tag{1.9}$$

wobei $D_M \left[\frac{\text{m}^2}{\text{s}}\right]$ die Massendiffusivität ist.

Das negative Vorzeichen zeigt wiederum an, dass der Massentransport von einem Gebiet hoher Konzentration in ein Gebiet niederer Konzentration erfolgt. Die Massendiffusivität D_m ist abhängig von der Temperatur und der Stoffeigenschaft, z. B. bei gelöstem Salz in Wasser $D_m = 0{,}78 \cdot 10^{-9} \text{m}^2/\text{s}$ bei 0°C. Insgesamt zeigt sich, dass Analogien zwischen dem

[4] Adolf Eugen Fick (1829-1901), deutscher Mediziner

Newtonschen, dem Fourierschen und dem Fickschen Gesetz bestehen, die jeweils Transportprozesse beschreiben, welche durch die Gradienten bedingt sind. Alle drei Transportprozesse (Impuls, Wärme, Masse) werden durch molekulare Austauschvorgänge hervorgerufen. Um darzustellen, wie effizient diese Austauschvorgänge zueinander ablaufen, werden die Koeffizienten ν, a_t, und D_m ins Verhältnis gesetzt:

$$\frac{\nu}{a_t} = \mathrm{Pr} \qquad \text{Prandtl}^5\text{-Zahl} \tag{1.10}$$

$$\frac{\nu}{D_m} = \mathrm{Sc} \qquad \text{Schmidt}^6\text{-Zahl} \tag{1.11}$$

Die Prandtl-Zahl gibt an, wie schnell der Impulsaustausch im Verhältnis zum Wärmeaustausch stattfindet, während die Schmidt-Zahl den Impuls- mit dem Massenaustausch vergleicht.

Für Luft ist $\mathrm{Pr} \approx 1$ und $\mathrm{Sc} \approx 1$, d. h. in Gasen werden Impuls, Wärme und Massenkonzentration etwa gleich schnell ausgetauscht. Für Wasser dagegen ist $\mathrm{Pr} \approx 10$ und $\mathrm{Sc} \approx 1000$, d. h. in Flüssigkeiten finden Wärme- und besonders Massenaustausch weniger effizient statt. Dieses unterschiedliche Verhalten begründet sich in der Molekularstruktur von Gasen bzw. Flüssigkeiten.

Kompressibilität und Schallgeschwindigkeit:

Kompressibilität ist die relative Volumenänderung pro Druckänderung

$$\text{Kompressibilität} = -\frac{\frac{d\forall}{\forall}}{dp} \tag{1.12}$$

Das negative Vorzeichen zeigt an, dass eine Druckzunahme eine negative Volumenänderung bewirkt. Gase haben eine hohe Kompressibilität, Flüssigkeiten eine kleine. Der Reziprokwert der Kompressibilität ist der Elastizitätsmodul E:

$$\mathrm{E} = -\frac{dp}{\frac{d\forall}{\forall}} = +\frac{dp}{\frac{d\rho}{\rho}} \tag{1.13}$$

Wie in Tabelle 1.1 ersichtlich, sind typische Werte des E-Moduls für Wasser $\mathrm{E} = 2 \cdot 10^9$ Pa,

[5] Ludwig Prandtl (1875-1953), deutscher Strömungsmechaniker
[6] Ernst Heinrich Wilhelm Schmidt (1892-1975), deutscher Thermodynamiker

und für Luft $E = 1{,}5 \cdot 10^5$ Pa. Die Luft verhält sich also etwa 10000-fach kompressibler als Wasser.

Wird Gl. (1.12) umgeformt zu

$$\frac{dp}{d\rho} = \frac{E}{\rho} \qquad \left[\frac{m^2}{s^2}\right] \tag{1.14}$$

und davon die Wurzel gezogen, erhält man eine Geschwindigkeit c

$$c = \sqrt{\frac{E}{\rho}} \qquad \left[\frac{m}{s}\right] \tag{1.15}$$

c stellt die Geschwindigkeit dar, mit der sich Druckänderungen (wie auch akustische Wellen) in einem Fluid durch Dichteänderungen fortpflanzen und entspricht demnach der *Schallgeschwindigkeit*.

Typische Werte für die Schallgeschwindigkeit sind:

Wasser:

$$c = \sqrt{\frac{2 \cdot 10^9}{1000}} = 1400 \, \frac{m}{s}$$

Luft:

$$c = \sqrt{\frac{1{,}5 \cdot 10^5}{1{,}25}} = 350 \, \frac{m}{s}$$

1.5 Fluideigenschaften an Phasengrenzen

Dampfdruck und Flüssigkeiten:

Alle Stoffe können in verschiedenen Phasen auftreten. Beim Übergang von der flüssigen zur gasförmigen Phase nennt man den Druck, den die Moleküle in der Dampf- (Gas-) phase auf die Flüssigkeit ausüben, Dampfdruck p_d. Er ist stark temperaturabhängig (sh. Tabelle 1.1 für Wasser).

Als bekannter Grenzwert ist der Dampfdruck für Wasser bei 100°C gleich dem Standardatmosphärendruck (sh. Abschnitt 2.2.1). Die Verdampfung des Wassers tritt dabei in Form von Dampfblasenbildung auf.

Solche Dampfblasenbildung (Kavitation) kann aber auch bei niedrigen Temperaturen auftreten, wenn in einem strömenden Fluid der lokale Druck unter den Dampfdruck absinkt. Bei 20°C ist z. B. der Dampfdruck $p_d = 23{,}37\,\text{hPa}$, also etwa 2% des Standardatmosphärendruckes. Solche Druckabsenkungen können oft in Hochgeschwindigkeitsströmungen (z. B. in Turbinen, Pumpen oder an Schiffspropellern) auftreten. Die Kavitationseffekte können dabei Materialschäden hervorrufen.

Oberflächenspannung:

Die Oberflächenspannung tritt bei Übergängen zwischen zwei verschiedenen flüssigen oder zwischen flüssigen und gasförmigen Phasen (sh. Abb. 1.9) auf.

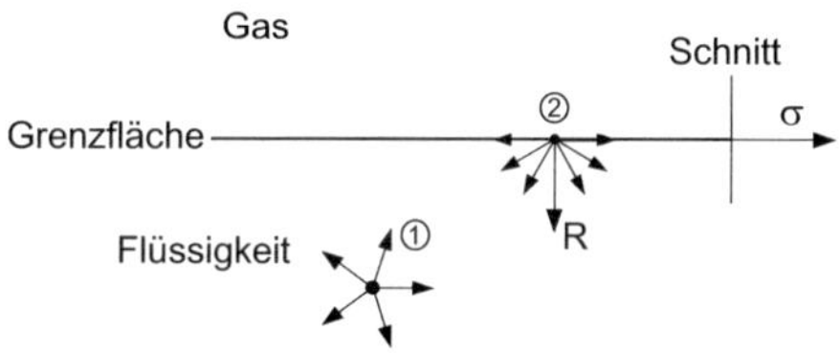

Abb. 1.9: Oberflächenspannung bei Übergang zwischen Flüssigkeiten und Gas

Die beiden Flüssigkeitsmoleküle ① und ② in Abb. 1.9 erfahren unterschiedliche Kräfte. Jedes Flüssigkeitsmolekül steht in Interaktion mit seinen Nachbarmolekülen. Zwischen den Molekülen wirken Anziehungskräfte.

Molekül ① ist ganz in die Flüssigkeit eingetaucht. Die resultierende Kraft durch Interaktion mit allen Nachbarmolekülen ist gleich Null. Dagegen ist die resultierende Kraft, die auf ein Molekül an der Oberfläche ② wirkt, ungleich Null. Zwischen diesem Molekül und den umgebenden Flüssigkeitsmolekülen wirken Anziehungskräfte. Die Gasmoleküle dagegen üben insgesamt eine vernachlässigbar kleine Kraft auf das Molekül aus, da Gas eine kleinere Dichte hat als Flüssigkeit und weniger Moleküle vorhanden sind. Auf alle Oberflächenmoleküle, die sich in der Grenzfläche der Flüssigkeit befinden, wirkt demnach eine Kraft R, die zur Flüssigkeit hin gerichtet ist.

Ein Schnitt durch die Oberfläche (Abb. 1.9) legt diese Kraft pro Längeneinheit frei. Sie ist die Oberflächenspannung σ und wirkt auf alle benachbarten Elemente, einschließlich Festkörper. Für die Oberflächenspannung σ gilt

$$\sigma = \frac{\text{Kraft}}{\text{Länge}} \qquad \left[\frac{\text{N}}{\text{m}}\right] \tag{1.16}$$

Um die Oberfläche einer Flüssigkeit zu vergrößern, muss der Oberflächenspannung entgegengewirkt werden. Diese Tatsache kann z. B. zur Messung der Oberflächenspannung genutzt werden (sh. Abb. 1.10).

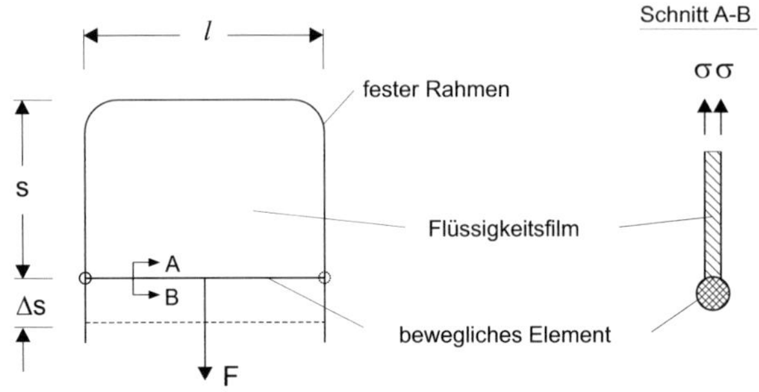

Abb. 1.10: Einrichtung zur Messung der Oberflächenspannung

Hierfür wird ein kleiner Drahtrahmen verwendet, dessen eine Seite verschieblich ist. Im Drahtrahmen ist ein Flüssigkeitsfilm aufgespannt (vgl. Seifenblasen). Um die Oberfläche des Films um den Betrag $2l\Delta s$ zu vergrößern, muss Arbeit geleistet werden, die gleich $F\Delta s$ ist. Diese Arbeit vergrößert die Oberflächenenergie um den Betrag $\sigma 2l\Delta s$. Aus der Messung der Kraft F ergibt sich demnach die Oberflächenspannung

$$\sigma = \frac{\mathrm{F}}{2l} \tag{1.17}$$

Ein typischer Wert für Wasser mit Luft ist $\sigma = 0{,}073\,\mathrm{N/m}$ bei 20°C (sh. Tabelle 1.1).

Durch Zugabe verschiedener Stoffe kann die Oberflächenspannung verändert werden. Seife, die dem Wasser zugegeben wird, verringert dessen Oberflächenspannung. Typische Werte sind hier für Wasser mit Tensiden / Detergentien mit Luft, $\sigma = 0{,}02\ldots0{,}03\,\mathrm{N/m}$.

Oberflächenspannungen können aber auch an Phasenübergängen zwischen nicht mischbaren Flüssigkeiten auftreten, z. B. Wasser mit Öl, $\sigma = 0{,}02$ N/m.

Die kapillare Saughöhe ist eine Folgeerscheinung der Oberflächenspannung (sh. Abb. 1.11). Eine Kapillare, ein dünnes Haarröhrchen, wird in Wasser getaucht. An der Kontaktstelle von Festkörper, Flüssigkeit und Gas bildet sich ein Meniskus, gegeben durch den Benetzungswinkel θ. Der Anstieg in der Kapillare hängt vom Durchmesser d ab. Da eine Komponente der Oberflächenspannung in vertikale Richtung wirkt, wird die Flüssigkeitssäule angehoben oder abgesenkt. Die Steighöhe Δh kann durch ein Kräftegleichgewicht

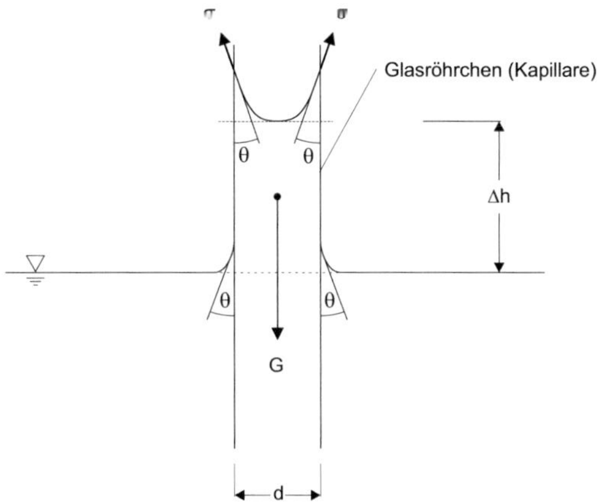

Abb. 1.11: Kapillare Saughöhe für das Beispiel einer benetzenden Flüssigkeit

in vertikaler Richtung berechnet werden, wobei die gesamte Oberflächenkraft gleich dem Gewicht G der Flüssigkeitssäule ist

$$\sigma \cos\theta d\pi = \rho g \frac{d^2\pi}{4}\Delta h \tag{1.18}$$

so dass die *kapillare Saughöhe*

$$\Delta h = \frac{4\sigma\cos\theta}{\rho g d} \tag{1.19}$$

Bei gut benetzenden Flüssigkeiten (z. B. Wasser/Luft/Glas) geht θ gegen $0°$; also $\cos\theta \approx 1$. Bei nicht benetzenden Flüssigkeiten (z. B. Hg/Luft/Glas) ist $\theta > 90°$. Dies führt zu einer Kapillardepression, einem Absinken der Flüssigkeitsspiegelhöhe im Röhrchen.

Die Kapillarität spielt im Zusammenhang mit Grundwasser im Boden eine wichtige Rolle. Der Boden kann dabei als System von kleinen Porenräumen, also Kapillaren, angesehen werden. Das Ansteigen des Wassers in dieser Zone ist für den Wasserhaushalt der Pflanzen von größter Bedeutung.

Kapitel 2

Hydrostatik

In der Hydrostatik wird das Verhalten von Fluiden ohne Relativbewegung zwischen Fluidelementen betrachtet. Dies ergibt sich, wenn

- sich das Fluid in einem Ruhezustand befindet (die Schwerkraft wirkt als einzige Kraft), oder
- sich das Fluid als starrer Körper bewegt (bei konstanten Beschleunigungen, auch Zentrifugalbeschleunigungen).

In beiden Fällen gibt es im Fluid keine Geschwindigkeitsgradienten und somit keine Schubspannungen. Demnach sind die Spannungen, die von dem umgebenden Fluid (oder von festen Berandungen) auf die Oberfläche eines Flüssigkeitsvolumen ausgeübt werden, an jeder Stelle normal zur Oberfläche gerichtet. Diese Normalspannungen können nur Druckspannungen sein, da Zugspannungen von einem Fluid nicht aufgenommen werden können.

2.1 Druckverteilung in einem statischen Fluid

Der Druck ist als Normalkraft pro Flächeneinheit definiert (Abb. 2.1). Im Grenzfall eines differentiellen Flächenelementes ergibt sich der Druck p in einem Punkt

$$p = \lim_{\Delta A \to 0} \frac{\Delta F}{\Delta A} \qquad \left[\frac{\mathrm{N}}{\mathrm{m}^2}\right] = [\mathrm{Pa}] \tag{2.1}$$

Der Druck ist eine *skalare* Größe, d. h. er ist richtungsunabhängig, wie im Folgenden anhand von Abb. 2.2 gezeigt wird. Das differentielle prismatische Fluidelement besitzt die Masse m und unterliegt der Erdbeschleunigung g. Daraus folgt die Gewichtskraft

$$G = mg = \frac{1}{2}\rho \Delta\mathrm{x}\, \Delta\mathrm{y}\, \Delta\mathrm{z}\, g$$

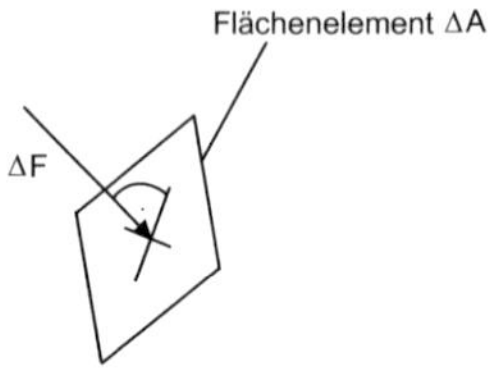

Abb. 2.1: Kraft auf ein Flächenelement in einem Fluid wirkend

Die aus den Druckkomponenten $p_\mathrm{x}, p_\mathrm{y}, p_\mathrm{z}$ und p_n resultierenden Kräfte wirken normal zur jeweiligen Oberfläche.

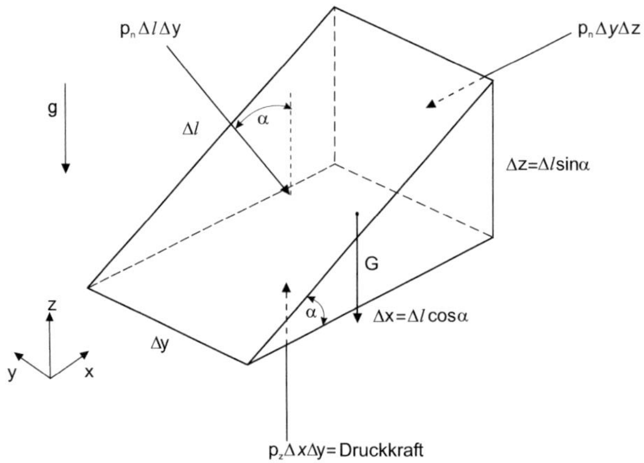

Abb. 2.2: Fluidelement im Schwerefeld

Das Gesamtsystem muss sich im Gleichgewicht befinden, $\sum \vec{F} = 0$. Für die Kraftkomponenten in der x-Richtung ($\sum F_\mathrm{x} = 0$) gilt

$$p_\mathrm{n} \Delta l \Delta y \sin\alpha - p_\mathrm{x} \Delta y \Delta l \sin\alpha = 0$$

und demnach

$$p_\mathrm{n} = p_\mathrm{x} \ .$$

Für die z-Richtung ($\sum F_\mathrm{z} = 0$) gilt

$$-p_n \Delta l \Delta y \cos\alpha + p_\mathrm{z} \Delta l \cos\alpha \Delta y - \frac{1}{2} \rho g \Delta l \cos\alpha \Delta y \Delta l \sin\alpha = 0.$$

Im Grenzfall eines sehr kleinen Elementes, $\Delta l \to 0$, ergibt sich

$$p_{\mathrm{n}} = p_{\mathrm{z}}$$

Da das Element beliebig orientiert werden kann, gelten für die y-Richtung analoge Verhältnisse. Das allgemeine Ergebnis lautet also

$$p_{\mathrm{n}} = p_{\mathrm{x}} = p_{\mathrm{z}} = p_{\mathrm{y}} = p \;, \tag{2.2}$$

d. h. die Druckkomponenten sind in allen Richtungen gleich groß. Der Druck ist richtungsunabhängig und somit eine skalare Größe.

Der Druck ist zwar eine skalare Größe, er ist aber generell eine Funktion des Ortes

$$p = f(x,y,z) = p(x,y,z) \;.$$

Zwischen zwei Punkten im Raum kann sich der Druck ändern, d. h. der Druck ist eine Funktion von mehreren Variablen. Die Änderung des Drucks wird in x-Richtung durch den Gradienten $\frac{\partial p}{\partial \mathrm{x}}$ ausgedrückt, analog durch $\frac{\partial p}{\partial \mathrm{y}}$ und $\frac{\partial p}{\partial \mathrm{z}}$ für die anderen Richtungen.

Um die Gesamtänderung des Drucks zwischen zwei Punkten zu beschreiben, die $d\mathrm{x}$, $d\mathrm{y}$ und $d\mathrm{z}$ weit auseinander liegen, verwendet man das totale Differential

$$dp = \frac{\partial p}{\partial \mathrm{x}} d\mathrm{x} + \frac{\partial p}{\partial \mathrm{y}} d\mathrm{y} + \frac{\partial p}{\partial \mathrm{z}} d\mathrm{z} \tag{2.3}$$

2.2 Statische Druckverteilung im Schwerefeld

Um das Verhalten von Fluiden im Schwerefeld zu beschreiben, wird im Folgenden ein dreidimensionales, kartesisches Koordinatensystem (x, y, z) verwendet, wobei die z-Achse vertikal gegen die Richtung der Erdbeschleunigung g definiert ist (sh.Abb. 2.3).

Ein zylindrisches Fluidelement liegt willkürlich im Raum, in Richtung l orientiert, die um den Winkel α gegen die Horizontale geneigt ist. Es hat die Länge Δl und den Querschnitt ΔA. Im Schwerpunkt wirkt das Gewicht $\Delta G = \gamma \Delta A \Delta l$.

Senkrecht auf eine Basisfläche wirkt die Druckkraft $p\Delta A$. Die Druckkraft auf die gegenüberliegende Basisfläche ist differentiell verschieden $(p+\Delta p)\Delta A$. Da sich das Element in Ruhe befindet, ist das Kräftegleichgewicht in l-Richtung

$$p\Delta A - (p+\Delta p)\Delta A - \gamma \Delta A \Delta l \sin\alpha = 0$$

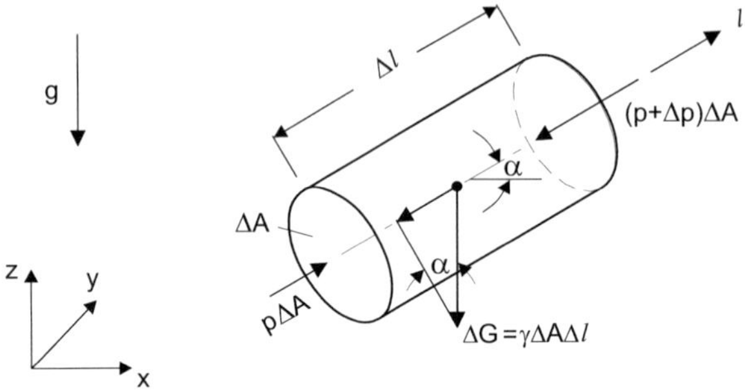

Abb. 2.3: Zylindrisches Element im Schwerefeld

Nach Division durch das Volumen $\Delta A \Delta l$ ergibt sich

$$\frac{\Delta p}{\Delta l} = -\gamma \sin \alpha$$

Da l eine beliebige Richtung im xyz-Koordinatensystem ist, verwendet man für die Grenzwertbildung die partielle Ableitung

$$\lim_{\Delta l \to 0} \frac{\Delta p}{\Delta l} = \frac{\partial p}{\partial l} = -\gamma \sin \alpha$$

Jetzt können spezielle Orientierungen des Elementes untersucht werden:
Für eine Orientierung l in z-Richtung, $\alpha = 90°$, $\sin \alpha = 1$ resultiert

$$\frac{\partial p}{\partial z} = -\gamma$$

Liegt die Achse l in der xy-Ebene, $\alpha = 0°$, $\sin \alpha = 0$, so ergibt sich

$$\frac{\partial p}{\partial \mathrm{x}} = 0, \qquad \frac{\partial p}{\partial \mathrm{y}} = 0$$

Aus den beiden letzten Gleichungen folgt, dass der Druck p im gewählten Koordinatensystem für den Fall des Schwerefeldes nur eine Funktion der Höhenlage, gegeben durch die Koordinate z, ist, $p = p(z)$. Damit ist auch die partielle Schreibweise nicht mehr notwendig und die Zustandsgleichung für ein hydrostatisches Fluid im Schwerefeld wird

$$\frac{dp}{dz} = -\gamma \qquad \text{Hydrostatische Gleichung} \qquad (2.4)$$

Da die Ableitungen in x- bzw. y-Richtung verschwinden, ist der Druck in einer horizontalen

Fläche überall gleich groß, d. h. alle horizontalen Flächen sind Flächen gleichen Druckes. Zwischen Punkt A und B in Abb. 2.4 besteht keine Druckdifferenz, denn sie befinden sich auf demselben Niveau. Punkt C dagegen liegt auf einem höheren Niveau und hat entsprechend Gl. (2.4) einen geringeren Druck als A oder B.

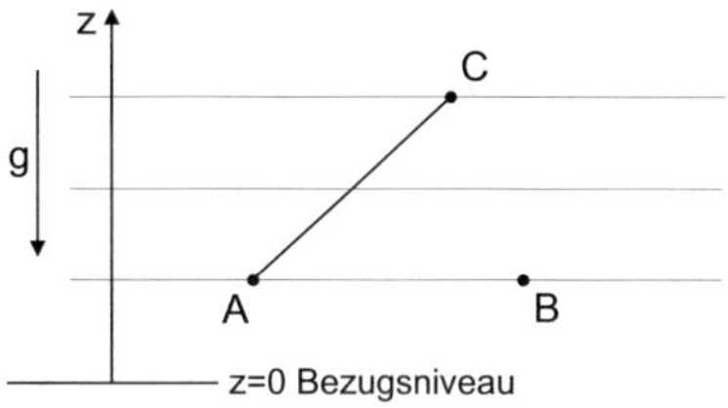

Abb. 2.4: Horizontale Niveauflächen gleichen Druckes

2.2.1 Die Druckskala

Der Druck ist, ähnlich wie die Temperatur, eine relative Größe. Die Temperatur kann durch verschiedene Skalen definiert werden. Relativ zum absoluten Nullpunkt ergibt sich die Kelvinskala oder relativ zu einem praktischen Bezugspunkt (wie Gefrierpunkt des Wassers) die Celsiusskala.

Ähnlich verhält es sich mit dem Druck. Wie in Abb. 2.5 angezeigt, gibt es hier verschiedene Definitionen:

- *Absoluter Druck* p_{abs}: Der Druck kann relativ zum absoluten Nullpunkt betrachtet werden. Der lokale atmosphärische Druck liegt dann in der Größenordnung von 100 kPa (100 kPa = 1 bar = 10 N/cm^2), variiert aber je nach der Ortshöhe, der Temperatur und den meteorologischen Bedingungen. In der Meteorologie wird der *Standardatmosphärendruck* bei 15°C und am Meeresniveau als 101,3 kPa (= 1013 hPa = 1013 mbar) als durchschnittlicher Richtwert definiert.
- *Relativer Druck* p_{rel}: Für die meisten Anwendungen der Hydromechanik ist es vorteilhaft, den Druck (oder eigentlich den Druckunterschied) relativ zum lokalen atmosphärischen Druck zu betrachten.

  Beispiel A (Abb. 2.5): Wie groß ist p_{rel}, wenn $p_{\text{abs}} = 240{,}0\,\text{kPa}$ ist und Standardatmosphärendruck herrscht?
  $p_{\text{rel}} = p_{\text{abs}} - p_{\text{atm}} = 240{,}0 - 101{,}3 = 138{,}7\,\text{kPa}$

  Beispiel B: $p_{\text{abs}} = 25{,}0\,\text{kPa}$
  $p_{\text{rel}} = 25{,}0 - 101{,}3 = -76{,}3\,\text{kPa}$

Meist wird für den relativen Druck p_{rel} einfach das Drucksymbol p verwendet, also $p = p_{\text{rel}}$.

- *Unterdruck (Vakuum)* p_{vak}: In gewissen Anwendungen (z. B. Kavitationsproblemen) kann der Fluiddruck systematisch unter dem lokalen atmosphärischen Druck liegen, so dass p_{rel} negativ ist, wie in obigem Beispiel B. Dann ist es vorteilhaft, eine Vakuumdruckskala zu definieren, so dass p_{vak} eine positive Größe ist, $p_{\text{vak}} = -p_{\text{rel}}$.

  Beispiel B: $p_{\text{abs}} = 25{,}0\,\text{kPa}$

  $p_{\text{vak}} = p_{\text{atm}} - p_{\text{abs}} = 101{,}3 - 25{,}0 = 76{,}3\,\text{kPa}$

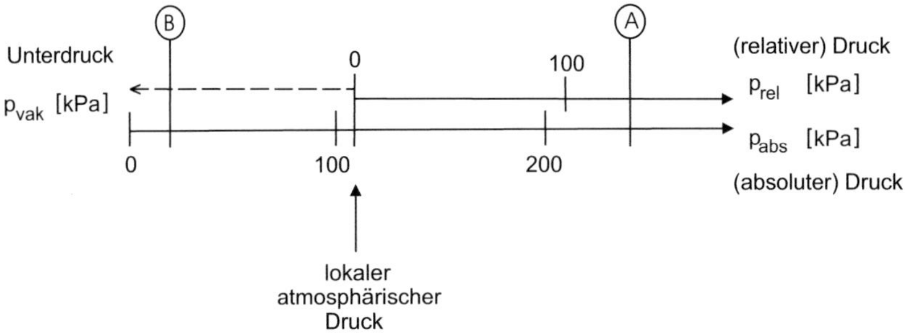

Abb. 2.5: Druckskala mit Definition des relativen, absoluten bzw. Unter-Druckes

2.2.2 Anwendungen der hydrostatischen Gleichung

Inkompressibles Fluid:

Bei inkompressiblen Fluiden ist die Dichte ρ, und demnach γ, keine Funktion des Druckes, kann aber eine Funktion der Höhenlage z sein, $\gamma = \gamma(z)$. Für solche *dichtegeschichteten Fluide* kann Gl. (2.4) integriert werden und es ergibt sich

$$\int_{p_o}^{p} dp = -\int_{z_o}^{z} \gamma(z)dz$$

$$p - p_o = -\int_{z_o}^{z} \gamma(z)dz \tag{2.5}$$

z_o ist dabei ein Niveau (Höhenlage), bei dem der Druck p_o gegeben ist. Wenn $\gamma(z)$ eine vorgegebene analytische Funktion ist, kann Gl. (2.5) entsprechend evaluiert werden.

Dichtegeschichtete Fluide haben wichtige Anwendungen in Umweltproblemen (z. B. temperaturgeschichtete Seen oder salzgeschichtete Ästuarien).

Der wichtigste Spezialfall der hydrostatischen Gleichung ist aber ein *Fluid mit konstanter Dichte*, ρ = konstant, so dass γ = konstant,

$$p - p_o = -\gamma(z - z_o) \tag{2.6}$$

Es ergibt sich also eine lineare Druckverteilung, d. h. der Druck p ist eine lineare Funktion der Höhenlage z (sh. Abb. 2.6).

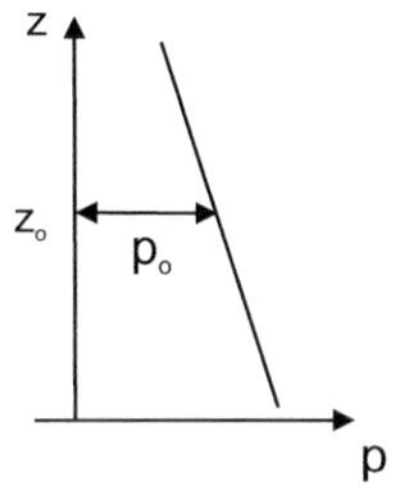

Abb. 2.6: Lineare Druckverteilung bei Fluid mit konstantem spezifischen Gewicht

Durch weiteres Umformen ergibt sich

$$p + \gamma z = p_o + \gamma z_o$$

und nach Dividieren mit γ

$$\frac{p}{\gamma} + z = \frac{p_o}{\gamma} + z_o = \text{const.} \tag{2.7}$$

Die Einheiten von Gl. (2.7) sind Längeneinheiten, d. h. auch der Druck p kann als Längeneinheit dargestellt werden, als sogenannte *Druckhöhe* p/γ.

Die Summe von Druckhöhe und geodätischer Höhe wird als *piezometrische Höhe h* bezeichnet

$$h = \frac{p}{\gamma} + z \tag{2.8}$$

Gl. (2.7) besagt, dass die piezometrische Höhe in einem statischen Fluid mit konstanter Dichte eine Konstante ist. Egal welches Niveau betrachtet wird, die piezometrische Höhe ist gleich groß.

Beispiel: Wasserbehälter (Abb. 2.7)

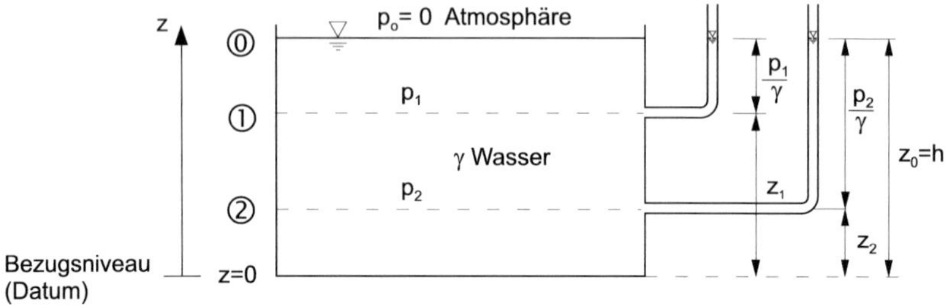

Abb. 2.7: Wasserbehälter mit seitlichen Standrohren (Manometern)

Der Behälter mit willkürlichem Querschnitt ist bis zum Niveau 0 mit Wasser gefüllt. Das Bezugsniveau (Datum) liegt an der Behältersohle. Niveau 1 und Niveau 2 sind willkürliche Flächen mit den Drücken p_1 und p_2. Niveau 0 liegt auf der Wasseroberfläche und der dortige Druck p_o ist der atmosphärische Druck. Alle Drücke sind relative Drücke, demnach $p_o = 0$.

Anwendung von Gl. (2.8) auf die jeweiligen Niveauflächen ergibt

Niveau 1		Niveau 2		Niveau 0		
$\frac{p_1}{\gamma} + z_1$	$=$	$\frac{p_2}{\gamma} + z_2$	$=$	$\frac{p_o}{\gamma} + z_o$	$=$	h

d. h. die piezometrische Höhe h an jeder Bezugsfläche ist gleich der Wassertiefe z_o. Dieses Prinzip kann nun einfach verwendet werden, um den tatsächlichen Druck an diesen Niveauflächen zu messen. Hierzu werden seitlich Rohre angebracht, in denen der Anstieg des Wassers (Wasserspiegel) beobachtet wird. Man nennt solche Rohre *Manometer* oder *Piezometer*. Durch Ablesen der Wasserhöhe im Rohr kann der jeweilige Druck mit $p = (h - z)\gamma$ berechnet werden, wobei $(h - z)$ die Höhe der Wassersäule im Manometer ist.

Wird die Koordinate z kontinuierlich variiert, so ergibt sich die Druckverteilung $p(z)$ an der Behälterberandung

$$p = \gamma(z_o - z)$$

Wird die Tiefe $t = z_o - z$ als neue Koordinate, ausgehend von der Wasseroberfläche, nach unten gerichtet definiert (Abb. 2.8), ergibt sich

$$p = \gamma t$$

Der Druck nimmt also linear mit der Tiefe t zu (sh.Abb. 2.8) und ist normal auf die vertikale Berandung gerichtet. Der Druck am horizontalen Behälterboden ist konstant $p = \gamma z_o$, ebenfalls normal zum Boden.

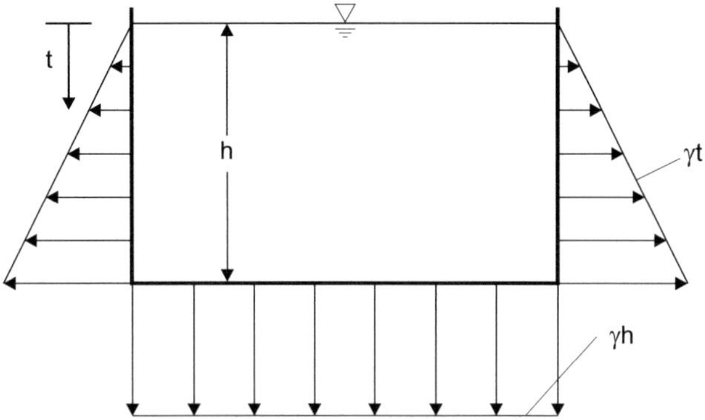

Abb. 2.8: Druckverteilung an Behälterberandung

Beispiel: Diskret geschichtete Fluide (Abb. 2.9)

Ein Sonderfall von Gl. (2.5), in der das spezifische Gewicht eine Funktion der Lage z ist, $\gamma(z)$, sind *diskret geschichtete Fluide* (sh. Abb. 2.9). Hier ist zwar γ innerhalb einer Schicht konstant, ändert sich aber sprunghaft von Schicht zu Schicht. Abb. 2.9 zeigt das Beispiel einer Wand eines Behälters, in dem eine Schicht Öl ($\rho_{\text{Öl}}$) über einer Schicht Wasser (ρ_W) liegt, wobei $\rho_{\text{Öl}} < \rho_W$.

Zur Evaluierung des hydrostatischen Druckes entlang der Behälterwand kann dabei Gl. (2.5) schichtweise angewendet werden. Es ergibt sich dabei eine lineare Druckverteilung in beiden Schichten, die aber einen Knick am Schichtübergang aufweist. Der Gradient der Druckverteilung (proportional zu γ) ist kleiner in der Ölschicht und größer in der Wasserschicht.

Kompressibles Fluid:

Die wichtigste Anwendung eines kompressiblen Fluides im Schwerefeld ist die Atmosphäre. Die Dichte ρ ist eine Funktion des Druckes p und kann mit Hilfe des idealen Gasgesetzes berechnet werden

$$p = \rho RT \tag{2.9}$$

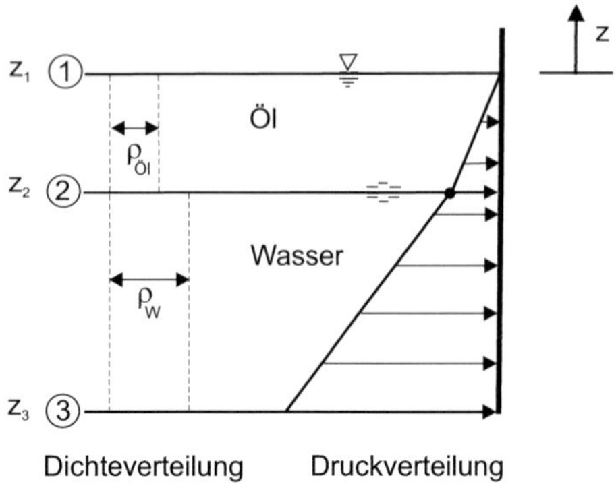

Abb. 2.9: Druckverteilung an Behälterwand bei diskret geschichteten Fluiden

wobei R die spezielle Gaskonstante ist ($R = 288 \frac{\mathrm{J}}{\mathrm{kg \cdot K}}$ für Luft). Demnach gilt

$$\rho = \frac{p}{RT}$$

Wird dies in die hydrostatische Gleichung (2.4) eingesetzt, ergibt sich:

$$\frac{dp}{dz} = -\rho g = -\frac{p}{RT} g$$

$$\frac{dp}{p} = -\frac{g}{RT} dz \tag{2.10}$$

Die Temperatur in der Atmosphäre ist eine Funktion des Ortes. In der Troposphäre (d. h. in der untersten Schicht der Atmosphäre, 0 bis etwa 10 km über der Erdoberfläche) lautet diese empirische Funktion als Mittelwert über viele Messungen

$$T = T_o - \alpha(z - z_o)$$

wobei α die adiabatische Abnahmerate der Atmosphäre ist, $\alpha = 0{,}0065\,\mathrm{K/m}$, d. h. die Temperatur nimmt etwa 6,5°C pro 1000 m ab.

Eingesetzt in Gl. (2.10)

$$\int_{p_o}^{p} \frac{dp}{p} = \int_{z_o}^{z} \frac{-g}{R[T_o - \alpha(z - z_o)]} dz$$

ergibt sich nach Integration die Druckverteilung in der Atmosphäre

$$p = p_o = \left[1 - \frac{\alpha}{T_o}(z - z_o)\right]^{g/\alpha R} \tag{2.11}$$

wobei p_o und T_o die Bezugswerte auf z_o (z. B. Meeresniveau) sind. Gl. (2.11) entspricht einem Potenzgesetz, wobei der Exponent $g/(\alpha R) \approx 5{,}24$ für Luft ist, und beschreibt den abnehmenden Druck p mit zunehmender Höhe z.

2.2.3 Druckmessung

Wie schon anhand von Abb. 2.7 erwähnt, kann der lokale Druck in einem Fluid durch ein sogenanntes *Manometer* (oder auch Steigrohr, Piezometer) bestimmt werden.

Ein Manometerrohr kann dabei direkt an der Berandung eines Fluides angebracht sein (Abb. 2.10 a) oder aber ins Innere des Fluides reichen (Abb. 2.10 b). In beiden Fällen entspricht die Lage des Fluidspiegels h dem Druck p am Ursprung z des Manometers

$$p = \gamma(h - z)$$

Oft sind Manometer aber in Form eines U-Rohres installiert (Abb. 2.10 c), in dem ein dichteres Messfluid (spezifisches Gewicht $\gamma_m > \gamma$) verwendet wird. Dies wird notwendig, wenn hohe Fluiddrücke einen großen Anstieg h im Steigrohr (z. B. Abb. 2.10 b) verursachen würden. Ein häufig verwendetes Messfluid ist z. B. Quecksilber, mit einer Dichte, die 13,5 mal höher ist, als die von Wasser. Beim U-Manometer sind zwei Ablesungen notwendig, um den Druck p zu ermitteln, die Fluidspiegelhöhe h_f und die Messfluidspiegelhöhe h_m.

Die Anwendung der hydrostatischen Gleichung für die Fluidsäule (Abb. 2.10 c)

$$p + \gamma z = p_f + \gamma h_f$$

und für die Messfluidsäule

$$p_f + \gamma_m h_f = p_o + \gamma_m h_m$$

ergibt den zu messenden Druck, da der atmosphärische Druck $p_o = 0$, als

$$p = \gamma_m(h_m - h_f) - \gamma(z - h_f)$$

Im Falle, dass $\gamma_m \gg \gamma$, kann der zweite Term manchmal vernachlässigt werden.

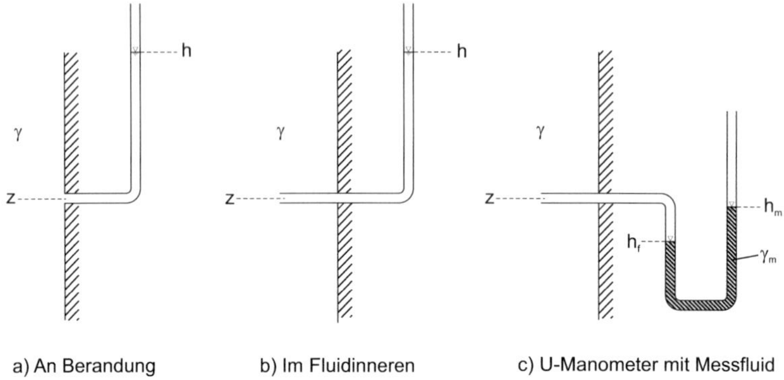

Abb. 2.10: Manometeranordnungen zur Druckmessung (z und h sind relativ zu einem Bezugsniveau definiert)

Manometeranordnungen in Form von Steigrohren benützen das hydrostatische Prinzip zur Druckmessung. Daneben gibt es noch andere Messprinzipien, die meist auf einer mechanischen Kraftübertragung beruhen. Beim Bourdon-Barometer (sh. Abb. 2.11) als Beispiel bewirkt der Fluiddruck eine Deformation einer Membran, die auf einer Messdose aufgespannt ist. Diese Deformation wird durch einen Auslenkungsmechanismus gemessen und ist proportional zum Druck auf die Membran.

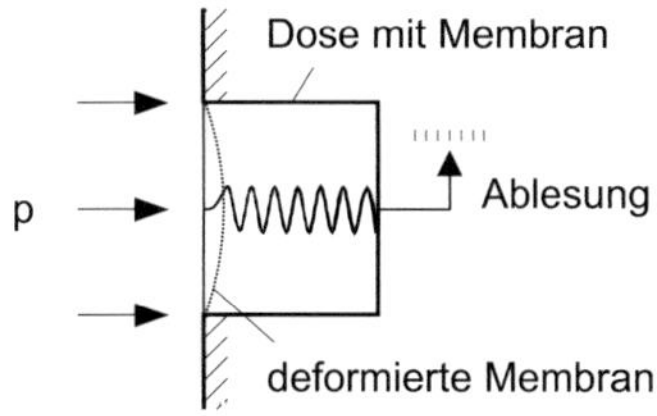

Abb. 2.11: Bourdon-Barometer

2.3 Hydrostatische Kräfte auf ebene Flächen

Abb. 2.12 zeigt die willkürliche Fläche *A*, die in einer x-y-Ebene liegt. Sie ist unter einem Winkel α zur Wasseroberfläche geneigt. Die Fläche A ist sowohl in der Seitenansicht (als eine Linie), als auch um die y-Achse geklappt, in der Draufsicht sichtbar.

Es gilt, sowohl die Größe der resultierenden Kraft F als auch die Lage ihres Wirkungspunktes D zu ermitteln. Die lineare Druckverteilung $p = \gamma t$, die auf die Fläche wirkt, ist in Abb. 2.12 eingezeichnet.

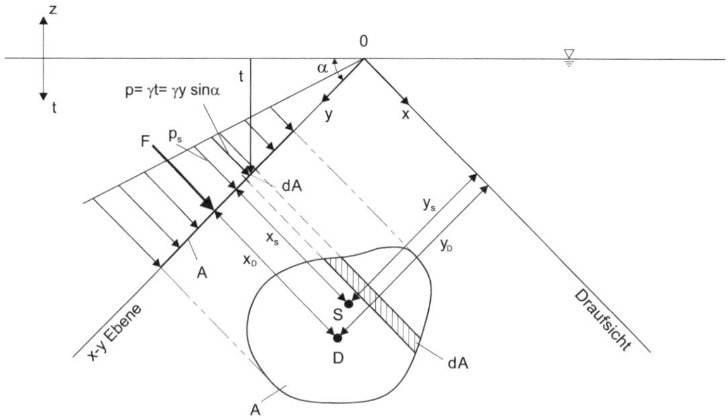

Abb. 2.12: Druckverteilung und resultierende Kraft F auf eine geneigte Fläche

1. *Größe der Kraft F*

   Die differentielle Kraft dF, die auf ein Flächenelement dA in der Tiefe t wirkt, ist

   $$dF = pdA = \gamma t dA = \gamma y \sin\alpha dA$$

   Durch Integration ergibt sich

   $$F = \int_A pdA = \gamma \sin\alpha \int_A ydA \tag{2.12}$$

   Da $\int_A ydA = y_S A$ das 1. Flächenmoment um die x-Achse ist, wobei y_S die y-Koordinate des Flächenschwerpunktes S darstellt, kann Gl. (2.12) umgeformt werden

   $$F = \gamma y_S \sin\alpha A = p_S A \tag{2.13}$$

   p_S ist demnach der Druck im Niveau des Flächenschwerpunktes.

2. *Koordinaten des Wirkungspunktes D*

   Die Kraft F wirkt normal auf die Fläche A. Der Wirkungspunkt kann über die Momentengleichungen berechnet werden. Die Summe der Einzelmomente um die x-

Achse ist gleich der Gesamtkraft F mal dem Hebelarm y_D

$$\int_A y dF = y_D F$$

so dass

$$y_D F = \gamma \sin\alpha \int_A y^2 dA$$

wobei $\int_A y^2 dA$ das 2. Flächenmoment um die x-Achse ist. Analog verhält es sich mit der Koordinate des Angriffspunktes in der x-Richtung

$$\int_A x dF = x_D F$$

$$x_D F = \gamma \sin\alpha \int_A xy dA$$

Insgesamt ergeben sich die Koordinaten des Kraftwirkungspunktes D als

$$x_D = \frac{\gamma \sin\alpha}{F} \int_A xy dA \tag{2.14}$$

$$y_D = \frac{\gamma \sin\alpha}{F} \int_A y^2 dA \tag{2.15}$$

2.4 Hydrostatische Kräfte auf gekrümmte Flächen

Der Druck auf ein Flächenelement greift immer normal zu diesem an. Durch die Krümmung einer Fläche ändert sich die Richtung der Druckkraft (Abb. 2.13).

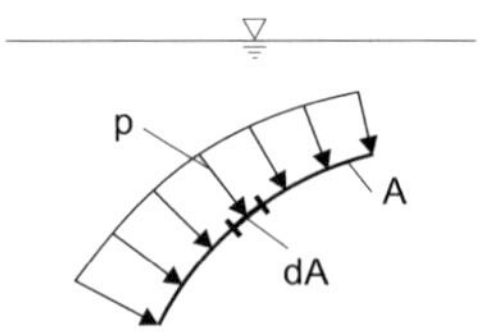

Abb. 2.13: Druckverteilung auf gekrümmte Flächen

Um die Gesamtkraft F auf eine gekrümmte Fläche, d. h. deren Größe, Richtung und Wirkungspunkt zu ermitteln, ist es nützlich, die Kraftkomponenten in den jeweiligen Koordinatenrichtungen separat zu betrachten, wie in Abb. 2.14 angedeutet.

Die zweidimensional gekrümmte Fläche liegt in der Seitenansicht zwischen den Punkten ① und ②. Das lokale Flächenelement dA hat eine Ausdehnung ds und eine Breite b (in der y-Richtung), demnach $dA = bds$, und liegt in der Tiefe t relativ zur Wasseroberfläche.

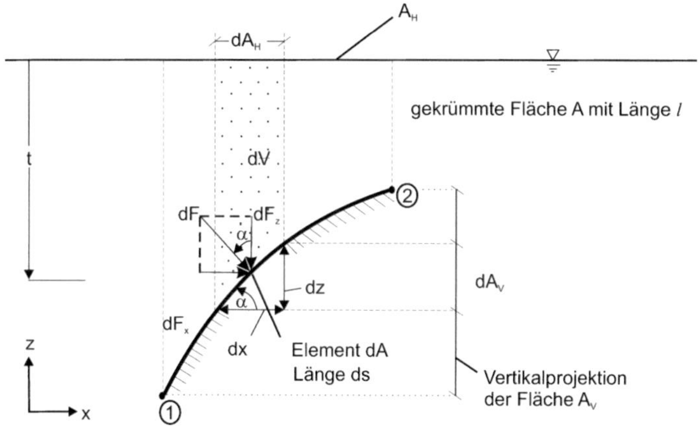

Abb. 2.14: Differentielle Kräfte auf gekrümmtes zweidimensionales Flächenelement dA (nach oben geneigt)

Das Element ist mit dem Winkel α relativ zur Horizontalen geneigt. Der Winkel α ist auch als der Winkel zwischen der lokalen Normalkraft dF und der nach oben gerichteten z-Achse definiert. Die differentielle Kraft dF ist also

$$dF = \gamma t dA = \gamma t b ds$$

Diese Kraft, eine Vektorgröße, kann in ihren zwei Komponenten betrachtet werden:

1. *Horizontalkraft*

$$dF_x = \gamma t b ds \sin\alpha = \gamma t b dz = \gamma t dA_V$$

wobei dA_V die Fläche der Projektion des Flächenelementes auf die Vertikalebene ist.

Durch Integration ergibt sich

$$F_x = \int_{A_V} \gamma t dA_V \tag{2.16}$$

Das bedeutet, dass die Horizontalkraft F_x auf eine gekrümmte Fläche gleich der Druckkraft auf die Vertikalprojektion der Fläche ist. Der Angriffspunkt dieser horizontalen Kraft liegt demnach auch im Druckmittelpunkt der projizierten Fläche.

2. *Vertikalkraft:*

$$dF_z = -\gamma tbds\cos\alpha = -\gamma tbdx = -\gamma tdA_H$$

wobei dA_H die Fläche der Projektion des Flächenelementes auf die Horizontalebene (z. B. die Wasseroberfläche) ist. Da für den Fall von Abb. 2.14 ($\alpha < 90°, cos\alpha > 0$) die z-Richtung gegen die Richtung von dF_z läuft, ergibt sich für dF_z hier ein negatives Vorzeichen. Integration ergibt

$$F_z = -\gamma \int_{A_H} tdA_H = -\gamma \int_{\forall} d\forall = -\gamma\forall \tag{2.17}$$

wobei $d\forall$ das über dem Flächenelement liegende Volumenelement und $\forall$ das gesamte über der Fläche liegende Volumen ist. Gl. (2.17) besagt, die vertikale Druckkraftkomponente auf eine gekrümmte Fläche entspricht dem gesamten Fluidgewicht oberhalb der gekrümmten Fläche. Die Kraft ist nach unten gerichtet und der Angriffspunkt liegt im Schwerpunkt des Volumens $\forall$.

Das Vorzeichen in Gl. (2.17) ändert sich je nach der Orientierung des Flächenelementes dA, gegeben durch den Winkel α. Abb. 2.15 a zeigt eine im wesentlichen nach unten gerichtete Fläche mit $\alpha > 90°(cos\alpha < 0)$, so dass die dF_z-Komponente positiv ist. Hier ergibt sich also

$$F_z = +\gamma\forall \tag{2.18}$$

d. h. die vertikale Druckkraftkomponente ist hier nach oben gerichtet.

Zusammengesetzte Flächen, die teilweise nach oben und teilweise nach unten geneigt sind (Abb. 2.15 b), werden am einfachsten in Abschnitte zerlegt. Die Vertikaldruckkomponente im oberen Teil (von ① bis ②) entspricht $-\gamma\forall_A$ und im unteren Teil (von ① bis ③) $+\gamma(\forall_A + \forall_B)$. Die gesamte vertikale Druckkraftkomponente ist demnach $F_z = +\gamma\forall_B$, und wirkt im Schwerpunkt S des Volumens $\forall_B$. Die gesamte horizontale Druckkraftkomponente entspricht natürlich der Kraft auf die Vertikalprojektion der Gesamtflächen, also von ② bis ③, entsprechend Gl. (2.16).

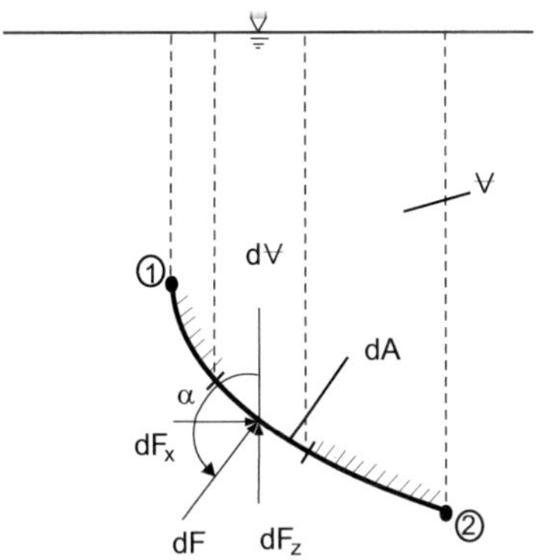

(a) Nach unten geneigte Fläche

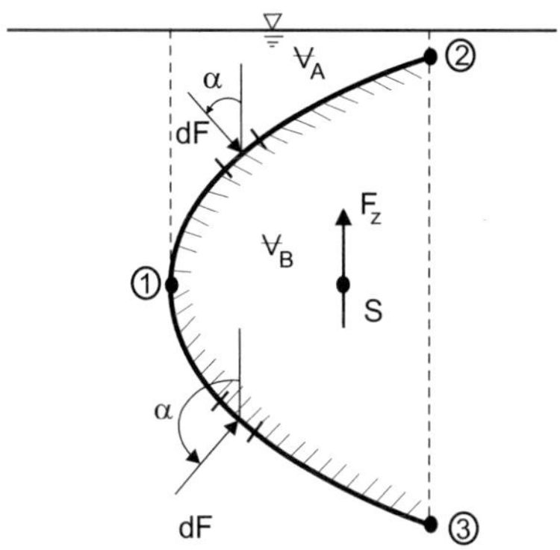

(b) Zusammengesetzte Fläche

Abb. 2.15: Willkürliche Anordnung von gekrümmten Flächen im hydrostatischen Druckfeld

Dreidimensional gekrümmte Flächen können als Verallgemeinerung der hier aufgezeigten Methodik behandelt werden. Dabei ergeben sich natürlich zwei horizontale Kraftkomponenten F_x und F_y.

Kräfte auf ebene Flächen (sh. Abschnitt 2.3), die ja einen Spezialfall von gekrümmten Flächen darstellen, können ebenfalls in ihren jeweiligen Komponenten berechnet werden.

Beispiel 1: Radialwehr

Ein Radialwehr mit Breite B hält Wasser mit einer Höhe h über einer Dammkrone zurück (Abb. 2.16). Das Wehr ist so angeordnet, dass $\alpha > 90°$. Welche Kraft wirkt auf die Lagerung?

Horizontalkomponente F_x:

$$F_x = \frac{1}{2}\gamma B h^2 \tag{2.19}$$

F_x greift im Druckmittelpunkt der Vertikalprojektion an. Aus Gl. (2.15), $t_D = \frac{2}{3}h$.

Vertikalkomponente F_z:

$$F_z = +\gamma ∀_R$$

wobei $\forall_R$ das in Abb. 2.16 eingezeichnete (gepunktete) Volumen ist. Diese Komponente wirkt nach oben, da für die nach unten geneigte Wehrplatte $\cos\alpha < 0$ ist. F_z wirkt im Schwerpunkt S des Volumens $\forall_R$.

Aus der Vektoraddition (Abb. 2.16) ergibt sich die resultierende Gesamtkraft F

$$F = \sqrt{F_x^2 + F_z^2}$$

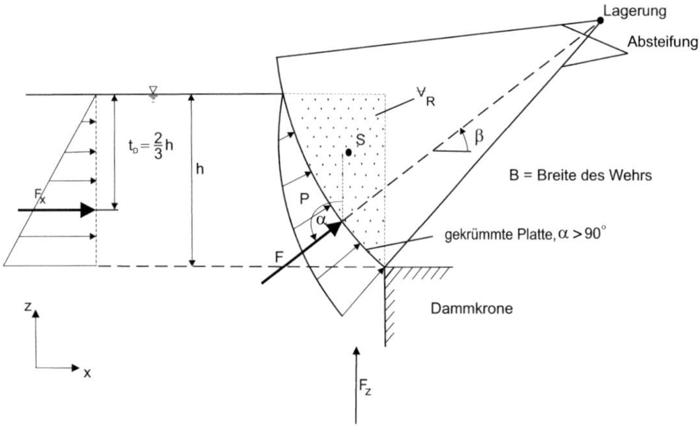

Abb. 2.16: Radialwehr mit Druckverteilung und Kraftkomponenten

und der Angriffswinkel β

$$\beta = \arctan\frac{F_z}{F_x}$$

Für ein Radialwehr mit idealer Kreisgeometrie läuft die Resultierende durch den Lagerpunkt.

Beispiel 2: Kreisrunder Behälter

Ein kreisrunder Behälter ist mit einer Flüssigkeit gefüllt (sh. Abb. 2.17). Wie groß ist die Zugkraft T in der Behälterwand?

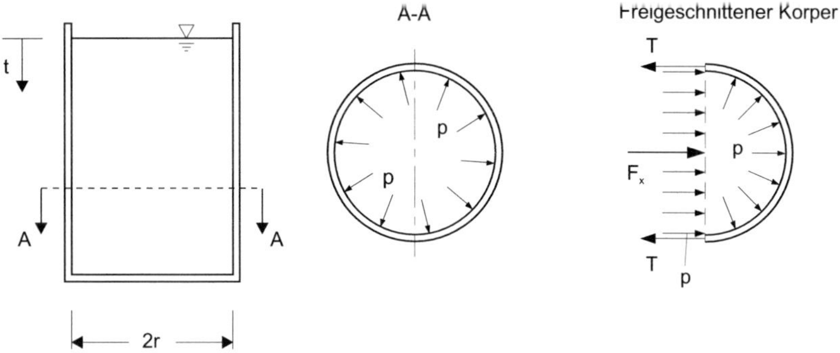

Abb. 2.17: Kreisrunder Behälter

Die Horizontalkraft, die pro Tiefeneinheit auf die Innenfläche des freigeschnittenen Körpers wirkt, ist

$$F_x = \int_A p dA_V = p \int_A dA_V = p2r$$

Das Kräftegleichgewicht in der x-Richtung

$$2T = F_x$$

ergibt die Zugkraft in der Behälterwand pro Tiefeneinheit

$$T = pr$$

T nimmt linear mit der Tiefe t zu, dem linearen Druckanstieg entsprechend.

2.5 Auftrieb eingetauchter Körper

2.5.1 Auftriebskräfte

Die vertikale Druckkraft, die auf in Fluide eingetauchte Körper wirkt, wird als Auftriebskraft F_B (engl. „buoyant force“) bezeichnet.

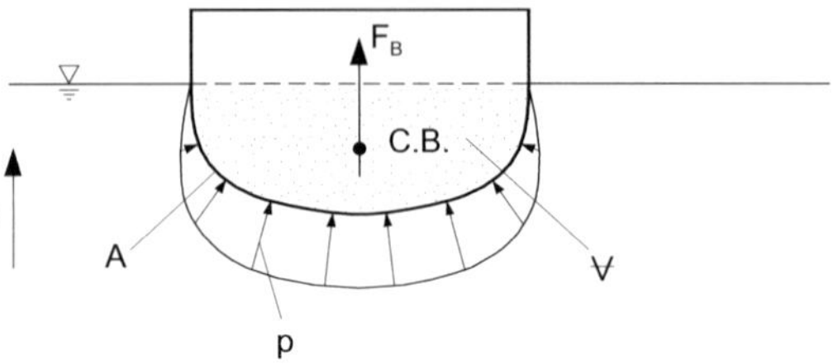

Abb. 2.18: Schwimmender Körper

Schwimmender Körper

Die gesamte horizontale Druckkomponente an der eingetauchten Körperfläche ist Null, denn die Druckkräfte bis zum tiefsten Eintauchpunkt in horizontaler Richtung wirken mit gleichem Betrag in entgegengesetzte Richtungen.

Die Druckkomponente in z-Richtung, gleich der Auftriebskraft, ergibt sich aus Gl. (2.18), da $cos\alpha < 0$,

$$F_z = F_B = \gamma \forall \tag{2.20}$$

Die Auftriebskraft ist also dem Gewicht des verdrängten Wasservolumens (Archimedes[1]-Prinzip). Sie greift im Schwerpunkt des verdrängten Wasservolumens (C.B., engl. „center of buoyancy") an und wirkt nach oben.

Ein Körper schwimmt, wenn zwischen der Auftriebskraft und dem Gewicht G des Körpers Gleichgewicht herrscht

$$F_B = G$$

Das Gewicht wirkt im Massenschwerpunkt S_K des Körpers. Soll ein Körper schwimmen, muss daher sein durchschnittliches spezifisches Gewicht kleiner als das der Flüssigkeit sein.

Volleingetauchte Körper

Auch hier ist die resultierende Horizontalkomponente gleich Null. Die Auftriebskraft ist durch separate Integration über das obere (A_1) und untere (A_2) Flächenelement

$$F_B = \gamma \forall$$

[1] Archimedes (287-212 v. Chr.), griechischer Philosoph

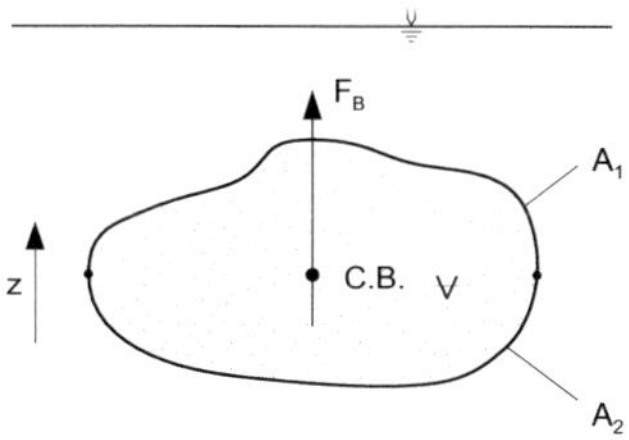

Abb. 2.19: Volleingetauchter Körper

also gleich dem Gewicht des vom Körper verdrängten Wasservolumens. Die Auftriebskraft ist unabhängig von der Wassertiefe. Der Außendruck aber, der auf den Körper wirkt, nimmt mit zunehmender Tiefe zu!

2.5.2 Schwimmstabilität

Befindet sich der schwimmende Körper in der Gleichgewichtslage, sind die Wirkungslinien des Gewichts und der Auftriebskraft dieselben (sh. Abb. 2.20).

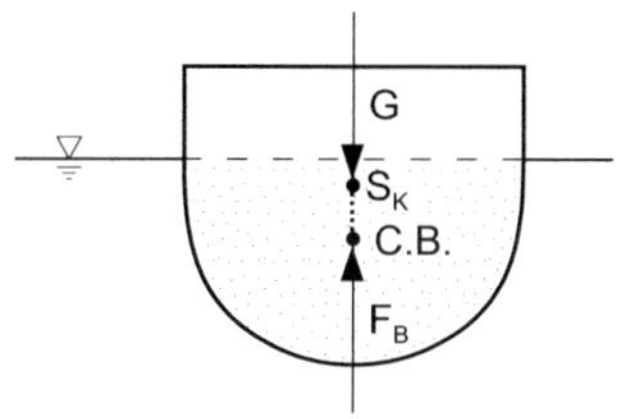

Abb. 2.20: Gleichgewichtslage

Um eine Aussage über die Schwimmstabilität machen zu können, muss der Körper in ausgelenkter Lage betrachtet werden. Durch die Auslenkung verschiebt sich der Verdrängungsschwerpunkt C.B., während der Massenschwerpunkt S_K gleich bleibt. Je nach Formgebung und interner Gewichtsverteilung des Körpers (z. B. Bauart des Schiffes) gibt es hier zwei Möglichkeiten (Abb. 2.21).

Bei einem breiten Körper und wenn der Körperschwerpunkt S_K tief liegt (z. B. Ballast im Schiffsrumpf), ergibt sich ein aufrichtendes (wiederherstellendes) Moment, also ein stabiler Schwimmzustand (Abb. 2.21 a). Bei einem schmalen Körper und hochliegendem S_K ergibt sich ein vergrößerndes Moment, und der Körper kippt um, also ein instabiler Schwimmzustand (Abb. 2.21 b).

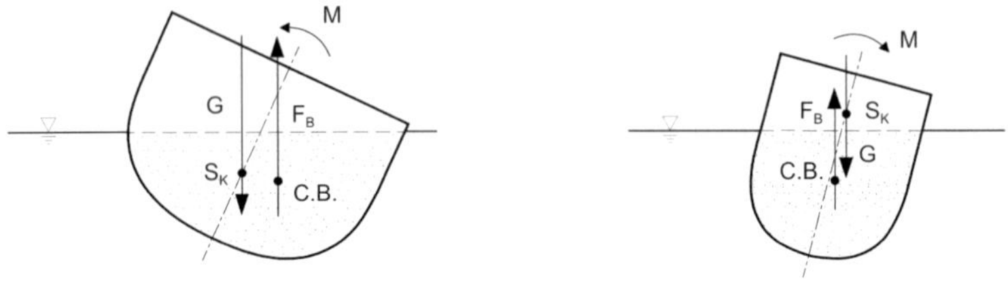

(a) Stabiles Schwimmen (b) Instabiles Schwimmen

Abb. 2.21: Verhalten schwimmender Körper nach Auslenkung aus dem Gleichgewichtszustand

Kapitel 3

Kinematik

Die Kinematik einer Strömung betrifft deren Beschreibung in Raum und Zeit. Im Gegensatz zur Dynamik werden dabei keine Kräfte berücksichtigt.

3.1 Geschwindigkeitsfeld

Es gibt zwei Konventionen zur Beschreibung der Geschwindigkeitsverhältnisse in einem strömenden Fluid:

1. *Lagrangesche*[1] *Geschwindigkeit:*

   Durch den Positionsvektor $\vec{r}$ wird die momentane Lage eines Partikels (Massenpunkt) in einem Fluid beschrieben (Abb. 3.1)

   $$\vec{r}(t) = (x, y, z) = x\vec{i} + y\vec{j} + z\vec{k} \tag{3.1}$$

   Die kartesischen Koordinaten x, y, z kennzeichnen den Ort relativ zum Ursprung 0, $\vec{i}$, $\vec{j}$ und $\vec{k}$ sind Einheitsvektoren in Richtung der Koordinatenachsen und t ist der betrachtete Zeitpunkt.

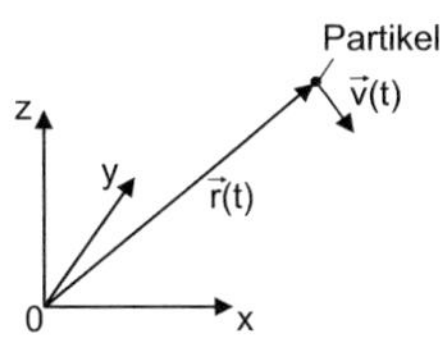

Abb. 3.1: Lagrangesche Geschwindigkeitsbeschreibung

[1] Joseph Louis Lagrange (1736-1813), französischer Mathematiker

Die Geschwindigkeit $\vec{V}(t)$ des Teilchens ist durch die Änderung der Lage pro Zeit, also der Änderung des Positionsvektors, gegeben

$$\vec{V}(t) = \frac{dx}{dt}\vec{i} + \frac{dy}{dt}\vec{j} + \frac{dz}{dt}\vec{k} \tag{3.2}$$

$$\vec{V}(t) = u\vec{i} + v\vec{j} + w\vec{k} = (u, v, w) \tag{3.3}$$

$u(t)$, $v(t)$ und $w(t)$ sind also die Geschwindigkeitskomponenten des Teilchens in den drei Koordinatenrichtungen. Ist der Geschwindigkeitsverlauf eines Partikels als Funktion der Zeit bekannt, kann der zurückgelegte Weg beschrieben werden. Das *Lagrangesche Geschwindigkeitsfeld* gibt die Bewegung aller Partikel auf ihrem Weg im Raum an.

2. *Eulersche Geschwindigkeit:*

   Bei der Eulerschen[2] Geschwindigkeitsbeschreibung wird die Geschwindigkeit des strömenden Fluides an einem festen Punkt $P(x,y,z)$ im Raum erfasst (Abb. 3.2).

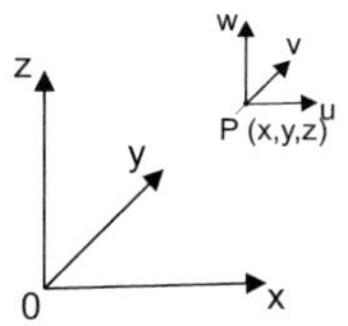

Abb. 3.2: Eulersche Geschwindigkeitsbeschreibung

In einem gewissen Zeitraum werden sich verschiedene Fluidpartikel durch den betrachteten Punkt bewegen, so dass sich die folgenden Geschwindigkeitskomponenten ergeben

$$\begin{aligned} u &= u(x,y,z,t) \\ v &= v(x,y,z,t) \\ w &= w(x,y,z,t) \end{aligned} \tag{3.4}$$

Die Geschwindigkeit wird mit Hilfe des Vektors $\vec{V}$, der sich auf den Punkt im Raum bezieht, beschrieben

$$\vec{V}(x,y,z,t) = u\vec{i} + v\vec{j} + w\vec{k} \tag{3.5}$$

$$\vec{V}(x,y,z,t) = (u,v,w)$$

[2]Leonhard Euler (1707-1783), schweizerischer Mathematiker

Ist der Geschwindigkeitsvektor $\vec{V}$ für alle Punkte im gesamten Raum x, y, z bekannt, so ist das *Eulersche Geschwindigkeitsfeld* bestimmt.

Wenn auch die Definitionen nach Gl. (3.3) und (3.5) ähnlich aussehen, so ist doch der fundamentale Unterschied in diesen Konventionen im Auge zu behalten. Mit Gl. (3.3) folgt man der Geschwindigkeitshistorie eines bestimmten Partikels, während Gl. (3.5) die Geschwindigkeitshistorie an einem bestimmten Punkt, der fortwährend von verschiedenen Partikeln durchströmt wird, beschreibt. In der Fluidmechanik hat i. a. die Eulersche Geschwindigkeitsbeschreibung viele praktische Vorteile. Im folgenden wird diese auch verwendet; Abweichungen davon werden ausdrücklich betont.

3.1.1 Strömungsbilder

Die Geschwindigkeitsverteilung in einem Fluid, also das Geschwindigkeitsfeld, lässt sich mit Hilfe von Stromlinien, Bahnlinien und Streichlinien graphisch darstellen.

Die *Stromlinie* ist eine kontinuierliche Linie im Fluid, die in einem bestimmten Zeitpunkt t an jeder Stelle vom Geschwindigkeitsvektor $\vec{V}$ tangiert wird. Zu einem anderen Zeitpunkt $t + dt$ kann sich diese Stromlinie ändern. Mehrere benachbarte Stromlinien ergeben ein Strömungsbild (sh. Abb. 3.3).

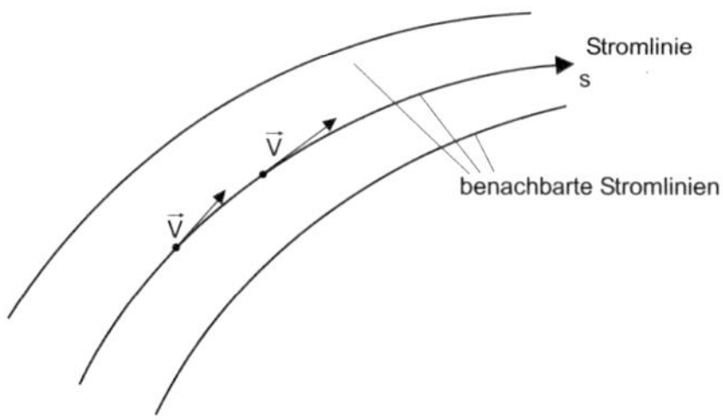

Abb. 3.3: Strömungsbild mit Hilfe von Stromlinien zur Zeit t

Die Eulersche Geschwindigkeit lässt sich auch auf Stromlinien anwenden

$$\vec{V} = \vec{V}(s, t)$$

wobei s die Distanz entlang einer Stromlinie ist, d. h. die lokale Koordinate s kann alternativ zu den kartesischen Koordinaten in Gl. (3.5) verwendet werden (sog. „natürliches Koordinatensystem").

Beispiel: Ausfluss aus einem Gefäß (zweidimensional)
Das in Abb. 3.4 skizzierte Stromlinienbild beim Ausfließen einer Flüssigkeit aus einem Gefäß kann z. B. durch eine Momentaufnahme von mitbewegten Schwebeteilchen sichtbar gemacht werden. Die Gefäßränder in Abb. 3.4 stellen eine Stromlinie dar, da senkrecht zum Rand keine Bewegung stattfindet[3]. In den Ecken ändern die Stromlinien ihre Richtung übergangslos.

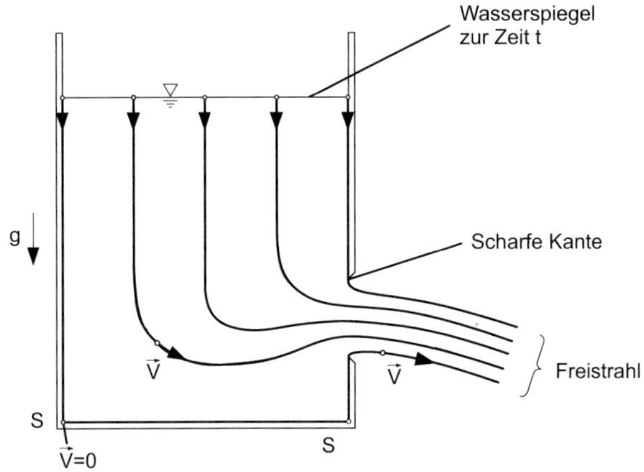

Abb. 3.4: Strömungsbild beim Ausfließen einer Flüssigkeit aus einem Gefäß

Die Geschwindigkeit in diesen Punkten muss Null sein. Diese Punkte werden *Stagnationspunkte* (oder Staupunkte) genannt. Am Ausfluss verläuft der Geschwindigkeitsvektor tangential zur Kante und geht dann in einen Freistrahl (engl. „jet") über. Hier sind die Stromlinien enger gebündelt, d. h. die Geschwindigkeit ist größer.

Außer der Stromlinie gibt es zwei weitere Möglichkeiten eine Strömung zu beschreiben:

Die *Bahnlinie* beschreibt den zurückgelegten Weg eines Fluidteilchens als Funktion der Zeit. Sie kann z. B. photographisch durch eine Zeitaufnahme eines mitschwimmenden Partikels in einer Strömung dargestellt werden.

Die *Streichlinie* verbindet alle Fluidteilchen, die einen bestimmten Punkt durchlaufen haben. Eine Streichlinie entsteht z. B., wenn an einem Punkt stetig Farbe bzw. Rauch der Strömung zugegeben wird.

[3] Eigentlich sind für ein reales Fluid die Berandungsstromlinien durch die Geschwindigkeit $\vec{V} = 0$ (Haftbedingungen) gekennzeichnet. Oft aber werden bei solchen Ausflussproblemen die dünnen Zonen (Grenzschichten) entlang der Berandung, in denen die Schereffekte wesentlich sind, vernachlässigt. Solch eine „ideale" Fluidströmung wurde in der Diskussion des obigen Beispiels angenommen (sh. auch Abschnitt 4.1.5).

3.1.2 Gleichförmige Strömung

Eine gleichförmige Strömung ist definiert durch

$$\frac{\partial \vec{V}}{\partial s} = 0$$

Die Geschwindigkeit ändert sich entlang einer Stromlinie nicht, sie kann jedoch von Stromlinie zu Stromlinie variieren. Dies liegt zum Beispiel bei einer Parallelströmung wie in Abb. 3.5 vor.

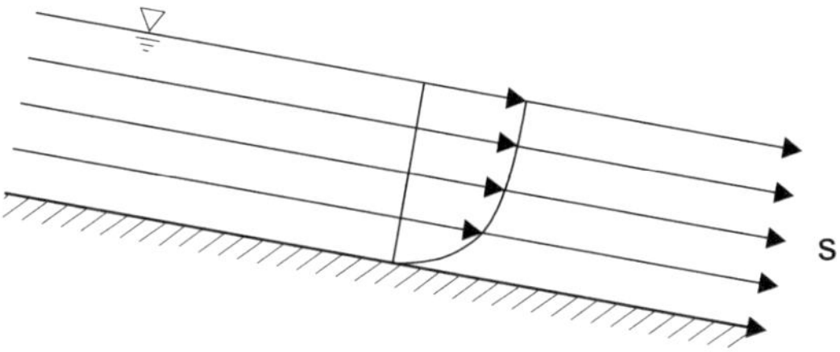

Abb. 3.5: Gleichförmige parallele Strömung: Beispiel einer Gerinneströmung mit freier Oberfläche

3.1.3 Stationäre Strömung

Bei einer stationären Strömung ist das Geschwindigkeitsfeld zeitunabhängig.

$$\frac{\partial \vec{V}}{\partial t} = 0$$

In einer stationären Strömung sind Stromlinien, Bahnlinien und Streichlinien identisch.

3.1.4 Absolut- und Relativbewegung

Je nach dem Bezugspunkt (fixes oder bewegtes Koordinatensystem) können Strömungen unterschiedlich beschrieben werden. Dies wird im folgenden anhand der von einem bewegten Boot verursachten Strömung in einem sonst ruhenden Gewässer illustriert.

Der fixe (absolute) Beobachter in Abb. 3.6 betrachtet das Boot vom Ufer aus. Das Boot bewegt sich mit konstanter Geschwindigkeit $\vec{V}_o$ von rechts nach links. Die Abbildung zeigt ein momentanes Stromlinienbild, das sich aber zeitlich verändert. $\vec{V}$ ist demnach die Eulersche Absolutgeschwindigkeit (sh. Abb. 3.6) als Funktion von Raum und Zeit

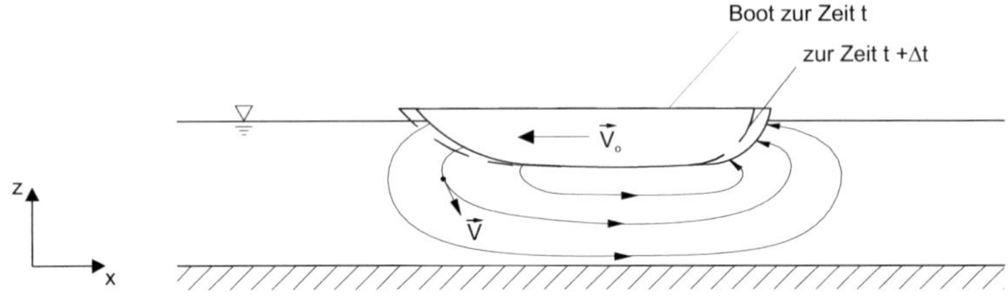

Abb. 3.6: Instationäres Stromlinienbild für Absolutbewegung: Beispiel eines Bootes in einem Kanal

Ein mitfahrender Beobachter (also ein Koordinatensystem relativ zum Boot) nimmt nun ein relatives Eulersches Geschwindigkeitsfeld $\vec{V}_R$ wahr, das sich aus der Überlagerung der induzierten Strömung $\vec{V}$ und der Geschwindigkeit des Beobachters (d. h. des bewegten Koordinatensystems) ergibt.

$$\vec{V}_R = \vec{V} - \vec{V}_o$$

So wie in Abb. 3.7 dargestellt, ergibt dies ein verändertes Stromlinienbild, das jetzt (für $\vec{V}_o$ = konstant) zeitlich unabhängig, also stationär, ist.

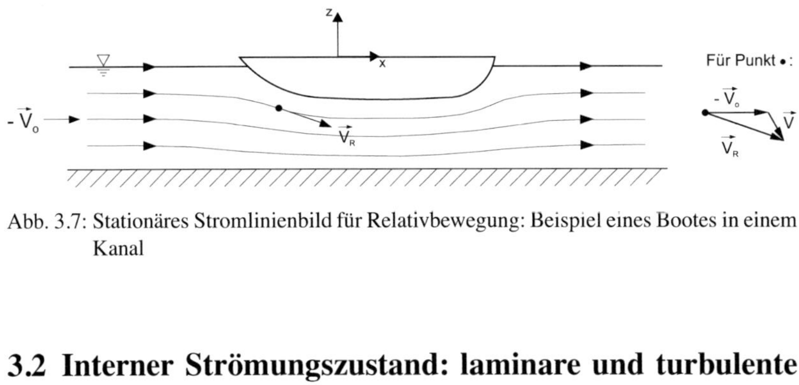

Abb. 3.7: Stationäres Stromlinienbild für Relativbewegung: Beispiel eines Bootes in einem Kanal

3.2 Interner Strömungszustand: laminare und turbulente Strömungen

Je nach dem internen Fließzustand gibt es laminare Strömungen oder turbulente Strömungen. Zur Diskussion des Phänomens betrachten wir den Fall einer Rohrströmung, die in einem großen Behälter mit ruhendem Fluid beginnt und durch ein Ventil beim Ausfluss kontrolliert wird (Abb. 3.8).

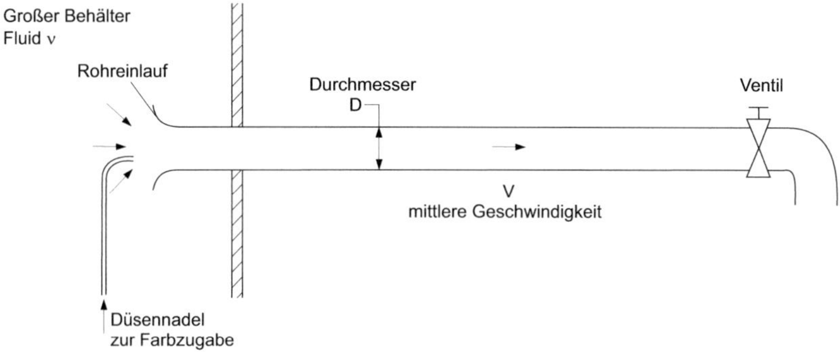

Abb. 3.8: Versuchsanordnung zur Rohrströmung nach Reynolds (1883)

Sobald die Ventilöffnung eingestellt ist, strömt Fluid aus dem Behälter mit konstantem Durchfluss durch die Rohrleitung. Systematische Untersuchungen, beginnend mit Reynolds[4] (1883), haben gezeigt, dass der interne Strömungszustand im wesentlichen von drei Parametern bestimmt ist: der mittleren Geschwindigkeit V, dem Rohrdurchmesser D, und der kinematischen Zähigkeit des Fluides ν. Darüber hinaus hat sich gezeigt, dass das Zusammenwirken dieser Parameter durch eine dimensionslose Kennzahl[5], die sich aus den Dimensionen der drei Parameter $V[m/s], D[m]$ und $\nu[m^2/s]$ ergibt, die sogenannte Reynoldszahl

$$\mathrm{Re} = \frac{VD}{\nu} \tag{3.6}$$

bestimmt ist. Je nachdem, ob die Reynoldszahl einer Rohrströmung kleiner oder größer als ein gewisser kritischer Wert Re_{krit} ist, so verhält sich die Strömung als laminar bzw. als turbulent.

a) *Laminare Strömung*, $Re < Re_{\text{krit}}$:

Bei einer Kombination von kleinen Geschwindigkeiten, kleinen Durchmessern bzw. großer Zähigkeit, verläuft die Strömung als geordnet laminare Schichtströmung, wobei die Schichten konzentrisch um die Rohrachse geordnet sind. Folgende Symptome können beobachtet werden, wie in Abb. 3.9 gezeigt:

[4] Osborne Reynolds (1842-1912), englischer Maschinenbauingenieur

[5] Die dimensionsanalytische Ableitung solcher Kennzahlen wird in Kap. 6 im Detail erläutert

- Ein Farbfaden, der die Strömung visualisiert, zeigt die stabile geordnete Strömung. Der Farbfadendurchmesser wächst allein durch molekulare Diffusion.
- Ein an einem Querschnitt gemessenes Strömungsprofil zeigt eine zeitunabhängige Geschwindigkeitsverteilung.
- Geschwindigkeitsmessungen an einem Punkt zeigen wiederum eine konstante Geschwindigkeit.

Insgesamt ist der Impulsaustausch in einer laminaren Strömung durch den Newtonschen Ansatz, Gl. (1.5), bestimmt.

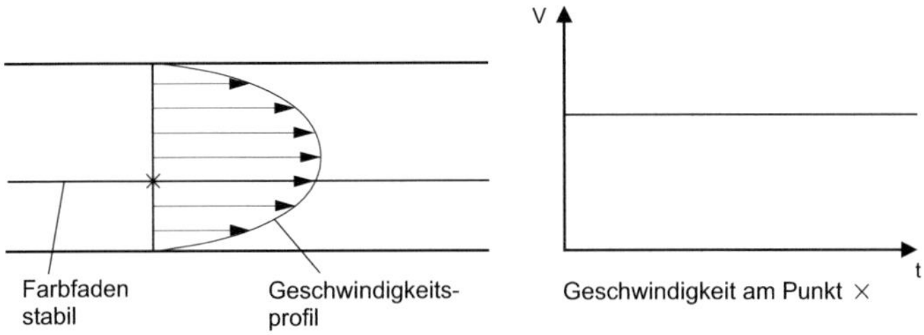

Abb. 3.9: Beobachtungen in einer laminaren Rohrströmung

b) *Turbulente Strömung*, $Re > Re_{\text{krit}}$:

Bei großen Geschwindigkeiten und Durchmessern, bzw. bei wenig viskosen Fluiden, stellt sich ein turbulenter Strömungszustand ein, der durch folgende Symptome charakterisiert ist:

- Ein Farbfaden erfährt mehr oder weniger bald nach der Zugabe instabile Schwankungen, die durch Wirbelbewegungen in der Strömung erzeugt werden. Die Farbe kann sich aufgrund dieser großräumigen Wirbel schnell im ganzen Querschnitt durchmischen.
- Die Geschwindigkeitsprofile ändern sich mit der Zeit. Nur durch Mittelung über viele Beobachtungen kann eine durchschnittliche Geschwindigkeitsverteilung gefunden werden.
- Geschwindigkeitsmessungen an einem Punkt zeigen wiederum zeitliche Fluktuationen in Abweichung vom zeitlichen Mittel.

Die turbulente Strömung ist also durch irreguläre Wirbelbewegungen typisiert, die in erster Linie für den Impulsaustausch zwischen der wandnahen Zone und dem Rohrinneren verantwortlich sind. Der Newtonsche Ansatz genügt nicht mehr, um solche Strömungen in ihrem mittleren Verhalten zu analysieren. Empirische Ansätze müssen dazu eingesetzt werden (Kap. 7 und 8).

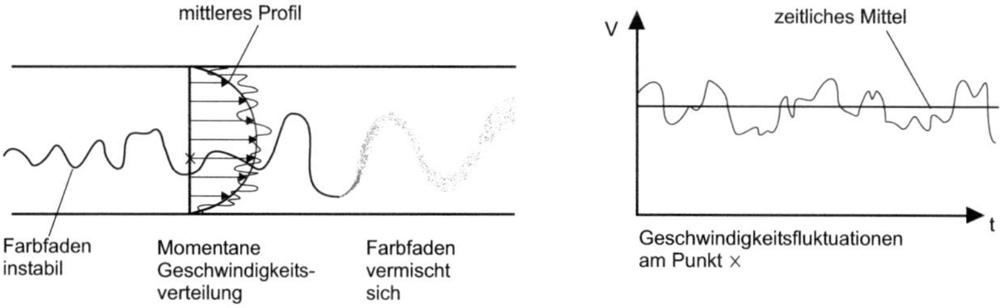

Abb. 3.10: Beobachtungen in einer turbulenten Rohrströmung

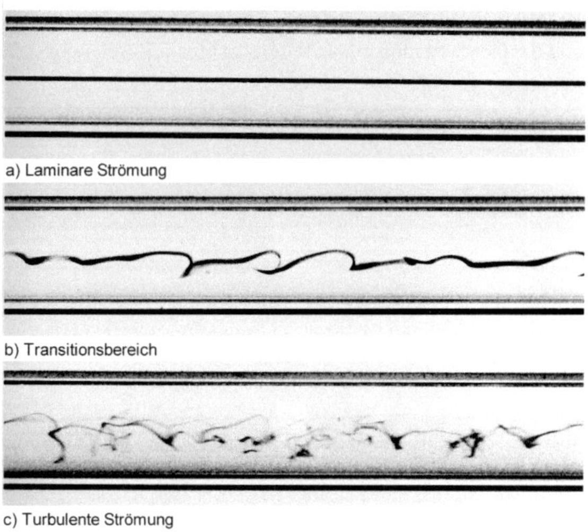

Abb. 3.11: Verhalten eines Farbfadens (Streichlinie) beim Reynolds-Experiment (sh. van Dyke, 1982)

Das Verhalten eines zugegebenen Farbfadens beim Reynolds-Experiment (sh. Abb. 3.8) ist in Abb. 3.11 für a) laminare Verhältnisse, b) im Transitionsbereich und c) turbulente Verhältnisse fotografisch dargestellt. Im letzten Fall ist die rapide Mischung des Farbfadens über den Rohrquerschnitt klar ersichtlich.

Für Rohrströmungen gilt eine kritische Reynoldszahl

$$\mathrm{Re}_{\mathrm{krit}} \approx 2000$$

aufgrund von vielen Versuchen mit unterschiedlichen Fluiden (z. B. Wasser, Öle, Luft, Gase) und verschiedenen Kombinationen von Geschwindigkeiten und Durchmessern.

Für andere Strömungstypen (z. B. offenes Gerinne, Umströmungen von Körpern) gelten andere Definitionen und andere kritische Werte für die Reynoldszahlen. In allen Fällen aber ist der interne Strömungszustand entweder laminar oder turbulent mit irregulären Wirbelbewegungen, die dann auf die Grundströmung überlagert sind.

3.3 Durchflussrate

Abb. 3.12 a) zeigt die Geschwindigkeitsverteilung in einem Rohrleitungsquerschnitt.

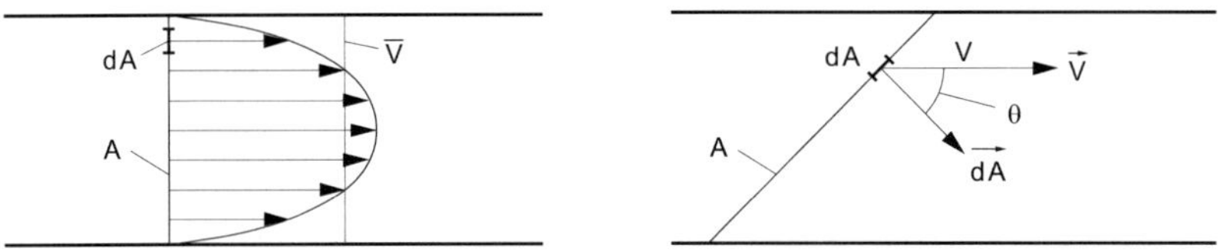

(a) Querschnittsfläche normal zur Geschwindigkeitsrichtung

(b) Geneigte Querschnittsfläche

Abb. 3.12: Durchfluss durch eine Rohrleitung

Der Volumenfluss durch eine Elementarfläche dA, die normal zur Geschwindigkeitsrichtung liegt, ist gegeben durch

$$V dA \qquad \left[\frac{m}{s} \cdot m^2\right] = \left[\frac{m^3}{s}\right] \tag{3.7}$$

Der Volumenfluss über den gesamten Querschnitt ergibt sich folglich zu

$$Q = \int_A V dA \tag{3.8}$$

Die *durchschnittliche (mittlere) Geschwindigkeit* im Querschnitt ist dann

$$\overline{V} = \frac{Q}{A} \tag{3.9}$$

Liegt die durchflossene Fläche nicht normal zum Geschwindigkeitsvektor, so ist der Elementardurchfluss durch das Vektorprodukt $\vec{V} \cdot d\vec{A}$ gegeben. Der Flächenvektor $d\vec{A}$ ist dabei normal zur Fläche gerichtet (Abb. 3.12 b). Der Durchfluss ergibt sich aus dem Integral

$$Q = \int_A \vec{V} \cdot d\vec{A} = \int_A V \cos\theta dA \tag{3.10}$$

3.4 Beschleunigung

3.4.1 Kartesisches Koordinatensystem

In der Lagrangeschen Betrachtung (sh. Abschnitt 3.1) gilt für die Beschleunigung eines Partikels in x-Richtung

$$a_{\mathrm{x}} = \frac{du}{dt} \tag{3.11}$$

Die Partikelgeschwindigkeit ist aber abhängig von Partikelposition und Zeit, somit gilt

$$a_{\mathrm{x}} = \frac{du(x(t), y(t), z(t), t)}{dt} \tag{3.12}$$

Nach den Regeln der partiellen Differentiation

$$a_{\mathrm{x}} = \frac{\partial u}{\partial \mathrm{x}}\frac{d\mathrm{x}}{dt} + \frac{\partial u}{\partial \mathrm{y}}\frac{d\mathrm{y}}{dt} + \frac{\partial u}{\partial \mathrm{z}}\frac{d\mathrm{z}}{dt} + \frac{\partial u}{\partial t} \tag{3.13}$$

Mit $\frac{d\mathrm{x}}{dt} = u$, $\frac{d\mathrm{y}}{dt} = v$ und $\frac{d\mathrm{z}}{dt} = w$, ergibt sich

$$a_{\mathrm{x}} = u\frac{\partial u}{\partial \mathrm{x}} + v\frac{\partial u}{\partial \mathrm{y}} + w\frac{\partial u}{\partial \mathrm{z}} + \frac{\partial u}{\partial t} \tag{3.14}$$

und analog

$$a_{\mathrm{y}} = u\frac{\partial v}{\partial \mathrm{x}} + v\frac{\partial v}{\partial \mathrm{y}} + w\frac{\partial v}{\partial \mathrm{z}} + \frac{\partial v}{\partial t} \tag{3.15}$$

$$a_{\mathrm{z}} = u\frac{\partial w}{\partial \mathrm{x}} + v\frac{\partial w}{\partial \mathrm{y}} + w\frac{\partial w}{\partial \mathrm{z}} + \frac{\partial w}{\partial t} \tag{3.16}$$

Hierbei stehen jeweils die ersten drei Terme auf der rechten Seite für den konvektiven Anteil und der letzte Term für den lokalen Anteil der Beschleunigung. Gl. (3.14) bis (3.16) definieren den Beschleunigungsvektor $\vec{a} = (a_{\mathrm{x}}, a_{\mathrm{y}}, a_{\mathrm{z}})$.

Die *konvektive Beschleunigung* ist der Anteil der Beschleunigung, der durch die Ortsänderung entsteht, während die *lokale Beschleunigung* durch die zeitliche Änderung der Geschwindigkeit charakterisiert ist.

3.4.2 Natürliches Koordinatensystem

Wird statt dem kartesischen Koordinatensystem ein natürliches Koordinatensystem entlang einer Bahnlinie verwendet (sh. Abschnitt 3.1.1), so sind die Geschwindigkeitskomponenten entlang der Bahnlinie gegeben durch

$$\vec{V} = (V_s, V_n)$$

wobei V_s die Geschwindigkeit entlang der momentanen Stromlinie (Koordinate s) und V_n die Geschwindigkeit normal zur Stromlinie (Koordinate n) ist. Im stationären Fall ist dabei die Normalgeschwindigkeit identisch Null, $V_n = 0$. Im instationären Fall aber ändert sich die Form der Stromlinie als Funktion der Zeit, so dass auch V_n zeitlich variiert.

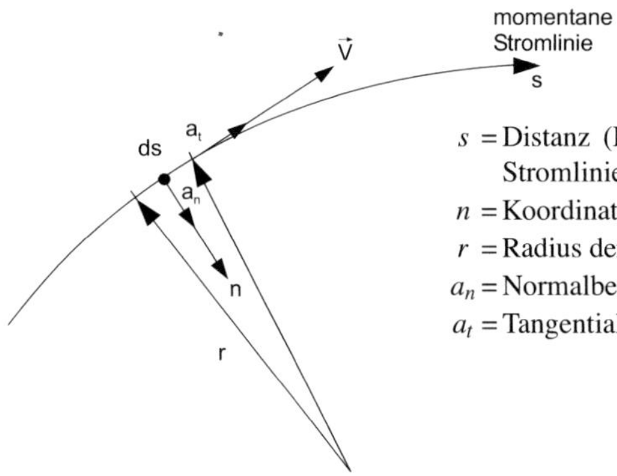

s = Distanz (Koordinate entlang der Stromlinie)
n = Koordinate normal zur Stromlinie
r = Radius der Schmiegebene
a_n = Normalbeschleunigung
a_t = Tangentialbeschleunigung

Abb. 3.13: Beschleunigung eines Fluidpartikels im natürlichen Koordinatensystem

Da $V_s(s(t),t)$ und $V_n(s(t),t)$, gilt für die Tangentialbeschleunigung

$$a_t = \frac{\partial V_s}{\partial s}\frac{ds}{dt} + \frac{\partial V_s}{\partial t} = V_s \frac{\partial V_s}{\partial s} \frac{\partial V_s}{\partial t} \tag{3.17a}$$

und für die Normalbeschleunigung

$$a_n = \frac{V_s^2}{r} + \frac{\partial V_n}{\partial t} \tag{3.17b}$$

wobei der erste Term auf der rechten Seite die Zentripetalbeschleunigung entlang der gekrümmten Stromlinie darstellt. Im stationären Fall, $\partial / \partial t = 0$, ergeben sich

$$a_t = V_s \frac{\partial V_s}{\partial s} = \frac{1}{2} \frac{\partial V_s^2}{\partial s} \tag{3.18a}$$

$$a_n = \frac{V_s^2}{r} \tag{3.18b}$$

3.5 Allgemeine Transportgleichung

Zur Beschreibung der Eigenschaften des strömenden Fluides als bewegtes Massensystem wird der Begriff des Kontrollvolumens eingeführt. Das *Kontrollvolumen* (K.V.) ist ein räumlich definierter Bereich (sh. Abb. 3.14), der durchströmt wird. Es wird durch die *Kontrolloberfläche* (K.O.) begrenzt.

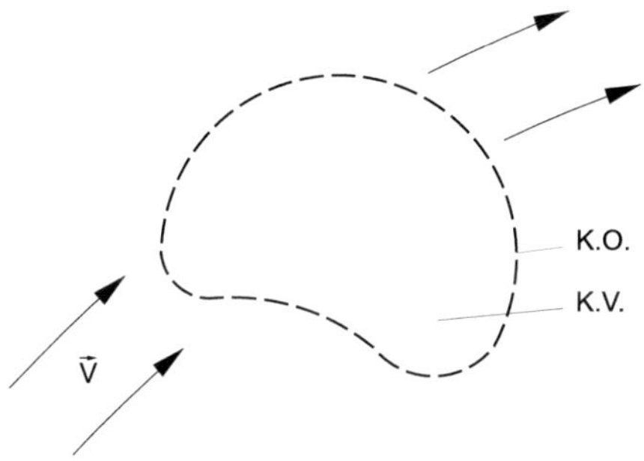

Abb. 3.14: Kontrollvolumen und Kontrolloberfläche im Geschwindigkeitsfeld $\vec{V}$

Zur Zeit t wird das Kontrollvolumen von einem Massensystem eingenommen, das verschiedene Systemeigenschaften beinhalten kann, so wie in Tabelle 3.1 aufgezeigt ist.

Bei praktischen Anwendungen wird das K.V. oft so gewählt dass es einer „Stromröhre" entspricht (sh. Abb. 3.15). In dem Falle ist die K.O. durch zwei Typen von Berandungen begrenzt:

- Berandungen, die nicht durchströmt werden, also den Stromlinien entsprechen. Meist sind solche Ränder tatsächliche physische Begrenzungen (z. B. die Rohrwände in Abb. 3.15), und

Tabelle 3.1: Beispiele extensiver und intensiver Größen

Generelle Fluideigenschaft	Extensive Größe B	Intensive Größe $\beta = \frac{\text{Fluideigenschaft B}}{\text{Volumeneinheit}\forall}$
Masse	M	ρ
Impuls	$\vec{I}$	$\rho\vec{V}$
Energie	E	ρe
Tracermasse	M_c	c_M

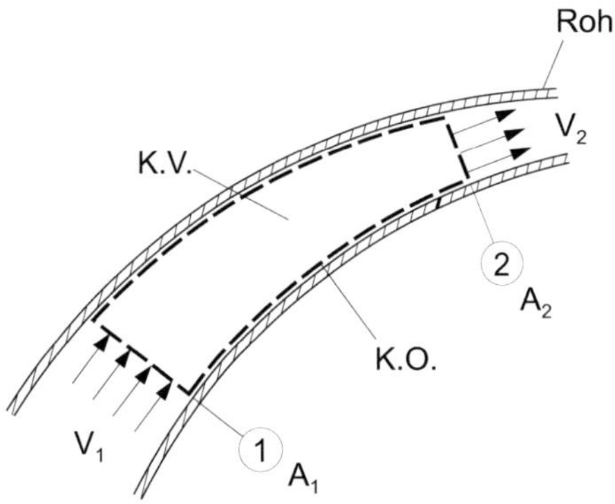

Abb. 3.15: Stromröhre als Kontrollvolumen im Falle einer Rohrströmung

- Berandungen, die normal durchströmt werden (z. B. die Durchflussflächen A_1 und A_2 in den Querschnitten ① und ②, in Abb. 3.15).

Im folgenden wird das Verhalten des sich verformenden Massensystems bei Durchströmen des K.V. (im vereinfachten Fall der Stromröhre, Abb. 3.16) betrachtet.

Die Kontrolloberflächen ① und ② sind Durchflussflächen, deren Flächenvektoren $\vec{A}_1$ und $\vec{A}_2$ nach außen gerichtet sind. $\vec{V}_1$ und $\vec{V}_2$ sind die mittleren Geschwindigkeitsvektoren. θ ist definiert als Winkel zwischen $\vec{V}$ und $\vec{A}$.

Zur Zeit t enthält das Kontrollvolumen ein Massensystem mit der Größe B (extensive Eigenschaft), das die Räume I + II ausfüllt. Der Umriss des Massensystems ist mit der strichlierten Linie, also identisch, der K.O. in Abb. 3.16 angegeben. Zur Zeit $t + \Delta t$ hat sich das Massensystem verschoben. Das Massensystem befindet sich nun in den Räumen II + III und sein Umriss ist durch die strichpunktierte Linie angedeutet. Die zeitliche Änderung

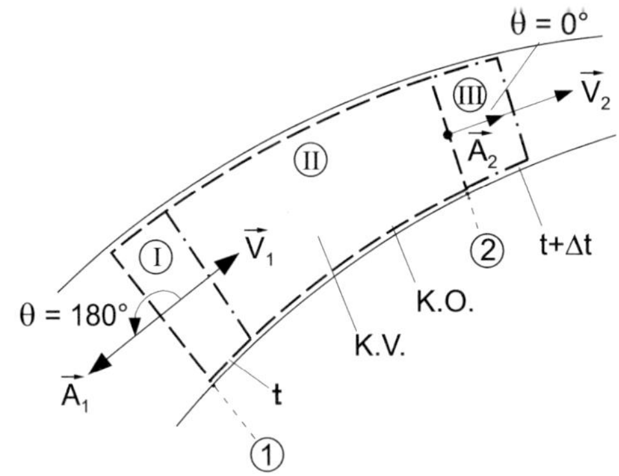

Abb. 3.16: Massensystem bei Durchströmung des Kontrollvolumens

von B ist also

$$\left(\frac{dB}{dt}\right)_{sys} = \lim_{\Delta t \to 0} \frac{(B_{II} + B_{III})_{t+\Delta t} - (B_I + B_{II})_t}{\Delta t} \tag{3.19}$$

und umgeformt

$$\left(\frac{dB}{dt}\right)_{sys} = \lim_{\Delta t \to 0} \frac{B_{II,t+\Delta t} - B_{II,t}}{\Delta t} + \lim_{\Delta t \to \infty} \frac{B_{III,t+\Delta t} - B_{I,t}}{\Delta t} \tag{3.20}$$

Der erste Term auf der rechten Seite in Gl. (3.20) bezieht sich nur auf das K.V. selbst, da für $\Delta t \to 0$ der Raum II mit dem K.V. identisch ist. Da die lokale Verteilung von B durch β gegeben ist, lässt sich dieser erste Term als das Integral über die lokale zeitliche Änderung schreiben

$$\lim_{\Delta t \to 0} \frac{B_{II,t+\Delta t} - B_{II,t}}{\Delta t} = \int_{K.V.} \frac{\partial \beta}{\partial t} d\forall \tag{3.21}$$

Der zweite Term kann folgendermaßen beschrieben werden: $B_{III,t+\Delta t}$ ist der Anteil an B, der das Kontrollvolumen während Δt verlassen hat. Demnach ist $\frac{B_{III,t+\Delta t}}{\Delta t}$ die Ausflussrate von B durch die Kontrolloberfläche während Δt. Analog ist $\frac{B_{I,t}}{\Delta t}$ die Zuflussrate von B durch die Kontrolloberfläche während Δt. Es ergibt sich also für den zweiten Term

$$\lim_{\Delta t \to 0} \frac{B_{III,t+\Delta t} - B_{I,t}}{\Delta t} = \sum_{K.O.} \beta \vec{V} \cdot \vec{A} \tag{3.22}$$

Gl. (3.21) beschreibt also die Summierung aus dem skalaren Produkt der lokalen Transportrate $\beta\vec{V}$ und den Flächen $\vec{A}$. Demnach ergibt sich für Gl. (3.19) die *Transportgleichung für das K.V. als Stromröhre*

$$\left(\frac{dB}{dt}\right)_{sys} = \int_{K.V.} \frac{\partial\beta}{\partial t} d\forall + \sum_{K.O.} \beta\vec{V}\cdot\vec{A} \tag{3.23a}$$

Die *allgemeine Transportgleichung* bezogen auf ein beliebig geformtes K.V. lautet (ohne detaillierte Ableitung)

$$\left(\frac{dB}{dt}\right)_{sys} = \int_{K.V.} \frac{\partial\beta}{\partial t} d\forall + \int_{K.O.} \beta\vec{V}\cdot d\vec{A} \tag{3.23b}$$

Die allgemeine Transportgleichung der Strömungsmechanik zeigt also, dass die Zustandsänderungen in einem bewegten und sich verformenden Massensystem in zwei Anteilen betrachtet werden kann:

1. die zeitliche Änderung der Fluideigenschaft in einem *räumlich* definierten K.V. und
2. der Nettotransport der Fluideigenschaft infolge von Flüssen durch die K.O..

Die Nützlichkeit dieser Vorgangsweise wird in den folgenden Anwendungen auf die grundlegenden physikalischen Prinzipien (z. B. Massenerhaltung, Impulserhaltung, Energieerhaltung) klar werden.

Wie eingangs betont, ist das K.V. ein im Raume definierter Bereich. Das bedeutet aber nicht, dass das K.V. immer ein starr unveränderlicher Bereich ist. Das K.V. kann sich auch bewegen oder seinen Inhalt ändern, wie folgende Anwendungen zeigen werden.

Des weiteren können K.V. *finit* oder *infinitesimal* klein sein. Im ersten Fall ergeben sich Bilanzgleichungen, die für ingenieurmäßige Betrachtungen besonders wichtig sind. Im zweiten Falle aber ergeben sich Differentialgleichungen, die es erlauben, detaillierte Strömungsabläufe zu beschreiben.

Bei stationären Problemen, $\partial/\partial t = 0$, fällt die zeitliche Änderung in Gl. 3.23 weg und die Transportgleichung vereinfacht sich im Falle der Stromröhre als K.V. zu

$$\left(\frac{dB}{dt}\right)_{sys} = \sum_{K.O.} \beta\vec{V}\cdot\vec{A} \tag{3.24a}$$

und beim allgemeinen K.V. zu

$$\left(\frac{dB}{dt}\right)_{sys} = \int\limits_{K.O.} \beta\vec{V}\cdot d\vec{A} \tag{3.24b}$$

3.6 Massenerhaltung: Kontinuitätsgleichung

Die extensive Systemeigenschaft ist gegeben durch die Fluidmasse, also $B \Rightarrow M$, und deren intensive Größe, die Fluiddichte, also $\beta \Rightarrow \rho$. Das Prinzip der Massenerhaltung lautet

$$\left(\frac{dM}{dt}\right)_{sys} = 0 \tag{3.25}$$

3.6.1 Finite Kontrollvolumen

Die Anwendung der Transportgleichung (3.23a) auf Gl. (3.25) führt zu

$$\int\limits_{K.V.} \frac{\partial\rho}{\partial t} d\forall + \sum_{K.O.} \rho\vec{V}\cdot\vec{A} = 0 \tag{3.26}$$

d. h. die zeitliche Änderung der Masse im Kontrollvolumen entspricht dem Nettomassendurchfluss durch die Kontrolloberfläche.

Einige mögliche Vereinfachungen werden im Folgenden betrachtet.

Inkompressibles Fluid, variable Masse im teilgefüllten Kontrollvolumen:

Mit $\rho = \text{const.}$ und $\rho d\forall = dm$, folgt aus Gl. (3.26)

$$\int\limits_{K.V.} \frac{\partial}{\partial t} dm + \sum_{K.O.} \rho\vec{V}\cdot\vec{A} = 0 \tag{3.27}$$

Die gesamte Masse im K.V. sei $M_{K.V.} = \int_{K.V.} dm$. Somit

$$\frac{\partial M_{K.V.}}{\partial t} + \sum_{K.O.} \rho\vec{V}\cdot\vec{A} = 0 \tag{3.28}$$

und mit $M_{K.V.} = \rho \forall_{K.V.}$, wobei $\forall_{K.V.}$ das Fluidvolumen im K.V. ist, ergibt sich nach Kürzung durch ρ

$$\frac{\partial \forall_{K.V.}}{\partial t} = -\sum_{K.O.} \vec{V} \cdot \vec{A} \tag{3.29}$$

d. h. die Volumenänderung des Fluides im K.V. wird durch den Nettodurchfluss bilanziert. Gl. (3.29) hat wichtige Anwendungen bei instationären Speicherproblemen: die Änderung des Volumens in einem Speicher (z. B. See oder Reservoir) ist durch die Differenz zwischen Zu- und Abflüssen gegeben.

Stationäre Strömung eines kompressiblen Fluides:

Mit $\partial/\partial t = 0$ resultiert aus Gl. (3.26)

$$\sum_{K.O.} \rho \vec{V} \cdot \vec{A} = 0 \tag{3.30}$$

d. h. der Nettomassenfluss durch die K.O. ist gleich Null.

Für den Fall einer Stromröhre (z. B. Abb. 3.14) mit zwei Durchflussflächen ergibt das skalare Produkt

$$-\rho_1 V_1 A_1 + \rho_2 V_2 A_2 = 0 \tag{3.31}$$

d. h. die zufließende Masse $\rho_1 V_1 A_1$ ist gleich der ausfließenden Masse $\rho_2 V_2 A_2$.

Strömung eines inkompressiblen Fluides in vollgefüllter Stromröhre:

Da $\rho_1 = \rho_2 = \rho = \text{const.}$ führt die Massenerhaltungsgleichung (3.31) nach Division durch ρ zur sogenannten *Kontinuitätsgleichung*, einer Volumenerhaltungsgleichung

$$V_1 A_1 = V_2 A_2 \tag{3.32a}$$

d. h. das zuströmende Volumen ist gleich dem abströmenden. Gl. (3.32a) kann auch aus Gl. (3.29) abgeleitet werden, da in einer vollgefüllten Stromröhre das Fluidvolumen konstant ist, $\partial \forall_{K.V.}/\partial t = 0$. Mit der Definition der Durchflusses Q (Abschnitt 3.3) ergibt sich alternativ

$$Q_1 = Q_2 \tag{3.32b}$$

3.6.2 Elementares (infinitesimal kleines) Kontrollvolumen

Abb. 3.17 zeigt ein elementares K.V. (Quader mit Kantenlänge $\Delta x, \Delta y$ und Δz), dessen Eckpunkt x, y, z im kartesischen Koordinatensystem liegt. Auch hier gilt für das Massenerhaltungsprinzip Gl. (3.26), also

$$\int\limits_{K.V.} \frac{\partial \rho}{\partial t} d\mathcal{V} + \sum_{K.O.} \rho \vec{V} \cdot \vec{A} = 0$$

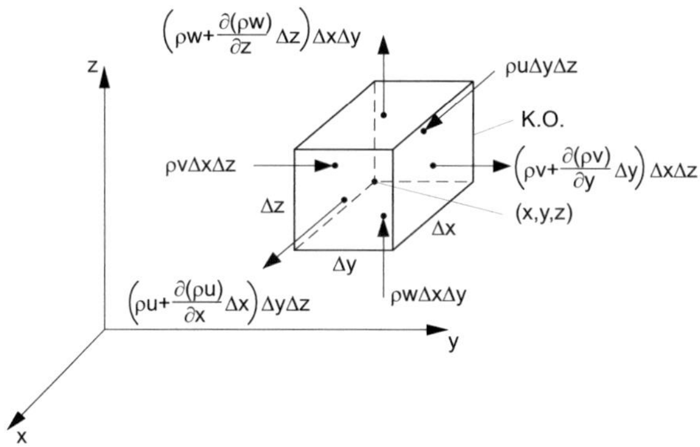

Abb. 3.17: Massenflüsse durch die Oberflächen eines elementaren Kontrollvolumens

Zur Auswertung der Massenflüsse durch die 6 Oberflächen des quadrischen K.V. wird zuerst die x-Richtung betrachtet: ρu ist der Massenfluss pro Flächeneinheit in der positiven x-Richtung. Der Nettomassenfluss in der x-Richtung (vordere bzw. hintere K.O. Fläche) ist demnach

$$\left(\rho u + \frac{\partial(\rho u)}{\partial x} \Delta x\right) \Delta y \Delta z - (\rho u) \Delta y \Delta z = \frac{\partial(\rho u)}{\partial x} \Delta x \Delta y \Delta z$$

und analoge Ausdrücke gelten für die y- bzw. z-Richtung.

Insgesamt ergibt sich, nach Division durch das Volumen $\Delta x \Delta y \Delta z$, die differentielle Massenerhaltungsgleichung

$$\frac{\partial \rho}{\partial t} + \frac{\partial(\rho u)}{\partial x} + \frac{\partial(\rho v)}{\partial y} + \frac{\partial(\rho w)}{\partial z} = 0 \tag{3.33}$$

Gl. (3.33) kann mit der Kettenregel umgeformt werden zu

$$\frac{\partial \rho}{\partial t} + u\frac{\partial \rho}{\partial x} + v\frac{\partial \rho}{\partial y} + w\frac{\partial \rho}{\partial z} + \rho\left(\frac{\partial u}{\partial x} + \frac{\partial v}{\partial y} + \frac{\partial w}{\partial z}\right) = 0$$

wobei mit der Definition der Lagrangeschen Änderung $d\rho/dt$ (vgl. Abschnitt 3.4)

$$\frac{\partial \rho}{\partial t} + \rho\left(\frac{\partial u}{\partial x} + \frac{\partial v}{\partial y} + \frac{\partial w}{\partial z}\right) = 0$$

Für ein *inkompressibles Fluid* ist die *Dichte der Strömung folgend konstant*, $d\rho/dt = 0$ (Lagrangesche Betrachtung). Daraus resultiert die *Kontinuitätsgleichung* (nach Division durch ρ)

$$\frac{\partial u}{\partial x} + \frac{\partial v}{\partial y} + \frac{\partial w}{\partial z} = 0 \tag{3.34}$$

Diese Gleichung drückt in differentieller Form ein wichtiges Prinzip der Volumenerhaltung in einem strömenden inkompressiblen Fluid aus: Änderungen der Geschwindigkeit in einer Richtung (z. B. gegeben durch den Gradienten $\partial u/\partial x$) bedingen immer auch Änderungen in den anderen Richtungen (z. B. $\partial v/\partial y$ und/oder $\partial w/\partial z$).

3.7 Rotation der Fluidelemente

Ein elementares Fluidteilchen in einem strömenden Fluid wird betrachtet. Zur Zeit t hat es die Form eines Quaders mit Seitenlängen δx, δy und δz gemessen entlang der drei Koordinatenachsen. Durch die Strömung erfährt das Teilchen im allgemeinen drei Arten von räumlichen Änderungen:

a) *Translation:* Das Fluidelement verändert seine Lage durch die Fluidströmung. In der weiteren Betrachtung wird dieser Effekt dadurch eliminiert, dass ein bewegtes Koordinatensystem mit dem Teilchen mitfährt.

b) *Rotation:* Das Fluidelement dreht sich um die Achsen des mitfahrenden Koordinatensystems.

c) *Winkeldeformation:* Das Fluidelement verformt sich.

Abb. 3.18 zeigt die Änderung eines zweidimensionalen Fluidelements unter Einwirkung von Rotation und Winkeldeformation, die durch die Geschwindigkeitsunterschiede in x- bzw. y-Richtung erzeugt werden.

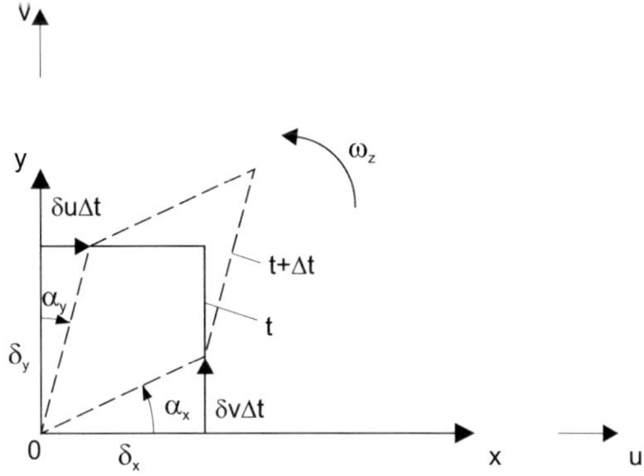

Abb. 3.18: Zeitliche Änderung eines zweidimensionalen Fluidelementes unter Einwirkung von Rotation und Winkeldeformation

Der am Teilcheneck 0 mitfahrende Beobachter sieht folgende Geschwindigkeitsunterschiede:

$$\delta v = v - \text{Geschwindigkeitsdifferenz über } \delta x \text{ Seitenlänge} = \frac{\partial v}{\partial x}\delta x$$
$$\delta u = u - \text{Geschwindigkeitsdifferenz über } \delta y \text{ Seitenlänge} = \frac{\partial u}{\partial y}\delta y$$

Über das Zeitintervall Δt verursachen diese Geschwindigkeitsdifferenzen die Winkeländerungen

$$\alpha_x = \frac{\delta v \Delta t}{\delta x} \qquad \text{für das Seitenelement } \delta x$$
$$\alpha_y = -\frac{\delta u \Delta t}{\delta y} \qquad \text{für das Seitenelement } \delta y$$

wobei letzteres ein Minuszeichen hat, der Konvention von positiven Winkeländerungen gegen den Uhrzeigersinn entsprechend.

Die Winkeldeformationen pro Zeiteinheit ergeben sich dann als $\frac{\partial v}{\partial x}$ für das Seitenelement δx und als $-\frac{\partial u}{\partial y}$ für δy. Die Nettorotationsrate des Fluidelementes um die z-Achse ergibt sich aus dem algebraischen Mittelwert der beiden Winkeldeformationsraten und wird als die *Drehung* ω_z bezeichnet

$$\omega_z = \frac{1}{2}\left(\frac{\partial v}{\partial x} - \frac{\partial u}{\partial y}\right) \tag{3.35a}$$

Analog hierzu ergeben sich im dreidimensionalen Raum die Drehungen um die anderen Achsen durch zyklische Permutation

$$\omega_x = \frac{1}{2}\left(\frac{\partial w}{\partial y} - \frac{\partial v}{\partial z}\right) \tag{3.35b}$$

$$\omega_y = \frac{1}{2}\left(\frac{\partial u}{\partial z} - \frac{\partial w}{\partial x}\right) \tag{3.35c}$$

Der *Drehvektor* $\vec{\omega}$ ist durch diese drei Komponenten definiert

$$\vec{\omega} = (\omega_x, \omega_y, \omega_z) \tag{3.36}$$

3.7.1 Rotationsbehaftete Strömungen

Eine Strömung ist *rotationsbehaftet*, wenn

$$\vec{\omega} \neq 0 \tag{3.37}$$

Da man die kombinierte Wirkung von Rotation und Winkelverformung auch Scherung nennt, heißen rotationsbehaftete Strömungen auch *Scherströmungen*.

In einer *zweidimensionalen Scherströmung*, z. B. gegeben durch $\vec{V} = (u, v, 0)$, gibt es, da auch $\frac{\partial u}{\partial z} = 0$ und $\frac{\partial v}{\partial z} = 0$, nur eine Komponente ω_z des Rotationsvektors

$$\vec{\omega} = \frac{1}{2}\left(0, 0, \frac{\partial v}{\partial x} - \frac{\partial u}{\partial y}\right) \tag{3.38}$$

Ein extremer Typus einer solchen Strömung ist der sogenannte *Festkörperwirbel*, wenn sich z. B. nach entsprechend langer Anlaufzeit eine Flüssigkeit in einem Gefäß auf einem Drehteller mit konstanter Winkelgeschwindigkeit Ω als starrer Körper dreht (sh. Abschnitt 4.1.2). Die Rotation der Fluidelemente, die sich auf konzentrischen Kreisbahnen mit Geschwindigkeit $V_s = \Omega r$ bewegen, ist dann $\omega_z = \Omega$.

In einer *parallelen gleichförmigen Scherströmung*, z. B. $\vec{V} = (u, 0, 0)$, vereinfacht sich dies mit $\frac{\partial v}{\partial x} = 0$ zu

$$\vec{\omega} = \frac{1}{2}\left(0, 0, -\frac{\partial u}{\partial y}\right) \tag{3.39}$$

Gl. (3.39) beschreibt z. B. die Rotationsverhältnisse in einer einfachen Gerinneströmung (sh. Abb. 3.5), wobei y die Koordinate normal zur Sohle ist.

Alle Strömungen von *realen Fluiden* sind im allgemeinen durch Scherungen, die wiederum ihren Ursprung in der Viskosität des Fluides haben, gekennzeichnet und demnach rotationsbehaftet.

3.7.2 Rotationsfreie Strömungen

Eine Strömung ist *rotationsfrei*, wenn

$$\vec{\omega} = 0 \tag{3.40}$$

im gesamten Strömungsfeld. Für diesen Zustand gilt nach Gl. (3.35)

$$\frac{\partial w}{\partial y} = \frac{\partial v}{\partial z}, \qquad \frac{\partial u}{\partial z} = \frac{\partial w}{\partial x}, \qquad \frac{\partial v}{\partial x} = \frac{\partial u}{\partial y} \tag{3.41}$$

Dies ist erfüllt, wenn die Geschwindigkeitskomponenten

$$u = -\frac{\partial \phi}{\partial x}, \qquad v = -\frac{\partial \phi}{\partial y}, \qquad w = -\frac{\partial \phi}{\partial z} \tag{3.42}$$

also Gradienten einer skalaren Funktion $\phi(x, y, z, t)$ sind. ϕ nennt man das Geschwindigkeitspotential und das Minuszeichen bedeutet, dass die Strömung von höherem zu niederem Potential gerichtet ist. Rotationsfreie Strömungen heißen demnach auch *Potentialströmungen*.

Ein klassisches Beispiel einer rotationsfreien Potentialströmung ist der *freie Wirbel* (sh. Abschnitt 4.1.5). Hier bewegen sich die Fluidpartikel auf konzentrischen Kreisbahnen, wobei aber die Fluidgeschwindigkeit V_s invers mit der Distanz r vom Wirbelzentrum abnimmt, $V_s = C/r$.

Wenn auch, wie im vorigen Abschnitt festgestellt wurde, Strömungen von realen Fluiden nie rotationsfrei sind, so ist doch in manchen Fällen der Einfluss der Scherung im Anfangsstadium einer Strömung unwesentlich oder auf dünne Schichten beschränkt. Die Annahme von rotationsfreien Strömungen, analog zur Annahme eines *idealen Fluides*, das sich reibungsfrei verhält, bringt dann wesentliche Vereinfachungen in der Analyse von Strömungsproblemen, wie in den nächsten Kapiteln gezeigt wird.

Kapitel 4

Impulsgleichung

Das 2. Newtonsche Gesetz in der Mechanik lautet

$$\frac{d\vec{I}}{dt} = \sum \vec{F} \qquad \text{2. Newtonsches Gesetz} \tag{4.1}$$

$\vec{I}$ ist der lineare Impuls (repräsentativ für das Produkt aus Masse mal Geschwindigkeit) des Massensystems und $\sum \vec{F}$ ist die Summe der Kräfte, die auf das Massensystem einwirken

$$\sum \vec{F} = \sum \vec{F}_B + \sum \vec{F}_S \tag{4.2}$$

wobei $\sum \vec{F}_B$ alle Massenkräfte (z. B.Schwerkraft) bzw. $\sum \vec{F}_S$ alle Oberflächenkräfte (z. B. Druckkraft, Reibungskraft) darstellt.

Bei der Anwendung der allgemeinen Transportgleichung (siehe Abschnitt 3.5, Gl. (3.23)) wird die extensive Systemgröße B auf den linearen Impuls angewandt, $B \Rightarrow \vec{I}$. Die intensive Größe β entspricht dem Impuls pro Volumeneinheit, $\beta \Rightarrow \rho\vec{V}$. Sowohl $\vec{I}$ als auch $\rho\vec{V} = (\rho u, \rho v, \rho w)$, sind gerichtete Vektorengrößen.

Im Abschnitt 4.1 wird die Impulsgleichung für reibungsfreie Strömungen abgeleitet. Im Abschnitt 4.2 folgt dann die Erweiterung auf den generellen Fall von reibungsbehafteten Strömungen.

4.1 Reibungsfreie Strömungen

4.1.1 Euler-Gleichung

Ein elementares Kontrollvolumen mit Zylindergeometrie (Abb. 4.1 und Abschnitt 2.2), das beliebig im Raum liegt, wird betrachtet.

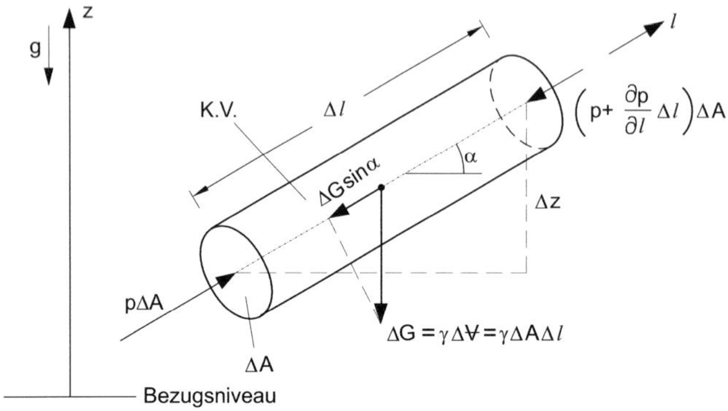

Abb. 4.1: Zylindrisches K.V.

Das K.V. hat ein Volumen von $\Delta\forall = \Delta A \Delta l$ und $M = \rho \Delta\forall$ ist die Systemmasse. α ist der Winkel zwischen der Zylinderachse und der Horizontalen, $\sin\alpha = \Delta z/\Delta l$. Der 2. Newtonsche Satz in l-Richtung angewendet ergibt

$$\frac{dI_l}{dt} = Ma_l = \sum F_l \tag{4.3}$$

wobei a_l die Beschleunigung in der l-Richtung ist. Nach Einsetzen der Kräfte ergibt sich:

$$\rho \Delta A \Delta l a_l = -\gamma \Delta A \Delta l \sin\alpha - \frac{\partial p}{\partial l} \Delta l \Delta A$$

und nach Division durch das Volumen $\Delta A \Delta l$

$$\rho a_l = -\gamma \frac{\partial z}{\partial l} - \frac{\partial p}{\partial l}$$

$$a_l = -\frac{1}{\rho} \frac{\partial}{\partial l}(p + \gamma z) \qquad \text{Eulersche Gleichung} \tag{4.4a}$$

Mit der Definition der piezometrischen Höhe, $h = p/\gamma + z$, Gl. (2.8) lautet die Eulersche Gleichung

$$a_l = -\frac{1}{\rho} \frac{\partial(\gamma h)}{\partial l} \tag{4.4b}$$

Befindet sich das Fluid in Ruhe, also $a_l = 0$, so liegt ein hydrostatischer Zustand (vgl.

Abschnitt 2.2.2, Gl.(2.7)) vor

$$\gamma h = p + \gamma z = \text{const.} \tag{4.5}$$

4.1.2 Elementare Anwendungen: Fluid bewegt sich als Festkörper

Eine Fluidmasse bewegt sich als Festkörper, wenn keine internen Verformungen (Scherungen) auftreten.In dem Fall existieren auch keine Reibungskräfte im Fluid.

Gleichförmige Beschleunigung:

Der Tank in Abb. 4.2 erfährt eine konstante, lineare Beschleunigung a_x in x-Richtung. Durch die Beschleunigung verstellt sich die Wasserspiegellage um den Winkel α.

Die Euler-Gl. (4.4) wird beispielhaft für zwei Richtungen, entlang des geneigten Wasserspiegels bzw. des Tankbodens, angewendet:

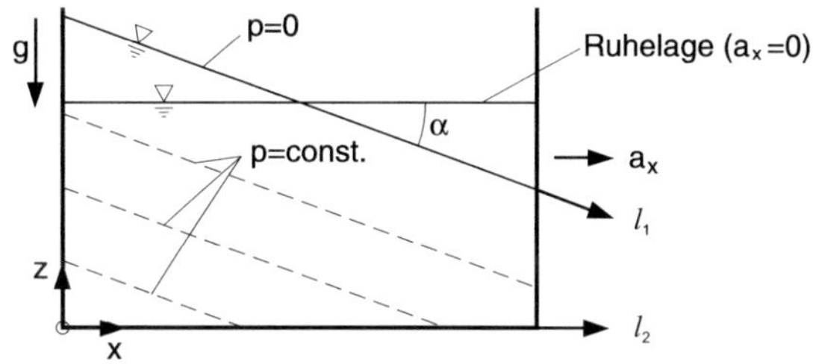

Abb. 4.2: Geneigter Wasserspiegel in einem Tank mit konstanter Querbeschleunigung

Am Wasserspiegel ($l = l_1$): Hier herrscht atmosphärischer Druck, $p = 0$, also gilt für Gl. (4.4a)

$$-\gamma \frac{\partial z}{\partial l} = \rho a_l = \rho a_x \cos\alpha$$

$$\frac{\partial z}{\partial l} = -\frac{a_x \cos\alpha}{g} = -\sin\alpha \tag{4.6}$$

Der Winkel des Wasserspiegels ist gegeben durch

$$\alpha = \arctan\frac{a_x}{g} \tag{4.7}$$

Auch sind Linien des gleichen Drucks (Isobaren) parallel zur Wasseroberfläche (strichlierte Linien in Abb. 4.2).

Am Tankboden ($l = l_2 = x$): Mit $z = 0$ gibt die Euler-Gleichung

$$-\frac{\partial p}{\partial x} = \rho a_x \tag{4.8}$$

und nach Integration

$$p - p_o = -\rho a_x x \tag{4.9}$$

Der Druck nimmt linear in x-Richtung ab. p_o ist hier der maximale Druck im Ursprung des Koordinatensystems (Abb. 4.2).

Festkörperwirbel mit Zentrifugalbeschleunigung:

Wird eine Flüssigkeit in einem Tank in Rotation mit konstanter Winkelgeschwindigkeit Ω um die Achse z gesetzt, so stellt sich nach genügend langer Zeit ein Festkörperwirbel (engl. "forced vortex") ein (siehe Abb. 4.3).

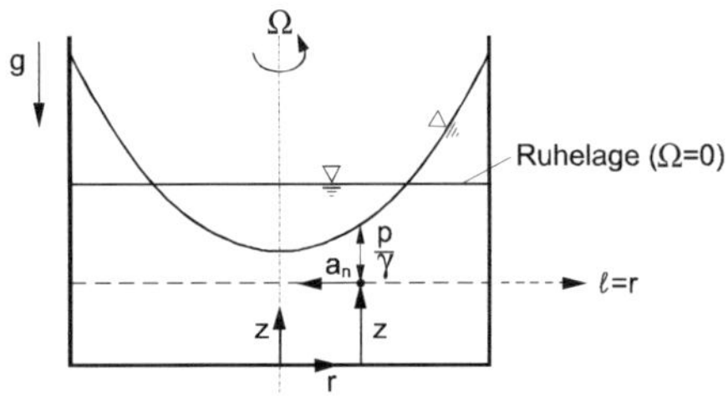

Abb. 4.3: Festkörperwirbel im rotierenden Tank

Zur Analyse der Druckverteilung in einer beliebigen Höhe z als Funktion der radialen Distanz r wird $l = r$ für Gl. (4.4a) gesetzt.

$$a_r = -\frac{1}{\rho}\frac{\partial}{\partial r}(p + \gamma z) \tag{4.10}$$

Die Größe der Beschleunigung a_r ist aber durch die stationäre Bewegung entlang der kreisförmigen Stromlinie s (Abb. 4.4) gegeben. Die Normalbeschleunigung a_n für die gekrümmte Stromlinie ist

$$a_n = -a_r \tag{4.11}$$

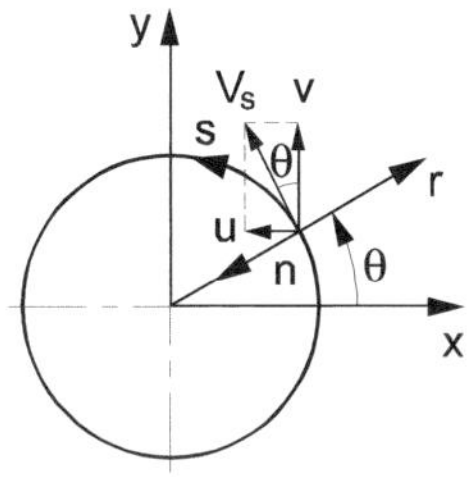

Abb. 4.4: Stationäre Bewegung entlang konzentrischen Kreisbahnen. Beziehung zwischen Geschwindigkeiten im karthesischen (x, y), zylindrischen (r, θ) und natürlichen (s, n) Koordinatensystem.

Mit Hilfe von Gl. (3.18b) und da $V_s = r\Omega$ im Festkörperwirbel, ergibt sich

$$\frac{\partial}{\partial r}(p+\gamma z) = \rho r \Omega^2$$

Nach Integration und Division durch γ erhält man die gesuchte Druckverteilung

$$\frac{p}{\gamma} = \frac{r^2\Omega^2}{2g} - z + C \tag{4.12}$$

wobei C die Integrationskonstante ist. Der Druck nimmt also quadratisch mit der Distanz r zu (parabolische Verteilung).

Die Form der gekrümmten Fluidoberfläche $z = h$ ergibt sich aus Gl. (4.12) mit dem Wert $p = 0$ (atmosphärischer Druck)

$$h = C + \frac{r^2\Omega^2}{2g} \tag{4.13}$$

Sie ist also parabolisch. Die Konstante C kann mit der Bedingung ausgwertet werden, dass das Volumen des Paraboloides gleich dem zylindrischen Volumen im Ruhestand ist.

Alle Fluidpartikel im Festkörperwirbel haben die gleiche Drehung ω_z (Gl. (3.35a)). Da $V_s = r\Omega$, sind die kartesischen Geschwindigkeitskomponenten

$$u = -\Omega y, \qquad v = \Omega x \tag{4.14}$$

Die Auswertung nach Gl. (3.35a) gibt die Drehung

$$\omega_z = \Omega \tag{4.15}$$

für alle Fluidpartikel.

4.1.3 Eulersche Bewegungsgleichung

Die Eulersche Gleichung (4.4a) für die Beschleunigung eines beliebig orientierten Fluidelementes kann nun mit den Ausdrücken für die Fluidbeschleunigung im Koordinatenraum (siehe Abschnitt 3.4) verbunden werden. Daraus resultieren die Eulerschen Bewegungsgleichungen.

Natürliche Koordinaten (Abschnitt 3.4.2):

Hier wird die Strömung entlang einer Bahnlinie verfolgt. Mit den Definitionen für die Beschleunigung entlang der momentanen Stromlinie a_t, Gl. (3.17a), und normal zur Stromlinie a_n, Gl. (3.17), erhält man für die Richtungen $l = s$ und $l = n$ aus Gl. (4.4a) jeweils

$$\frac{\partial V_s}{\partial t} + V_s \frac{\partial V_s}{\partial s} = -\frac{1}{\rho}\frac{\partial p}{\partial s} - g\frac{\partial z}{\partial s} \tag{4.16a}$$

$$\frac{\partial V_n}{\partial t} + \frac{V_s^2}{r} = -\frac{1}{\rho}\frac{\partial p}{\partial n} - g\frac{\partial z}{\partial n} \tag{4.16b}$$

wobei r der Radius der Schmiegebene zur Stromlinie ist. Dies sind die Eulerschen Bewegungsgleichungen für ein natürliches Koordinatensystem.

Kartesische Koordinaten (Abschnitt 3.4.1)

Die Koordinatenachsen sind so gelegt, dass die z-Achse gegen die Richtung der Erdbeschleunigung gerichtet ist. Das heißt für die Ableitung $\partial z/\partial l$ in Gl. (4.4a) ergibt sich abwechselnd für $l = x$ und $l = y$, $\frac{\partial z}{\partial x} = \frac{\partial z}{\partial y} = 0$ und für $l = z$, $\frac{\partial z}{\partial z} = 1$. Mit Ausdrücken für die Beschleunigung, Gl. (3.14) bis Gl. (3.16) findet man die Eulerschen Bewegungsgleichungen für kartesische Koordinaten

$$\frac{\partial u}{\partial t} + u\frac{\partial u}{\partial x} + v\frac{\partial u}{\partial y} + w\frac{\partial u}{\partial z} = -\frac{1}{\rho}\frac{\partial(\gamma h)}{\partial x} = -\frac{1}{\rho}\frac{\partial p}{\partial x} \tag{4.17a}$$

$$\frac{\partial v}{\partial t}+u\frac{\partial v}{\partial x}+v\frac{\partial v}{\partial y}+w\frac{\partial v}{\partial z}=-\frac{1}{\rho}\frac{\partial(\gamma h)}{\partial y}=-\frac{1}{\rho}\frac{\partial p}{\partial y} \tag{4.17b}$$

$$\frac{\partial w}{\partial t}+u\frac{\partial w}{\partial x}+v\frac{\partial w}{\partial y}+w\frac{\partial w}{\partial z}=-\frac{1}{\rho}\frac{\partial(\gamma h)}{\partial z}=-\frac{1}{\rho}\frac{\partial p}{\partial z}-g \tag{4.17c}$$

Diese Gleichungen beschreiben, zusammen mit der Massenerhaltungsgleichung (3.33), die reibungsfreie Strömung im dreidimensionalen Raum.

4.1.4 Bernoulli[1]-Gleichung

Die Eulerschen Bewegungsgleichungen für eine *reibungsfreie Strömung* können mit den folgenden Annahmen weiter entwickelt werden: *inkompressibles Fluid*, $\rho = \text{const.}$, *stationäre Strömung*, $\frac{\partial}{\partial t}=0$, und *rotationsfreie Strömungen*, $\vec{\omega}=(\omega_x,\omega_y,\omega_z)=0$.

Anwendungen dieser Annahmen auf Gl. (4.17a) für die x- Richtung ergeben zuerst

$$u\frac{\partial u}{\partial x}+v\frac{\partial u}{\partial y}+w\frac{\partial u}{\partial z}=-\frac{1}{\rho}\frac{\partial(\gamma h)}{\partial x}$$

und die Bedingung der Rotationsfreiheit $(\omega_z=0,\omega_y=0)$gibt (siehe Gl. (3.41))

$$\frac{\partial u}{\partial y}=\frac{\partial v}{\partial x}\text{ und }\frac{\partial u}{\partial z}=\frac{\partial w}{\partial x},$$

so dass

$$u\frac{\partial u}{\partial x}+v\frac{\partial v}{\partial x}+w\frac{\partial w}{\partial x}+\frac{\partial(gh)}{\partial x}=0$$

Das kann zusammengefasst werden als

$$\frac{\partial}{\partial x}(\frac{1}{2}u^2+\frac{1}{2}v^2+\frac{1}{2}w^2+gh)=0\;. \tag{4.18a}$$

Analog für die beiden anderen Richtungen

$$\frac{\partial}{\partial y}(\frac{1}{2}u^2+\frac{1}{2}v^2+\frac{1}{2}w^2+gh)=0 \tag{4.18b}$$

$$\frac{\partial}{\partial z}(\frac{1}{2}u^2+\frac{1}{2}v^2+\frac{1}{2}w^2+gh)=0\;. \tag{4.18c}$$

[1]Daniel Bernoulli (1700-1782), schweizer Mathematiker

Die Geschwindigkeitsgröße V ergibt sich aus den Vektorkomponenten

$$V^2 = |\vec{V}|^2 = u^2 + v^2 + w^2 \tag{4.19}$$

Einsetzen von Gl (4.19) in Gl. (4.18) zeigt also eine konstante Summe

$$\frac{V^2}{2} + gh = const. \tag{4.20}$$

im gesamten Strömungsbereich. Mit der Definition der piezometrischen Höhe und nach Division durch g ergibt sich die Bernoulli-Gleichung

$$\frac{V^2}{2g} + z + \frac{p}{\gamma} = H = \text{const.} \tag{4.21}$$

Die Bernoulli-Gleichung ist also eine Form der Impulsgleichung, gültig für rotationsfreie (reibungsfreie) Strömung unter inkrompressiblen Bedingungen. In der obigen Form gilt die Bernoulli-Gleichung auch nur für stationäre Bedingungen, obwohl sie generell auch auf instationäre Strömungen erweitert werden kann, was aber hierin nicht gegeben wird.

Die Bernoulli-Gleichung besagt, dass in einer solchen Strömung die Summe aus *Geschwindigkeitshöhe* $V^2/2g$, *geodätischer Höhe* z und *Druckhöhe* p/γ konstant ist. H ist die sogenannte Bernoulli-Konstante mit Längendimension [m], die für die jeweilige Strömung einen bestimmten Wert hat.

Abb. 4.5 zeigt das Stromlinienbild für eine Strömung. Die Punkte ① und ② seien zwei beliebige Punkte auf verschiedenen Stromlinien, deren Lage, Druck und Geschwindigkeit mit z_1, p_1, V_1 bzw. z_2, p_2, V_2 gegeben sind. Gl. (4.21) auf diese beiden Punkte angewandt, bedeutet

$$\frac{V_1^2}{2g} + z_1 + \frac{p_1}{\gamma} = \frac{V_2^2}{2g} + z_2 + \frac{p_2}{\gamma} \tag{4.22}$$

d. h. Änderungen von Druck oder Lage bewirken Änderungen der Geschwindigkeit.

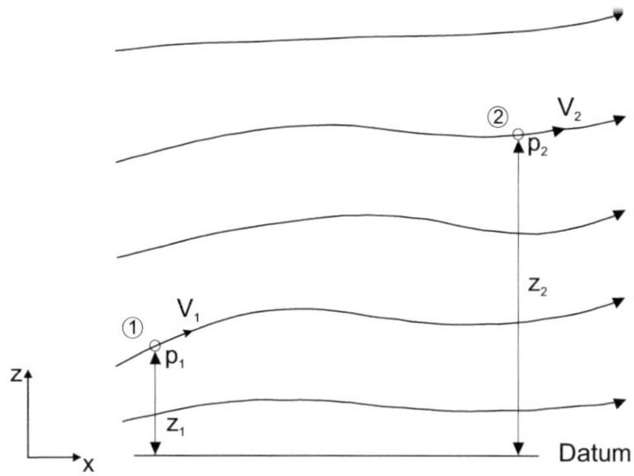

Abb. 4.5: Stromlinien in einer Strömung und Anwendung der Bernoulli-Gleichung

4.1.5 Anwendungen: stationäre reibungsfreie Strömungen

Ausfluss aus einem Behälter:

Abb. 4.6 zeigt einen Behälter, dessen Oberfläche A viel größer ist, als der Querschnitt der Austrittsöffnung a, $a/A \ll 1$. Gesucht ist die Ausflussrate. Die Ausflussöffnung ist so geformt, dass keine Verluste auftreten.

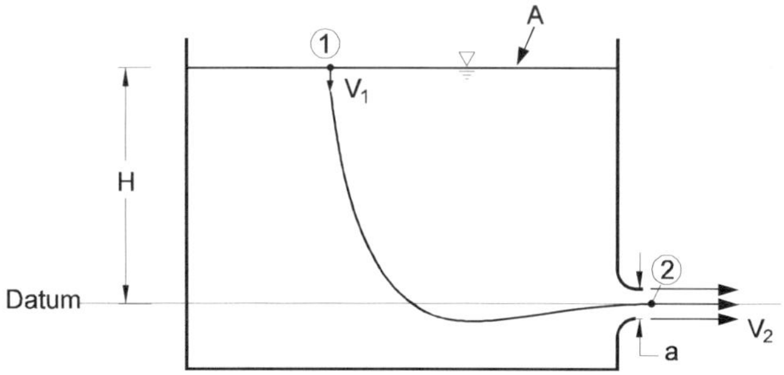

Abb. 4.6: Ausfluss aus einem Behälter

Betrachtet werden die Punkte ① an der Oberfläche und ② in der Austrittsöffnung, wo sich ein Freistrahl bildet. Für Punkt ① gilt demnach:

$$p_1 = 0 \text{ (atmosphärischer Druck)}, z_1 = H, V_1 = 0$$

und für Punkt ②:

$p_2 = 0$ (im Strahl herrscht atmosphärischer Druck); $z_2 = 0$ (Datum in Strahlachse).

Mit der Kontinuitätsgleichung (3.32)

$$V_1 A = V_2 a$$

ergibt sich

$$\frac{V_1}{V_2} = \frac{a}{A} \ll 1$$

d. h. die Geschwindigkeit an der Behälteroberfläche ist vernachlässigbar klein, $V_1 \approx 0$. Einsetzen in die Bernoulli-Gleichung (4.22) führt zu

$$0 + H + 0 = 0 + 0 + \frac{V_2^2}{2g}$$

und gibt damit für die Ausflussgeschwindigkeit V_2

$$V_2 = \sqrt{2gH} \qquad \text{Torricelli}^2\text{-Formel} \tag{4.23}$$

Die gesuchte Ausflussrate ist

$$Q = V_2 a \tag{4.24}$$

Parallele, geradlinige Strömung im Schwerefeld:

Abb. 4.7 zeigt eine lokal geradlinige, parallele Strömung im Schwerefeld.

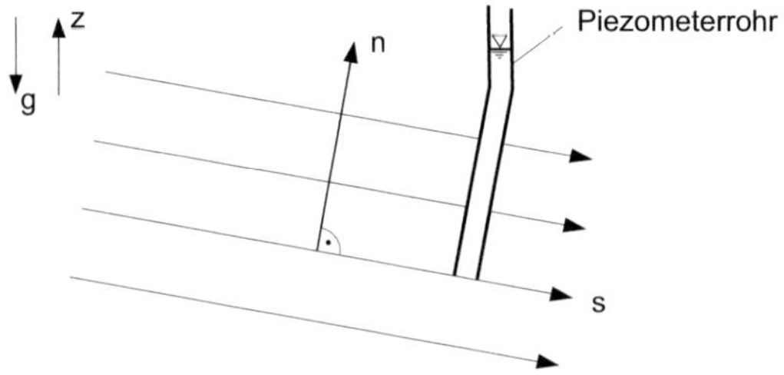

Abb. 4.7: Parallele Strömung im Schwerefeld

[2] Evangelista Torricelli (1608-1647), italienischer Physiker und Mathematiker

Da der Krümmungsradius der Stromlinien unendlich groß ist, $r \to \infty$, führt die Eulersche Bewegungsgleichung für die Normalrichtung n, Gl. (4.16b), zu

$$a_n = 0 = -\frac{1}{\rho}\frac{\partial p}{\partial n} - g\frac{\partial z}{\partial n}$$

$$\frac{\partial}{\partial n}\left(\frac{p}{\gamma} + z\right) = 0$$

und damit $\frac{p}{\gamma} + z = \text{constant}$.

Demnach ist in einer parallelen, geradlinigen Strömung die *Druckverteilung hydrostatisch*. Um den Druck an einem Punkt zu messen, kann ein Druckrohr (Piezometer) an diesem Punkt angeordnet werden, (Abb. 4.7). Die beobachtete Fluidspiegellage im Piezometer gibt Aufschluss über den Druck (Abschnitt 2.2.2). Dabei ist aber darauf zu achten, dass die Piezometeröffnung parallel zur lokalen Stromlinie liegt, da sonst Staudruckeinflüsse entstehen, wie in der folgenden Anwendung beschrieben ist.

Staudruckrohr (Pitot-Rohr):

Das Pitot-Rohr ist ein Gerät zur Geschwindigkeitsmessung (Abb. 4.8). Die Geschwindigkeit an einem Punkt in einer bestimmten Tiefe in einem strömenden Fluid soll ermittelt werden.

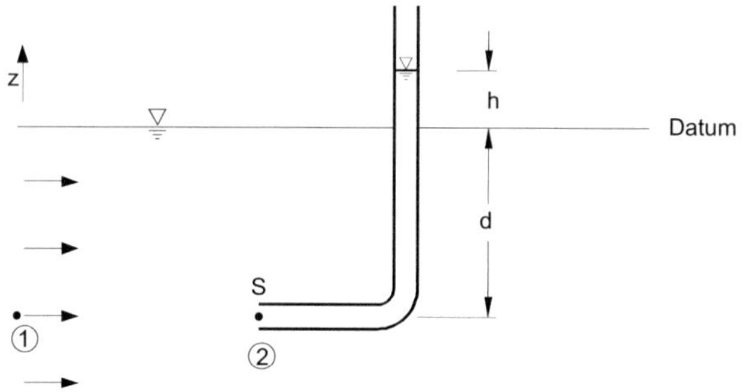

Abb. 4.8: Pitot-Rohr

Das Rohr wird mit dem unteren Ende parallel zur Strömung eingetaucht. Das Fluid dringt in das Rohr ein und steigt auf. Danach stellt sich ein hydrostatischer Zustand im Rohr ein. Punkt ① ist der ungestörte Strömungszustand etwas stromauf vom Pitot-Rohr. Der Messpunkt ② ist ein Staupunkt S in der Öffnung des Pitot-Rohres.

Es gilt

$$z_1 = z_2 = -d; \quad V_1 = V; \quad V_2 = 0 \qquad \text{(Staupunkt)}\ .$$

Die Bernoulli-Gleichung gibt

$$\frac{p_1}{\gamma} - d + \frac{V^2}{2g} = \frac{p_2}{\gamma} - d + 0$$

so dass

$$\frac{V^2}{2g} = \frac{p_2}{\gamma} - \frac{p_1}{\gamma}$$

Da $p_1 = \gamma d$ (hydrostatischer Druck in der parallelen Strömung) und $p_2 = \gamma(d+h)$ (hydrostatischer Druck im Rohr) resultiert

$$\frac{V^2}{2g} = h$$

und die zu bestimmende Geschwindigkeit ist

$$V = \sqrt{2gh}$$

d. h. das Ergebnis ist unabhängig von der Eintauchtiefe.

Ein analoges Beispiel ist die Ausbildung einer Bugwelle mit der Höhe an einem Schiff (Abb. 4.9) oder an einem Pfeiler, mit jeweils einer Form, die zu einem Staupunkt S in der Strömung führt.

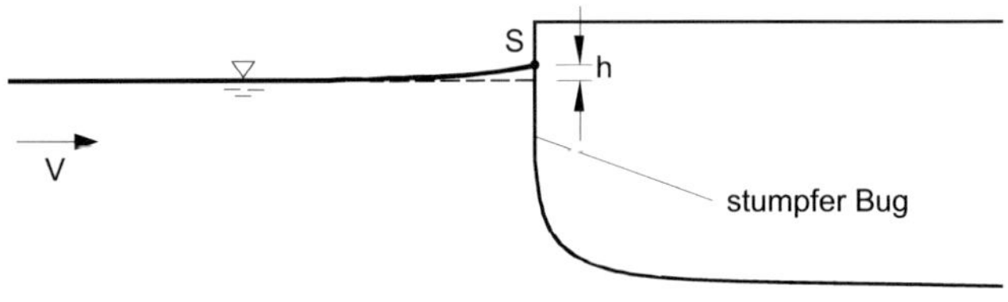

Abb. 4.9: Bugwelle durch die Relativgeschwindigkeit eines Schiffes

Strömung in Verengungen:

Abb. 4.10 zeigt eine Verengung von einem Anfangsquerschnitt A_o in dem eine gegebene Geschwindigkeit V_o und der Druck p_o herrschen, zu einem verkleinerten Querschnitt A_c.

In der Sektion A gibt es eine Ecke mit Staupunkt S, während bei Sektion B eine stromlinienförmig gerundete Schulter liegt. Ein entsprechendes Stromlinienbild ist in Abb. 4.10 eingezeichnet. Durch die Verengung kommt es zu Geschwindigkeits- und Druckänderungen.

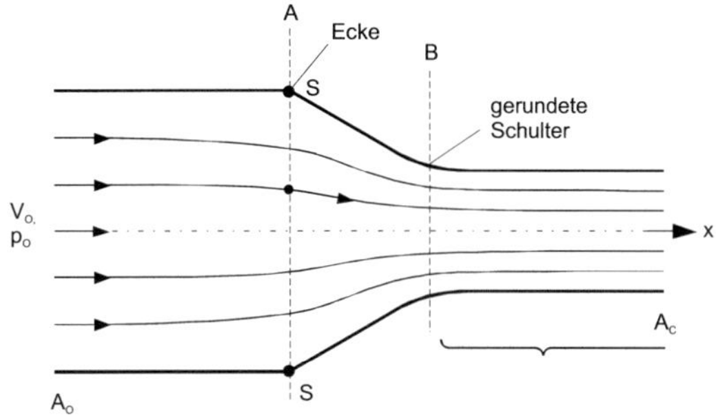

Abb. 4.10: Strömung in einer Verengung

Die Bernoulli-Gleichung für einen beliebigen Punkt und für die Anstömung lautet

$$\frac{V^2}{2g} + \frac{p}{\gamma} + z = \frac{V_o^2}{2g} + \frac{p_o}{\gamma} + z_o \; .$$

Mit den piezometrischen Höhen $h = \frac{p}{\gamma} + z$ und $h_o = \frac{p_o}{\gamma} + z_o$ bekommt man

$$h - h_o = \frac{V_o^2 - V^2}{2g}$$

Durch Division mit der Geschwindigkeitshöhe der Anströmung $\frac{V_o^2}{2g}$ erhält man

$$C_p = \frac{h - h_o}{\frac{V_o^2}{2g}} = 1 - \left(\frac{V}{V_o}\right)^2 \tag{4.25}$$

C_p ist die normalisierte piezometrische Druckhöhe, der sogenannte *Druckkoeffizient*. Wenn die Höhenänderungen relativ zum Druck klein sind $(\Delta z \approx 0)$, folgt

$$C_p = \frac{p - p_o}{\rho \frac{V_o^2}{2}} = 1 - \left(\frac{V}{V_o}\right)^2 \tag{4.26}$$

Die Größe $\rho V_o^2/2$ wird *Staudruck* genannt. Dementsprechend heißt die Geschwindigkeitshöhe $V_o^2/2g$ auch *Staudruckhöhe*.

Abb. 4.11 zeigt die Druckverteilung für das Beispiel einer Verengung mit $A_o : A_c = 2 : 1$ für zwei Stromlinien. Die Stromlinie I verläuft entlang der Achse und zeigt den kontinuierlichen Druckabfall durch die stete Geschwindigkeitszunahme. Da nach der 2:1 Verengung sich die Geschwindigkeit $V = 2V_o$ einstellt, wird der Druckkoeffizient $C_p = 1 - (2V_o/V_o)^2 = -3$. Für die am Rand liegende Stromlinie II dagegen steigt der Druck zum Staupunkt $C_p = 1$ an, fällt dann entlang der gerundeten Schulter bis $C_p < -3$ (je nach Krümmungsradius) ab, um sich schließlich an den asymptotischen Wert $C_p = -3$ anzunähern.

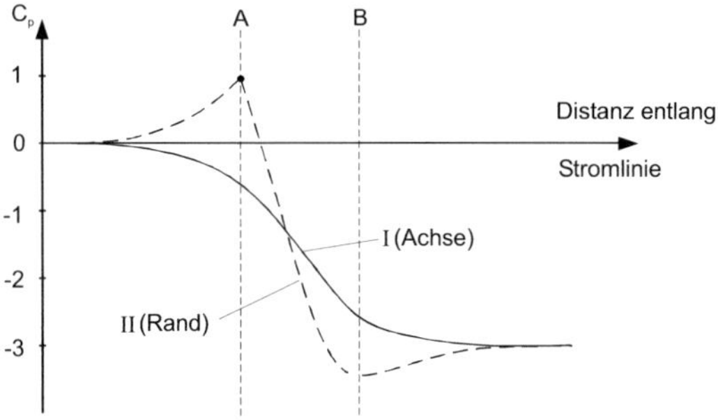

Abb. 4.11: Druckverteilung in einer 2:1 Verengung mit der Formgebung nach Abb. 4.10

Freier Wirbel:

Beim freien Wirbel (engl. "free vortex") bewegen sich alle Fluidpartikel auf konzentrischen Kreisbahnen. Im Gegensatz zum Festkörperwirbel (Abschn. 4.1.2) verläuft die Strömung aber rotationsfrei. Dadurch ist eine völlig andere Geschwindigkeits- und Druckverteilung gegeben (sh. Abb. 4.12). In der rotationsfreien Strömung gilt die Bernoulli Gleichung (4.21) mit

$$\frac{V_s^2}{2g} + z + \frac{p}{\gamma} = H \tag{4.27}$$

wobei V_s die Geschwindigkeit im natürlichen Koordinatensystem entlang der Kreisbahn mit Radius r ist (sh. Abb. 4.4).

Die Ableitung in der radialen Richtung führt zu

$$\frac{\partial}{\partial r}\left(z + \frac{p}{\gamma}\right) = -\frac{V_s}{g}\frac{\partial V_s}{\partial r} \tag{4.28}$$

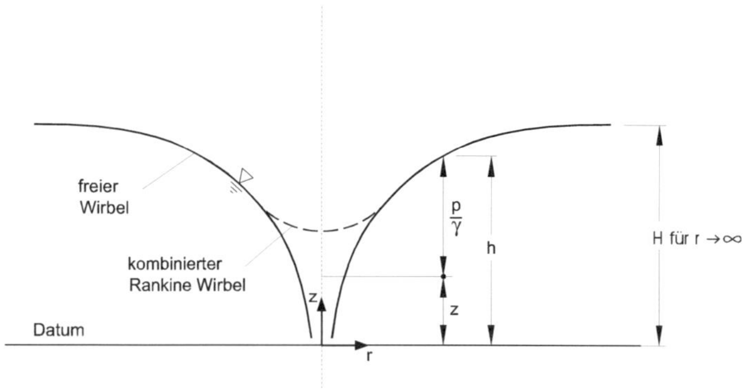

Abb. 4.12: Längsschnitt durch einen freien Wirbel

Die Eulersche Gleichung (4.16b) im natürlichen Koordinatensystem gibt, nach Division durch g und mit $\partial n = -\partial r$ (sh. Abb. 4.4), andererseits

$$\frac{\partial}{\partial r}\left(z + \frac{p}{\gamma}\right) = \frac{V_s^2}{gr} \tag{4.29}$$

Werden die rechten Seiten der obigen zwei Gleichungen gleichgesetzt und integriert, so ergibt sich

$$V_s r = C \tag{4.30}$$

was die Erhaltung des Drehimpulses im freien Wirbel anzeigt. Die Integrationskonstante C gibt hier die Stärke der Drehbewgung an. Die Druckverteilung im freien Wirbel ergibt sich durch Einstetzen von Gl. (4.30) in (4.27)

$$\frac{p}{\gamma} = H - z - \frac{C^2}{2gr^2} \tag{4.31}$$

Die Lage des Flüssigkeitsspiegels, $z = h$, ist durch $p = 0$ (Atmosphärendruck) gegeben, so dass

$$h = H - \frac{C^2}{2gr^2} \tag{4.32}$$

was einem Rotationshyperboloid (sh. Abb. 4.12) entspricht. Die Bernoullikonstante H in Gl. (4.27) gibt also den Oberflächenspiegel für große Distanzen, $r = \infty$, an.

Im nachhinein kann noch gezeigt werden, dass das Geschwindigkeitsfeld, Gl. (4.30), also

$V_s = C/r$, tatsächlich drehungsfrei ist. Die entsprechenden kartesischen Geschwindigkeiten sind

$$u = \frac{-Cy}{x^2+y^2}, \quad v = \frac{Cx}{x^2+y^2} \tag{4.33}$$

Die Berechnung der Drehung nach Gl. (3.35a) ergibt

$$\omega_z = 0 \tag{4.34}$$

d. h. alle Fluidpartikel bewegen sich drehungsfrei auf ihren Kreisbahnen.

Freie Wirbel treten vielfach bei Ausfließvorgängen auf (z. B. Badewannenwirbel), bei denen sie aber auch oft mit einer Senkenströmung überlagert sind, so dass sich ingesamt ein spiralförmiges Stromlinienbild einstellt. Auch Wirbel in der Atmosphäre (z. B. Tornados, Windhosen), die sich durch Zuströmen in eine Niederdruckzone ergeben, gehören diesem Typus an.

Im Kern eines freien Wirbels zeigen Gl. (4.31) und (4.32) eine unendliche Druckabnahme bzw. Spiegelabsenkung an. In der Praxis tritt das nicht auf, da die Kernzone entweder fluidfrei ist (z. B. beim Ausfließen) oder aber einen rotationsbehafteten Festkörperwirbel (sog. kombinierter Rankine[3]-Wirbel, sh. Abb. 4.12) enthält.

4.1.6 Einschränkungen der Annahme von reibungsfreien Strömungen

Das Vernachlässigen der Fluidreibungskräfte – also die Annahme eines idealen Fluides – führt zu wesentlichen Vereinfachungen in der Strömungsanalyse, z. B. mit Hilfe der Bernoulli-Gleichung. Da ein reales Fluid aber immer von seiner Viskosität geprägt ist, stellt sich die Frage, inwieweit der Reibungseinfluss tatsächlich vernachlässigt werden kann.

Der Fall einer Zylinderumströmung wird hier betrachtet mit dem Ziel, gewisse allgemeine Richtlinien zu entwickeln.

Ideale Umströmung eines Kreiszylinders:

Ein Kreiszylinder mit Radius a wird von einem idealen Fluid mit Anströmungsgeschwindigkeit V_o und Druck p_o umströmt. Da die Strömung rotationsfrei ist, kann sie durch ein

[3] William J.M. Rankine (1820-1872), schottischer Bauingenieur

Geschwindigkeitspotential ϕ beschrieben werden (sh. Abschnitt 3.7.2), dessen Form im zylindrischen Koordinatensystem (r, θ)

$$\phi(r,\theta) = -V_o r \cos\theta \left(1 + \frac{a^2}{r^2}\right) \qquad (4.35)$$

ist. Zur Ableitung dieser Gleichung siehe z. B. Truckenbrodt (1980). Das Stromlinienbild, das Gl. (4.35) mit den Geschwindigkeiten als Ableitung[4] des Potentials, Gl. (3.42), entspricht, ist in Abb. 4.13 eingezeichnet. Es ist doppelt symmetrisch in Bezug auf x- bzw. y-Achse. Die Zylinderperipherie ($r = a$) selbst ist eine Stromlinie, entlang welcher die Geschwindigkeit

$$V = |u_\theta(a,\theta)| = 2V_o \sin\theta \qquad (4.36)$$

Die Geschwindigkeit ist null an den beiden Staupunkten S ($\theta = 0°$, $180°$) und hat einen Maximalwert 2 V_o an den beiden Scheitelpunkten B ($\theta = 90°, 270°$).

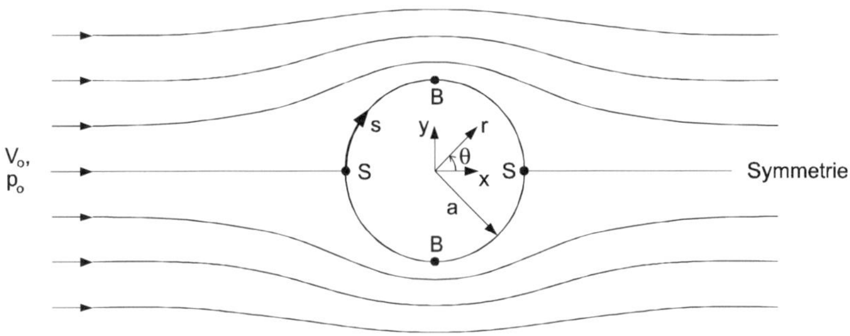

Abb. 4.13: Umströmung eines Kreiszylinders bei idealem Fluid

Der Druckkoeffizient C_p (Gl. (4.26)) entlang des Zylinders ist in Abb. 4.14 dargestellt und berechnet sich mit Gl. (4.36). Der Druck nimmt vom vorderen Staupunkt S zum Scheitelpunkt B ab, $\partial p/\partial s < 0$, und danach entlang der Zylinderhinterseite wieder zu, $\partial p/\partial s > 0$, wobei s die Distanz entlang der Randstromlinie ist. Die Integration der Druckkomponenten in der x-Richtung ergibt

$$F_{px} = 0 \qquad (4.37)$$

dank der Symmetrie in Bezug auf die y-Achse. In einer idealen Strömung ist die Net-

[4] Für das zylindrische Koordinatensystem gilt dabei $u_r = -\frac{\partial\phi}{\partial r}$ und $u_\theta = -\frac{1}{r}\frac{\partial\phi}{\partial\theta}$ für den Geschwindigkeitsvektor $\vec{V} = (u_r, u_\theta)$.

tokraft auf einen umströmten Körper (am Beispiel des Zylinders) also null. Dies ist das "D'Alembertsche[5] Paradox", so genannt, da es im Widerspruch zu Beobachtungen bei realen Fluiden ist!

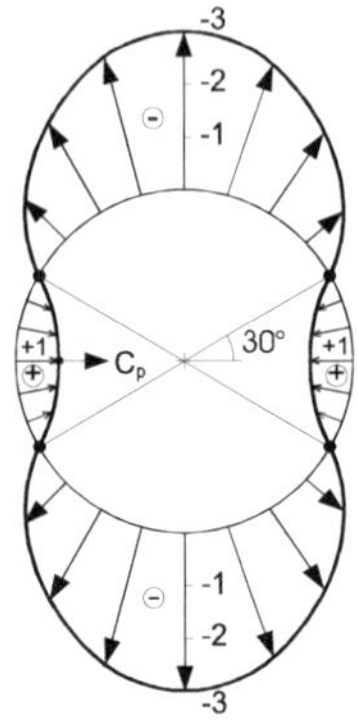

Abb. 4.14: Druckverteilung an der Zylinderperepherie bei idealer Strömung

Umströmung des Kreiszylinders durch ein reales Fluid:

Selbst wenn das Fluid nur eine kleine Viskosität ν hat, so weicht das reale Strömungsbild aber radikal von dem der idealen Strömung ab. So wie in Abb. 4.15 skizziert, entwickelt sich an der Vorderseite des Zylinders eine dünne *Grenzschicht* (G.S.), in der die Geschwindigkeit der Außenströmung gegen null an der Berandung abnimmt (Haftbedingung). Die G.S. wächst langsam mit zunehmender Distanz s, in der beschleunigenden Strömung $(\partial p/\partial s < 0)$ bis zum Scheitelpunkt B.

Nach Erreichen des Scheitelpunktes bewirkt der nun umgekehrte Druckgradient $(\partial p/\partial s > 0)$, dass die Strömung verzögert wird. Da die Geschwindigkeit in der G.S. aber schon klein ist, bewirkt der Druckgradient, dass sich die Geschwindigkeit ab einem gewissen Punkt A in der G.S. umkehrt. Es entsteht also eine Rückströmung an der Nachlaufseite des Zylinders und die G.S. löst sich vom Körper ab. A ist der Punkt der *Grenzschichtablösung*. Infolge der Rückströmung bilden sich Wirbel hinter dem Zylinder, die in Turbulenz übergehen können (Nachlaufzone, engl. "wake").

Insgesamt also ergibt sich ein Stromlinienbild, das an der Vorderseite noch der idealen Strömung stark ähnelt, an der Rückseite aber, selbst bei kleinsten Viskositäten, drastisch davon abweicht.

[5] Jean-Baptiste le Rond d'Alembert (1717-1783), französischer Philosoph, Mathematiker und Physiker

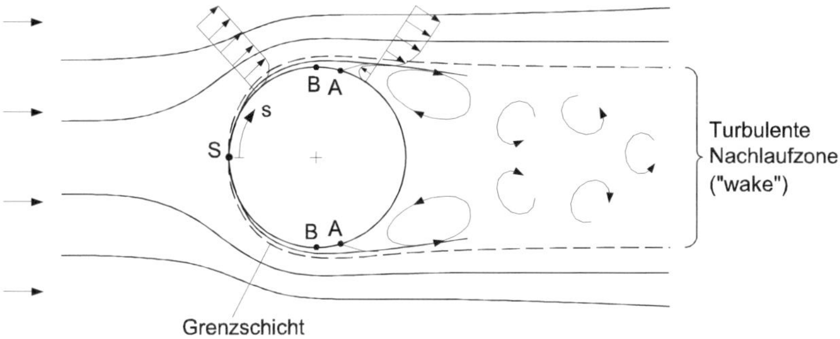

Abb. 4.15: Tatsächliche Umströmung des Zylinders bei kleinen Viskositäten (großer Reynoldszahl)

Dementsprechend auch ist die tatsächliche Druckverteilung am Zylinder stark verschieden, so wie in Abb. 4.16 aufgrund von Messungen in Versuchen dargestellt. Es herrscht hier ein etwa konstanter Unterdruck ($C_p \cong -1{,}2$) an der Rückseite. Als Folge davon ergibt sich eine Nettodruckkraft F_{px}, die dann der *Strömungswiderstand* F_W ($F_{px} = F_W$) heißt (Kap. 9).

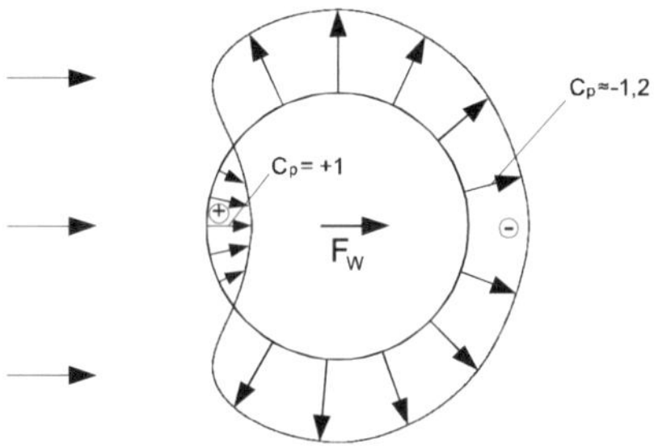

Abb. 4.16: Tatsächliche Druckverteilung am Zylinder bei großen Reynoldszahlen Re

Die Rolle der viskosen Reibungskräfte auf das Strömungsverhalten muss natürlich relativ zu den Trägheitskräften gesehen werden. Das Maß hierzu ist die Reynoldszahl für den Zylinder $Re = V_o D/\nu$, wobei D = 2a der Durchmesser ist. Die obig aufgezeigten Verhältnisse, die zu einer G.S.-Ablösung führen, treten bei größeren Reynoldszahlen (also relativ kleiner Viskosität) auf. Der kritische Wert hierzu ist etwa 50.

Bei sehr kleinen Reynoldszahlen ist im Gegensatz zu den obigen Ausführungen der viskose Einfluss aber so groß, dass der gesamte Strömungsbereich in der Körperumgebung durch Reibungskräfte kontrolliert wird. Die Annahme einer reibungsfreien Strömung ist nicht gerechtfertigt.

Generelle Richtlinien:

Im allgemeinen können Strömungen näherungsweise als „reibungsfrei“ berechnet werden, wenn die folgenden drei Bedingungen erfüllt sind:

1. Das Strömungsproblem ist durch hohe Reynoldszahlen $Re = VL/\nu$ gekennzeichnet wobei V die charakteristische Geschwindigkeit und L die charakteristische Dimension des Problems sind.
2. Die Strömung verläuft über kurze Distanzen oder kurze Zeiten.
3. Die Strömung ist ablösungsfrei, d. h. sie ist durch einen *günstigen Druckgradienten* $\partial p/\partial s < 0$, geprägt.

Beispiele für Strömungen, in denen die letzte Bedingung nicht erfüllt ist, sind in Abb. 4.17 skizziert. Sogenannte *adversale Druckgradienten*, $\partial p/\partial s > 0$, führen hier zu Grenzschichtablösungen. Als Folge davon ist ein stromabwärtiger Teil dieser Strömungen wirbelbehaftet, also nicht rotationsfrei.

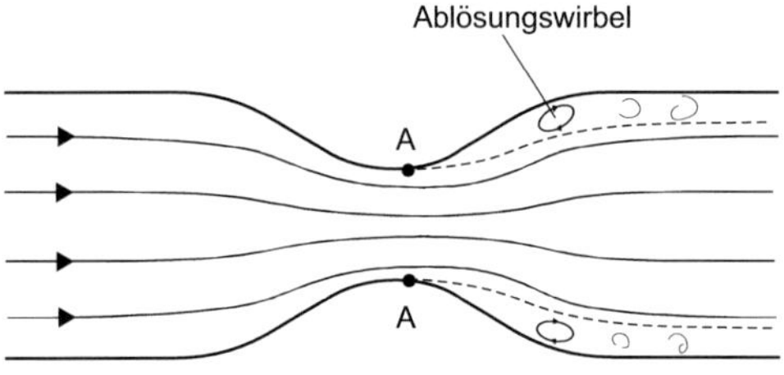

(a) Verengung/Erweiterung

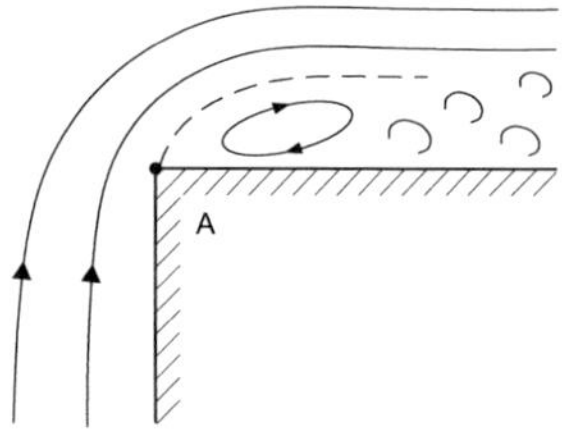

(b) Scharfe Kante

Abb. 4.17: Beispiele für Strömungen mit Ablösungen infolge von adversalen Druckgradienten

4.1.7 Kavitation in Flüssigkeitsströmungen

Wie in Abschnitt 1.5 besprochen, kann es im Fluid zu Dampfblasenbildung kommen, wenn der lokale Druck unter den Dampfdruck abfällt. Diese Hohlraumbildung wird *Kavitation* genannt.

Als Beispiel hierzu wird eine Düse (z. B. als Messeinrichtung), bestehend aus einer Verengung gefolgt von einer allmählichen Erweiterung (Abb. 4.18), betrachtet. Bei einer allmählichen Erweiterung, deren Öffnungswinkel kleiner als 7° ist, kann i.a. eine G.S.-Ablösung vermieden werden.

Bei hohen Anströmgeschwindigkeiten V_o kommt es lokal an den Stellen der größten Geschwindigkeit zu einem Minimaldruck. Wenn dieser Druck (in absoluten Einheiten, p_{abs}) unter dem Dampfdruck p_d liegt, so tritt Kavitation auf. In Bereichen höheren Druckes, also nach der Verengung, kollabieren die Dampfblasen. Dabei können aufgrund hoher Druckschwankungen (sog. Implosionen) Materialschäden an der Düsenwand auftreten.

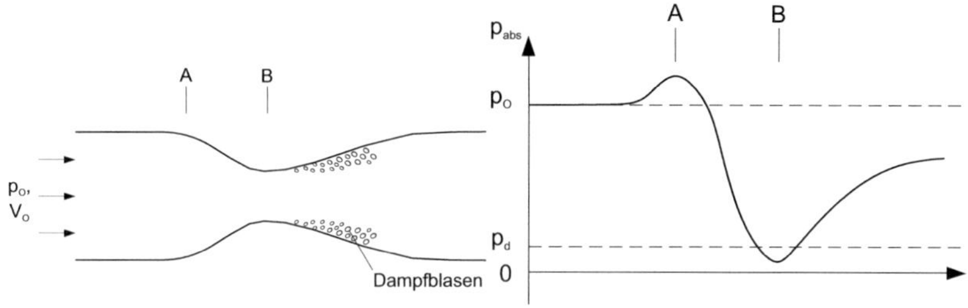

(a) Geometrie (b) Druck entlang der Düsenwand

Abb. 4.18: Kavitation in einer Düse bestehend aus einer Verengung und allmählicher Erweiterung.

4.2 Allgemeine Strömungen mit Reibungswirkung

Das 2. Newtonsche Gesetz, Gl. (4.1) zusammen mit Gl. (4.2) wird mit der Allgemeinen Transportgleichung der Kinematik als

$$\int_{K.V.} \frac{\partial}{\partial t}(\rho\vec{V})d\forall + \sum_{K.O.} \rho\vec{V}(\vec{V}\cdot\vec{A}) = \sum_{K.V.} \vec{F}_B + \sum_{K.O.} \vec{F}_s \tag{4.38}$$

ausgedrückt, wobei $\sum_{K.V.} \vec{F}_B$ die Massenkräfte, die auf das Fluidvolumen einwirken, und $\sum_{K.O.} \vec{F}_S$ die Oberflächenkräfte, die auf die Fluidberandung einwirken, sind.

Die Verwendung eines finiten K.V. (Abschnitt 4.2.1) ist eine wichtige Vorgangsweise für viele praktische Ingenieurprobleme. Zur detaillierten Strömungsanalyse lassen sich die Navier-Stokes-Gleichungen mit Hilfe eines differentiellen K.V. (Abschnitt 4.2.2) ableiten.

4.2.1 Finites Kontrollvolumen

Das Kontrollvolumen (Abb. 4.19) ist ein definierter Raum, der aber nicht starr sein muss, sondern sich bewegen und deformieren kann. Wird ein *starres Kontrollvolumen oder ein sich mit konstanter Geschwindigkeit bewegendes* betrachtet, so kann Gl. (4.38) direkt angewendet werden, was im weiteren verfolgt wird.

Zwei Verallgemeinerungen seien hier kurz erwähnt:

1. Bei einem *sich beschleunigenden Kontrollvolumen* tritt zusätzlich eine scheinbare Trägheitskraft auf. Gl. (4.38) enthält dann, bezogen auf ein absolutes Referenzsystem, einen zusätzlichen Term auf der linken Seite

$$\int_{K.V.} \rho \frac{d\vec{V}_{K.V.}}{dt} d\forall = \text{scheinbare Trägheitskraft} \tag{4.39}$$

   wobei $\vec{V}_{K.V.}$ die Geschwindigkeit des K.V. (im absoluten Referenzsystem) ist, während die Geschwindigkeiten $\vec{V}$ relativ zum K.V. definiert sind (siehe folgendes Anwendungsbeispiel 5).

2. In einem rotierenden Koordinatensystem - also einem *Kontrollvolumen mit Zentrifugalbeschleunigung* - tritt als weitere scheinbare Kraft die Coriolis[6]-Kraft auf. Die Coriolis-Kraft spielt aufgrund der Erdrotation bei den großräumigen Fluidströmungen auf der Erde eine wichtige Rolle, z.B. im Meer, in großen Seen, oder in der Atmosphäre.

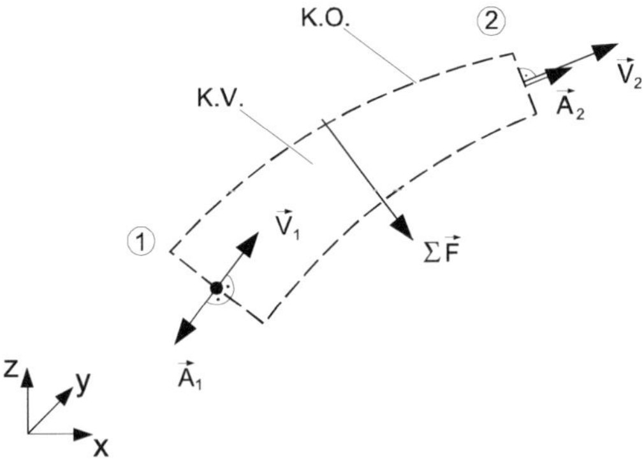

Abb. 4.19: Finites Kontrollvolumen (Beispiel einer Stromröhre)

[6]Gaspard Gustave de Coriolis (1792-1843), französischer Mathematiker und Physiker

In der Ingenieurpraxis wird Gl. (4.38) oft in umgekehrter Form angewendet. Dann können die Kräfte $\sum\vec{F}$, die auf ein System wirken, aufgrund der Änderung des Impulses berechnet werden. Mit $\vec{V} = (u, v, w)$ folgt für die drei Kraftkomponenten

$$\sum F_x = \int\limits_{K.V.} \frac{\partial}{\partial t}(\rho u)d\forall + \sum_{K.O.} u(\rho\vec{V}\cdot\vec{A}) \tag{4.40a}$$

$$\sum F_y = \int\limits_{K.V.} \frac{\partial}{\partial t}(\rho v)d\forall + \sum_{K.O.} v(\rho\vec{V}\cdot\vec{A}) \tag{4.40b}$$

$$\sum F_z = \int\limits_{K.V.} \frac{\partial}{\partial t}(\rho w)d\forall + \sum_{K.O.} w(\rho\vec{V}\cdot\vec{A}) \tag{4.40c}$$

wobei $\rho\vec{V}\cdot\vec{A}$ der Massenfluss durch die K.O. (z. B. Querschnitt der Stromröhre) ist.

Gl. (4.40) besagt, dass die Kräfte, die auf ein Fluid einwirken, sowohl durch eine zeitliche Änderung des Fluidimpulses im K.V. als auch durch Impulsflüsse durch die K.O. bilanziert werden. Bei stationären Strömungen fällt der erstere Anteil weg.

Zur Auswertung der Impulsflüsse durch die K.O. sei festgestellt, dass die Fluidgeschwindigkeit in einem Querschnitt i.a. nicht gleichförmig ist. Für den Fall von *Rohrströmungen* ist dabei oft nützlich, mit der mittleren Geschwindigkeit $\overline{V}$ (sh. Abschnitt 3.3) vorzugehen. Die Querschnittsfläche A in Abb. 4.20 sei eine K.O. und die Rohrachse sei identisch mit der x-Richtung. Der Vektor $\vec{V} = (V(y,z), 0, 0)$ gibt das Geschwindigkeitsprofil an. Der x-Impulsfluss ist dann in Integralform

$$\int\limits_A \rho V\vec{V}\cdot d\vec{A} = \int\limits_A \rho V^2 dA = \beta\rho\overline{V}^2 A \tag{4.41}$$

β ist der *Impulsungleichförmigkeitsfaktor*

$$\beta = \frac{1}{A}\int\limits_A \left(\frac{V}{\overline{V}}\right)^2 dA \tag{4.42}$$

wobei $\beta \geq 1$ nach der Schwarzschen Ungleichung. Für eine vollkommen gleichförmige Strömung, $\beta = 1$. Für eine laminare Rohrströmung (mit parabolischem Geschwindigkeitsprofil, (sh. Abschnitt 8.2), $\beta = 4/3 = 1{,}33$. Bei einer turbulenten Rohrströmung ist das Profil wesentlich gleichförmiger, so dass $\beta = 1{,}03$. In der Praxis wird meist mit $\beta \approx 1$ näherungsweise gerechnet. Im folgenden werden einige wesentliche Anwendungsbeispiele zur Impulsgleichung mit finitem K.V. präsentiert. Diese Anwendungen illustrieren die Vielfalt der Vorgehensweise bei der Wahl der K.V..

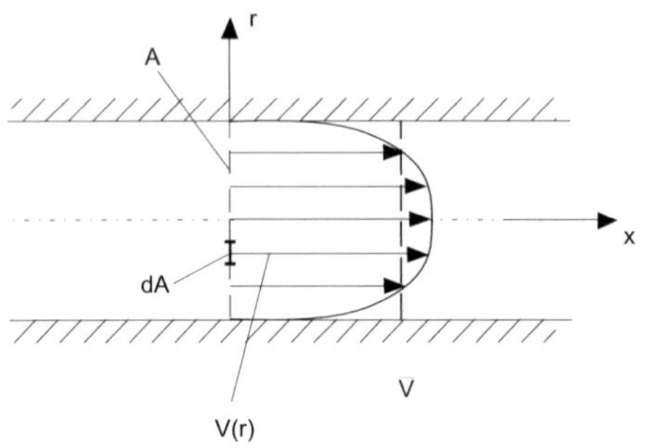

Abb. 4.20: Auswertung des Impulsflusses für eine Rohrströmung.

Versuchsstand für Raketenmotor:

Treibstoff und flüssiger Sauerstoff werden in die Verbrennungskammer eines Raketenmotors (Abb. 4.21) zugeführt. Die jeweiligen Massenflüsse [kg/s] sind $\dot{m}_T$ und $\dot{m}_S$. Nach der Verbrennung treten die Gase mit einer lokalen Geschwindigkeit V_a durch die Düse aus. Das System ist reibungsfrei gelagert. Wie groß ist die an der Messvorrichtung auftretende Schubkraft?

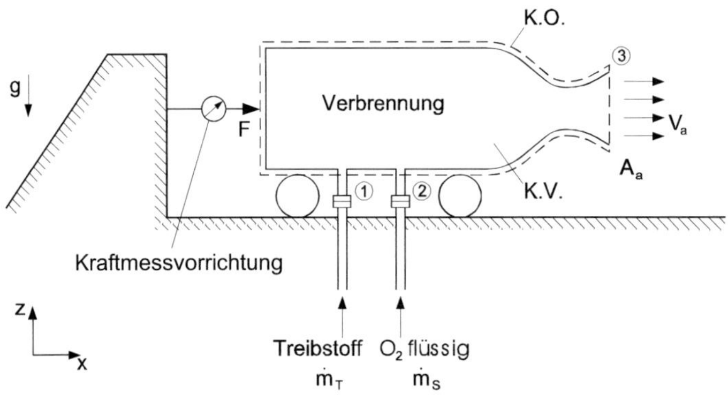

Abb. 4.21: Versuchstand für einen Raketenmotor

Das K.V. wird um das verbrennende Fluid gelegt. Die Gewichtskraft und die Reaktionskraft F wirken auf das K.V.. Für die x-Richtung (ohne Gewichtskomponente) gilt der Impulssatz im stationären Zustand

$$F = \sum_{K.O.} u(\rho \vec{V} \cdot \vec{A})$$

wobei $\rho \vec{V} \cdot \vec{A}$ der Massenfluss durch eine Teilfläche ist. Die K.O. hat dabei drei Flächen ①, ② und ③, welche Durchflussflächen sind. Für die Flächen ① und ② ist die Geschwindigkeitskomponente u gleich Null. Somit gilt,

$$F = 0\, \dot{m}_T + 0\, \dot{m}_S + V_a(\rho V_a A_a),$$

wobei $\rho V_a A_a = \dot{m}$ = gesamter Massenfluss = $\dot{m}_T + \dot{m}_S$. Demnach ist die Kraft F, die der Versuchsstand auf den Motor ausübt,

$$F = \dot{m} V_a \tag{4.43}$$

Die Schubkraft des Motors ist $-F$, also entgegen die x-Richtung wirkend.

Strahlumlenkungen:

Ein Freistrahl (engl. "jet") ist eine Flüssigkeitsströmung, die sich frei in der Atmosphäre bewegt. Der relative Druck am Strahlrand ist gleich dem atmosphärischen Druck, $p = 0$. Bei Freistrahlproblemen mit hohen Geschwindigkeiten V ist üblicherweise der Einfluss der Schwerkraft vernachlässigbar, da die Geschwindigkeitshöhen $V^2/2g$ wesentlich größer als die Ortshöhenunterschiede Δz sind. Des weiteren sind Reibungskräfte über die kurzen Distanzen vernachlässigbar.

a) **Fixe Umlenkschaufel:**

Abb. 4.22(a) zeigt die Umlenkung eines Freistrahles durch eine fixe Umlenkschaufel mit Richtungsänderung θ. Um die Krafteinwirkung auf die Umlenkschaufel zu ermitteln, wird zuerst das K.V. definiert. Dieses ist in Abb. 4.22b separat eingezeichnet. F_x und F_y sind dabei die von der Umgebung *auf* das Fluid im K.V. wirkenden Kraftkomponenten. Die K.O. hat zwei Durchflussflächen ① und ②.

Mit den Definitionen zu den Geschwindigkeiten, $\vec{V}_1 = (u_1, v_1); V_1 = |\vec{V}_1|$, und $\vec{V}_2 = (u_2, v_2); V_2 = |\vec{V}_2|$, ergeben sich aus Gl. (4.40) die beiden Komponenten

$$F_x = u_1 \rho_1 (-V_1 A_1) + u_2 \rho_2 (V_2 A_2)$$

$$F_y = v_1 \rho_1 (-V_1 A_1) + v_2 \rho_2 (V_2 A_2)$$

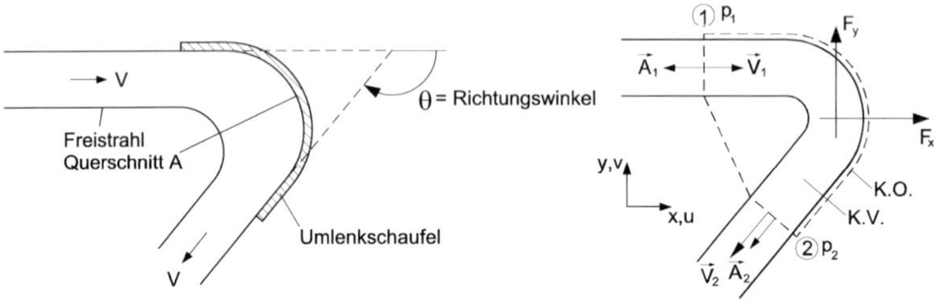

(a) Geometrie (b) Definitionen zum Kontrollvolumen

Abb. 4.22: Fixe Umlenkschaufel

mit der Massenerhaltung

$$\rho_1 V_1 A_1 = \rho_2 V_2 A_2 = \dot{m} = \text{Massenfluss}$$

folgt

$$F_x = \dot{m}(u_2 - u_1)$$

$$F_y = \dot{m}(v_2 - v_1)$$

In Abb. 4.22(b) ist das Koordinatensystem so gewählt, dass $u_1 = V$ und $v_1 = 0$. Für die reibungsfreie Strömung gilt die Bernoulli-Gleichung

$$\frac{V_1^2}{2g} + \frac{p_1}{\gamma} + z_1 = \frac{V_2^2}{2g} + \frac{p_2}{\gamma} + z_2$$

Da aber Höhenunterschiede unwesentlich sind, $z_1 - z_2 = \Delta z \approx 0$, und die Strömung an den Sektionen ① und ② parallel verläuft, sind die Drücke gleich dem atmosphärischen Außendruck, $p_1 = p_2 = 0$. Somit gilt $V_1 = V_2 = V$. Die Umlenkgeometrie laut Abb. 4.22 bedingt

$$u_2 = V\cos\theta \quad , \quad v_2 = -V\sin\theta$$

Die Reaktionskraftkomponenten für die geometrische Anordnung nach Abb. 4.22 sind demnach

$$F_x = \dot{m}V(\cos\theta - 1) \tag{4.44a}$$

$$F_y = -\dot{m}V\sin\theta \tag{4.44b}$$

Die Kraft F_x ist für einen Winkel von $\theta = 180°$ maximal. Sie beträgt dann $F_x = -2\dot{m}V$. Kräfte, die das Fluid auf die Schaufel ausübt, sind der Richtung nach umgekehrt zu Gl. (4.44).

Wichtig ist in dieser Anwendung, dass diese Kräfte berechnet werden können, obwohl ihre genaue Verteilung (z. B. Druckverteilung entlang der gekrümmten Schaufelwand) unbekannt ist, da das gesamte K.V. betrachtet wird.

b) **Bewegte Umlenkschaufel:**

Eine Umlenkschaufel kann sich auch in Bewegung, mit konstanter Geschwindigkeit V_S, befinden. Eine wesentliche Anwendung hierzu ist die Pelton[7]-Turbine (Abb. 4.23).

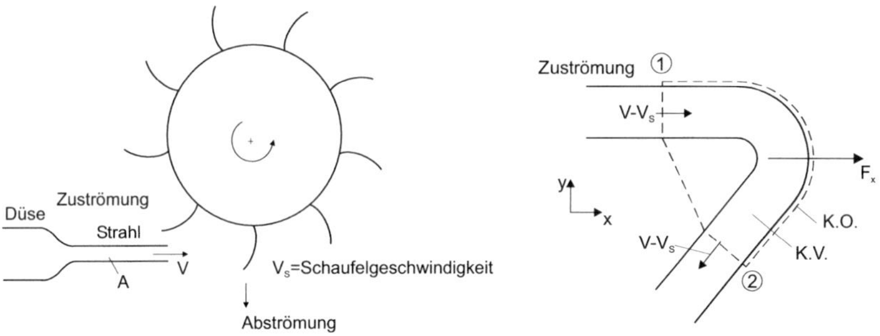

(a) Anwendung bei einer Peltonturbine

(b) Definitionen für bewegtes Kontrollvolumen (Schaufelelement)

Abb. 4.23: Bewegte Umlenkschaufel

Das K.V. bewegt sich hier mit der Schaufel, so dass die relative Zuströmgeschwindigkeit bei ① $(V - V_S)$ ist. Auch die Abströmgeschwindigkeit bei ② ist $V - V_S$ aufgrund der Bernoulli-Gleichung. Der Impulssatz im relativen Koordinatensystem zeigt für die x-Komponente der Reaktionskraft

$$F_x = \rho(V - V_S)A[(V - V_S)_{2x} - (V - V_S)_{1x}]$$

wobei $(V - V_S)_{1x} = (V - V_S)$ und $(V - V_S)_{2x} = (V - V_S)\cos\theta$. Die Schaufelkraft $F_S = -F_x$ ist demnach

$$F_S = -F_x = \rho(V - V_S)^2 A(1 - \cos\theta) \tag{4.45}$$

und wiederum maximal für eine komplette Umlenkung, $\theta \to 180°$.

[7]Lester Allen Pelton (1829-1908), amerikanischer Maschinenbauingenieur

c) **Ebene Ablenkplatte:**

An einer ebenen Ablenkplatte, mit Ablenkwinkel θ, wird ein ebener Wasserstrahl in zwei Teilstrahlen geteilt (Abb. 4.24). Der Zuströmungsquerschnitt ist ①, die Abströmquerschnitte sind ② und ③.

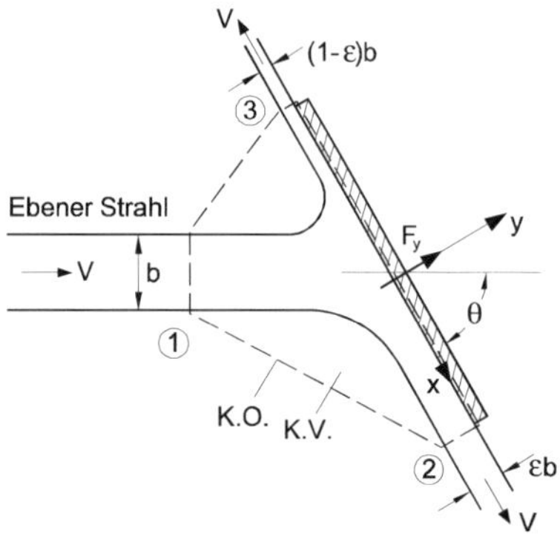

Abb. 4.24: Ebene Ablenkplatte mit Aufspaltung eines Freistrahles

Ein lokales Koordinatensystem x, y ist mit x in der Plattenebene definiert, um die Auflagerreaktion der Platte (F_x, F_y) und das Teilungsverhältnis ε zu ermitteln.

Aus der Bernoulli-Gleichung folgt für den Freistrahl

$$V = V_1 = V_2 = V_3$$

und aus der Kontinuität für die drei Querschnitte

$$Vb = V(\varepsilon b) + V(1 - \varepsilon b)$$

Die Kräfte in der x-Richtung, die auf das Fluid wirken, sind unter Vernachlässigung der Reibungskräfte gleich Null, so dass

$$F_x = 0 = \sum_{K.O.} u\rho\vec{V} \cdot \vec{A}$$

Ausgewertet für die drei Durchflussflächen (mit Einheitsbreite)

$$0 = V\cos\theta\rho(-Vb) + V\rho(V\varepsilon b) - V\rho(V(1-\varepsilon)b)$$

folgt das Teilungsverhältnis

$$\varepsilon = \frac{1+\cos\theta}{2} \tag{4.46}$$

Für $\theta = 90°$ wird der Strahl in zwei gleiche Teile gespalten. Für $\theta = 0°$ dagegen ist $\varepsilon = 1$, der Strahl spaltet sich nicht.

Analog berechnet sich

$$F_y = -\rho V^2 b \sin\theta \tag{4.47}$$

F_y wird von der Platte auf das Fluid ausgeübt. Dies ist die Auflagerreaktion, die bei $\theta = 90°$ maximal ist.

Rohrkrümmer mit Verengung:

Ein Rohrkrümmer (Abb. 4.25) ist ein Beispiel für ein geschlossenes System, in dem es – im Gegensatz zu Freistrahlen – zu Druckänderungen kommen kann. Der Krümmer hat einen Richtungswinkel θ und eine Querschnittsverengung von A_1 zu A_2.

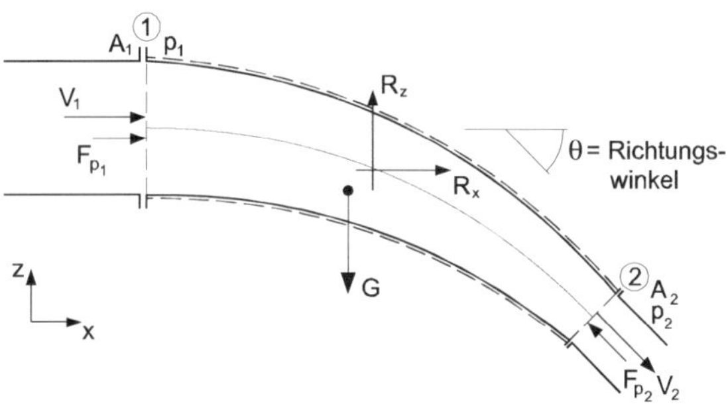

Abb. 4.25: Rohrkrümmer mit Verengung

Der Durchfluss Q von einem Fluid mit konstanter Dichte ρ verursacht Kräfte auf den Krümmer. Bei diesem System sind dabei auch Druckkräfte und die Gewichtskraft G von Bedeutung. Für die Druckkräfte in ① und ② gilt

$$F_{P_1} = p_1 A_1, \quad F_{P_2} = p_2 A_2$$

Die Reaktionskräfte zwischen Rohrwand und Fluid, wie Druck- und Scherspannungen, sind unbekannt. Sie werden durch die Resultierenden R_x und R_z erfasst. Für die x-Richtung gilt

$$F_{P_1} - F_{P_2}\cos\theta + R_x = \rho Q(V_2\cos\theta - V_1) \tag{4.48a}$$

In der z-Richtung wirkt zusätzlich die Gewichtskraft G

$$-G + F_{P_2}\sin\theta + R_z = \rho Q(V_2\sin\theta) \tag{4.48b}$$

Die Reaktionskräfte R_x und R_z müssen durch entsprechende Auflager aufgefangen werden. Der Vollständigkeit halber sei erwähnt, dass bei bekannten Geschwindigkeitsprofilen in den Sektionen ① und ②, die Impulsungleichförmigkeitsfaktoren β verwendet werden könnten. Die Klammerausdrücke lauten dann in Gl. (4.48a) $(\beta_2 V_2\cos\theta - \beta_1 V_1)$ bzw. in Gl. (4.48b) $(\beta_2 V_2 \sin\theta)$. Da bei turbulenten Strömungen $\beta \approx 1{,}03$, genügen die Gl. (4.48) aber i.a. für die Praxis.

Ein Spezialfall des obigen Systems ist eine Düse (Verengung ohne Richtungsänderung, $\theta = 0°$), die in einem Freistrahl endet $(F_{P_2} = 0)$. Bei einer starken Verengung, $V_2 \gg V_1$, ergibt sich für die Düsenkraft aus Gl. (4.48a)

$$F_D = -R_x = -\rho Q V_2 \tag{4.49}$$

Die Druckkraft F_{P_1} wurde hier vernachlässigt, da sie bei Hochgeschwindigkeitsdüsen (z. B. Feuerwehrdüse) dem Impulsfluss gegenüber klein ist.

Kraft auf ein Schütz (unterströmtes Wehr):

Das Schütz (Abb. 4.26), ist eine vertikal verstellbare Platte zur Abflusskontrolle in Gerinneströmungen. Am Schütz ist das Strömungsbild kompliziert. Das K.V. ist so zu wählen, dass die Querschnitte ① und ②, im Bereich paralleler Stromlinien liegen. In diesen Querschnitten ist die Druckverteilung dann hydrostatisch. Die Strömung hat eine konstante Breite B. Die Kraft F_{Sch}, mit der das Schütz auf das Fluid wirkt, resultiert aus der unbekannten Druckverteilung am Schütz.

Aus der Kontinuität

$$Q = V_1 h_1 B = V_2 h_2 B$$

und mit den hydrostatischen Kräften

$$F_{p_1} = \frac{\gamma h_1^2}{2}B, \quad F_{p_2} = \frac{\gamma h_2^2}{2}B$$

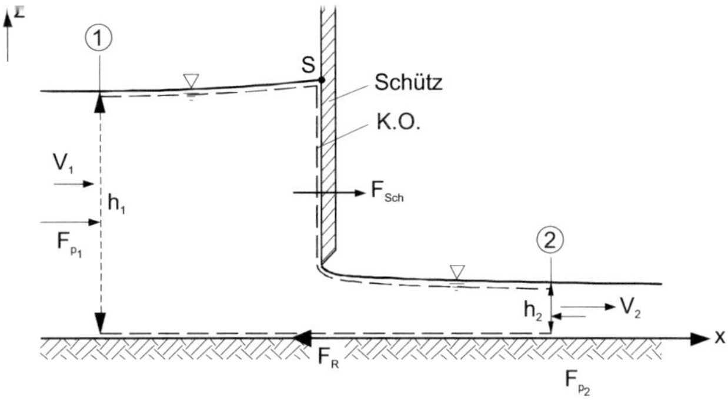

Abb. 4.26: Schütz in einer Gerinneströmung

ergibt der Impulssatz

$$\frac{\gamma h_1^2}{2}B - \frac{\gamma h_2^2}{2}B + F_{Sch} - F_R = \rho Q(V_2 - V_1)$$

wobei F_R die Sohlreibungskraft ist, die meist vernachlässigbar klein ist, $F_R \approx 0$. Demnach ist die Reaktionskraft des Schützes

$$F_{Sch} = \rho Q(V_2 - V_1) - \frac{\gamma B}{2}\left(h_1^2 - h_2^2\right) \tag{4.50}$$

Um dieser Kraft zu widerstehen, müssen das Schütz und sein Auflager entsprechend konstruktiv bemessen werden.

Raketenflug:

Der Schub von Propellern, Düsen und Raketenmotoren wird durch Impulsänderungen erzeugt. Als Beispiel hierzu wird der Flug einer beschleunigenden Rakete betrachtet. Abb. 4.27 zeigt das K.V. der Rakete, das sich relativ zu einem fixen Referenzsystem vertikal mit Fluggeschwindigkeit $V_f(t)$ bewegt. Das Gewicht $G(t)$ setzt sich aus dem Gewicht der festen Masse und des Treibstoffes zusammen und nimmt durch die Verbrennung ab. Die Bedingungen am Düsenaustritt, Fläche A_a, sind durch V_a, p_a und ρ_a gegeben. F_w ist eine Strömungswiderstandskraft durch die Luftreibung an der Raketenberandung. p_o ist der atmosphärische Außendruck.

Ein Koordinatensystem (x,z) ist an das bewegte K.V. gebunden und die Austrittsgeschwindigkeit V_a ist relativ dazu definiert. Der Impulssatz für die z-Richtung, Gl. (4.40c) mit der

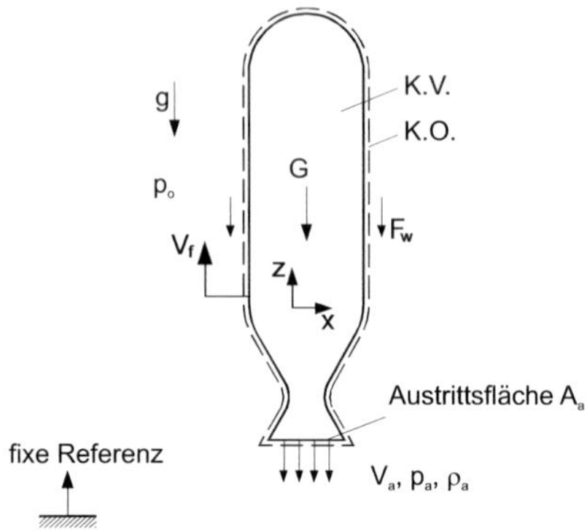

Abb. 4.27: Raketenflug mit beschleunigendem Kontrollvolumen

scheinbaren Trägheitskraft durch die Beschleunigung des K.V., Gl. (4.39), lautet dann

$$\sum F_z = \int\limits_{K.V.} \frac{\partial}{\partial t}(\rho w) d\forall + \int\limits_{K.V.} \rho \frac{dV_f}{dt} d\forall + \sum_{K.O.} w \rho \vec{V} \cdot \vec{A}$$

Der erste Term in obiger Gleichung ist vernachlässigbar, da die Fluidgeschwindigkeiten *im* K.V., $w \approx 0$ und deren zeitliche Änderung klein sind. w ist nur wesentlich an der Austrittsfläche (dritter Term), wo $w = -V_a$. Die Auswertung führt nach Einsetzen aller wirkenden Kräfte F_z zu

$$-G - F_w + (p_o - p_a)A_a = \frac{dV_f}{dt} \int\limits_{K.V.} \rho d\forall - V_a(\rho_a V_a A_a) \; .$$

Hierin ist $(p_o - p_a)A_a$ die Kraft durch Überdruck am Düsenaustritt. Das Integral $\int_{K.V.} \rho d\forall$ ist gleich der Gesamtmasse $M(t)$ des Flugkörpers, und $\rho_a V_a A_a$ ist der Massenfluss durch den Austritt der Verbrennungsgase. Demnach ergibt sich

$$M(t)\frac{dV_f}{dt} = -G(t) - F_w + \rho_a V_a^2 A_a + (p_o - p_a)A_a$$

Die letzten zwei Terme stellen den Schub T (engl. "thrust") der Rakete dar

$$T = \rho_a V_a^2 A_a + (p_o - p_a)A_a = \dot{m} V_a + (p_o - p_a)A_a \qquad (4.51)$$

Die Beschleunigung des Flugkörpers ist dann

$$\frac{dV_f}{dt} = \frac{T - G(t) - F_w}{M(t)} \tag{4.52}$$

Die Geschwindigkeit V_f kann durch Integration ermittelt werden, wenn die Verbrennungsrate, die zu Massen- bzw. Gewichtsabnahme führt, als Funktion der Zeit gegeben ist.

Druckstoß in Rohrleitungen:

Druckstöße (Abb. 4.28) treten in Rohrleitungen auf, wenn Ventile (Schieber) schnell geschlossen werden. Zur Zeit $t < 0$ herrscht eine gleichförmige Strömung mit der Geschwindigkeit V in der Rohrleitung. Zur Zeit $t = 0$ wird der Schieber plötzlich geschlossen. Es kommt zu einem Druckanstieg vor dem Schieber. Dieser Überdruck bewegt sich für $t > 0$ als "Druckstoß" mit der konstanten Fortpflanzungsgeschwindigkeit oder Schnelligkeit c (engl. "celerity") nach links. Diese Geschwindigkeit hängt von der Kompressibilität des Fluidmediums und ev. auch der Elastizität des Rohrleitungsmaterials ab.

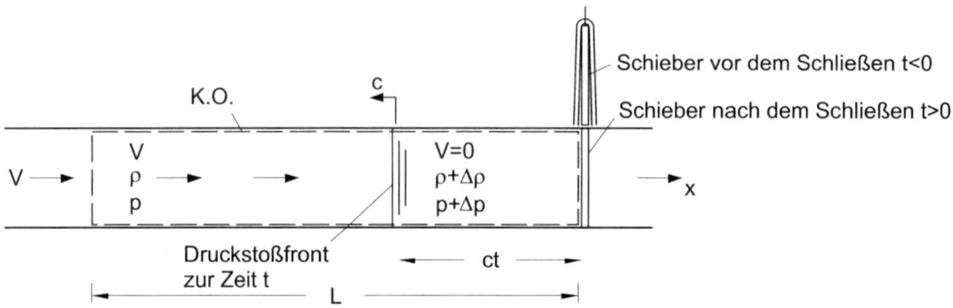

Abb. 4.28: Druckstoßphänomen

Zur Analyse dieses instationären Strömungsproblems wird im Rohr mit Querschnitt A ein K.V. mit willkürlicher Länge L angenommen. Zur Zeit t ist der linke Teil des K.V. noch im normalen Strömungszustand, V, ρ und p, während der ruhende rechte Teil durch Dichte- und Druckänderungen, also $V = 0, \rho + \Delta\rho$ und $p + \Delta p$, beeinflusst ist. Die Reibungskräfte an der Rohrwand werden vernachlässigt. Es wird auch vernachlässigt, dass sich der Rohrquerschnitt A durch die Druckänderung verändern kann (Annahme einer starren Rohrleitung).

Es gilt Gl. (4.40a) für die x-Richtung.

$$\sum F_x = \int\limits_{K.V.} \frac{\partial}{\partial t} \rho u d\forall + \sum_{K.O.} u\rho \vec{V} \cdot \vec{A}$$

Da das K.V. hier zeitlich unveränderlich ist, können Integration und Differentiation in der Reihenfolge vertauscht werden, so dass nach Auswertung

$$pA - (p+\Delta p)A = \frac{d}{dt}[\rho V(L-ct)A] + V\rho(-VA) \tag{4.53}$$

Der Ausdruck in der eckigen Klammer ist der Gesamtimpuls in dem noch strömenden Teil des K.V.. Nach Differentiation und Division durch A ergibt sich aus Gl. (4.53) der Druckanstieg

$$\Delta p = \rho V^2 + \rho V c = \rho V(c+V)$$

Da aber, wie im folgenden gezeigt wird, $c \gg V$, ist die Druckzunahme *bei plötzlichem Schließen*

$$\Delta p = \rho V c \tag{4.54}$$

Aus der Massenerhaltung, Gl. (3.26),

$$0 = \frac{d}{dt} \int\limits_{K.V.} \rho d\forall + \sum_{K.O.} \rho \vec{V} \cdot \vec{A}$$

folgt mit analogen Argumenten

$$0 = \frac{d}{dt}[\rho(L-ct)A + (\rho+\Delta\rho)ctA] + \rho(-VA) \tag{4.55}$$

woraus

$$c = \frac{V}{\Delta\rho/\rho}$$

Mit der Definition des Elastizitätsmoduls E des Fluides nach Gl. (1.13) ergibt sich

$$c = \frac{VE}{\Delta p}$$

und nach Einsetzen von Δp aus Gl. (4.54)

$$c = \sqrt{\frac{E}{\rho}} \tag{4.56}$$

c ist die Ausbreitungsgeschwindigkeit (Schnelligkeit) der Druckwelle. Für Wasser $c = 1400\ m/s$ (Abschnitt 1.4), so dass die obig gemachte Annäherung ($V \ll c$) für praktische Probleme a posteriori gerechtfertigt ist. Im generellen Fall einer Rohrwand mit elastischem Verhalten hängt c auch von der Rohrkonstruktion ab und wird dadurch vermindert.

Störwelle in stehenden Gewässern:

Phänomene analog zu Druckstößen in Rohrleitungen treten als Störwellen in stehenden bzw. fließenden Gewässern auf. Als Beispiel dazu zeigt Abb. 4.29(a) eine Störwelle in einem ruhenden Gewässer mit Tiefe h, die durch das plötzliche Verschieben zur Zeit $t = 0$ der rechten Berandung erzeugt wurde. Zur Zeit t pflanzt sich die Welle mit Geschwindigkeit c nach links fort. Dies führt zu einer Änderung der Wassertiefe um den Betrag dh und der Fluidgeschwindigkeit um dV.

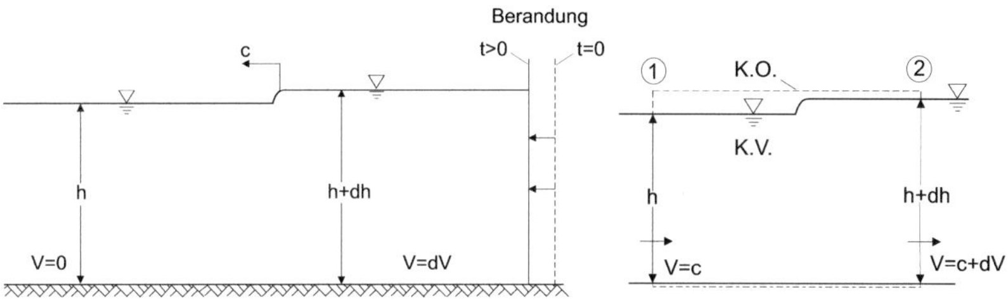

(a) Ruhender Beobachter

(b) K.V. für mitfahrenden Beobachter

Abb. 4.29: Störwelle

Zur Analyse des Vorganges könnte im Prinzip wieder ein fixes K.V. mit willkürlicher Länge so wie beim Rohrleitungsdruckstoß (Abb. 4.28) gewählt werden. Als Alternative dazu wird hier aber ein K.V., so wie es ein mit der Störwelle mitfahrender Beobachter sieht, verwendet. Auf diese Art kann eine stationäre Analyse geführt werden.

Im bewegten K.V. (Abb. 4.29(b)) sind die Zuströmverhältnisse durch c bzw. h und die Abströmverhältnisse durch $c + dV$ bzw. $h + dh$ gegeben. Es herrschen hydrostatische Druckkräfte an den Flächen ① und ②. Der Impulssatz führt zu

$$\frac{\gamma h^2}{2} - \frac{\gamma(h+dh)^2}{2} = \rho ch\left[(c+dV)-c\right] \tag{4.57}$$

und die Kontinuitätsgleichung zu

$$ch = (c+dV)(h+dh) \tag{4.58}$$

Für kleine Störwellen, $dh \ll h$, können alle Terme zweiter Ordnung vernachlässigt werden, so dass Gl. (4.57) nach Division durch ρh

$$-gdh = cdV$$

bzw. Gl. (4.58)

$$0 = hdV + cdh$$

ergeben. Daraus kann jeweils der Ausdruck für dV/dh evaluiert und gleichgesetzt werden

$$\frac{g}{c} = \frac{c}{h}$$

was zu

$$c = \sqrt{gh} \tag{4.59}$$

führt. c ist die Schnelligkeit einer Störwelle infinitesimal kleiner Höhe in einem stehenden Gewässer der Tiefe h.

In einem fließenden Gewässer überlagert sich die Störwelle auf die Fließgeschwindigkeit.

4.2.2 Elementares Kontrollvolumen: Navier-Stokes-Gleichungen

Wird der Impulssatz auf ein infinitesimal kleines K.V. betrachtet (sh. Abb. 3.17), führt dies auf die Bewegungsgleichungen nach Navier[8]-Stokes[9]. Diese Gleichungen sind eine Erweiterung der Eulerschen Gleichungen sh. Gl. (4.17) unter Einbeziehung der Reibungskräfte (Viskosität).

[8]Claude Louis Marie Henri Navier (1785-1836), französischer Wasserbauingenieur

[9]Sir George Gabriel Stokes (1819-1903), irischer Mathematiker

Im Folgenden wird angenommen, dass im kartesischen Koordinatensystem x, y, z der Schwerbeschleunigungsvektor beliebig gerichtet ist, $\vec{g} = (g_x, g_y, g_z)$. Für das differentielle Volumen $\Delta V = \Delta x \Delta y \Delta z$ gilt demnach das 2. Newtonsche Gesetz, Gl. (4.1) und (4.2), für die x-Richtung als

$$\rho a_x \Delta V = \rho g_x \Delta V + \sum_{K.O.} F_{\sigma_x} + \sum_{K.O.} F_{\tau_x} \tag{4.60}$$

Die zwei letzten Terme stellen Oberflächenkräfte dar, einmal solche infolge von Normalspannungen F_{σ_x} und dann solche infolge von Tangentialspannungen F_{τ_x}.

Die Komponenten der Normalspannungen σ_x, σ_y und σ_z und der Tangentialspannungen $\tau_{xy}, \tau_{xz}, \tau_{yx}, \tau_{yz}, \tau_{zx}$ und τ_{zy}und sind in Abb. 4.30 dargestellt, wobei an den Gegenflächen

$$\begin{aligned}
\sigma'_x &= \sigma_x + \frac{\partial \sigma_x}{\partial x}\Delta x, \quad \sigma'_y = \sigma_y + \frac{\partial \sigma_y}{\partial y}\Delta y, \quad \sigma'_z = \sigma_z + \frac{\partial \sigma_z}{\partial z}\Delta z \\
\tau'_{xy} &= \tau_{xy} + \frac{\partial \tau_{xy}}{\partial x}\Delta x, \quad \tau'_{yx} = \tau_{yx} + \frac{\partial \tau_{yx}}{\partial y}\Delta y, \quad \tau'_{zx} = \tau_{zx} + \frac{\partial \tau_{zx}}{\partial z}\Delta z \\
\tau'_{xz} &= \tau_{xz} + \frac{\partial \tau_{xz}}{\partial x}\Delta x, \quad \tau'_{yz} = \tau_{yz} + \frac{\partial \tau_{yz}}{\partial y}\Delta y, \quad \tau'_{zy} = \tau_{zy} + \frac{\partial \tau_{zy}}{\partial z}\Delta z
\end{aligned} \tag{4.61}$$

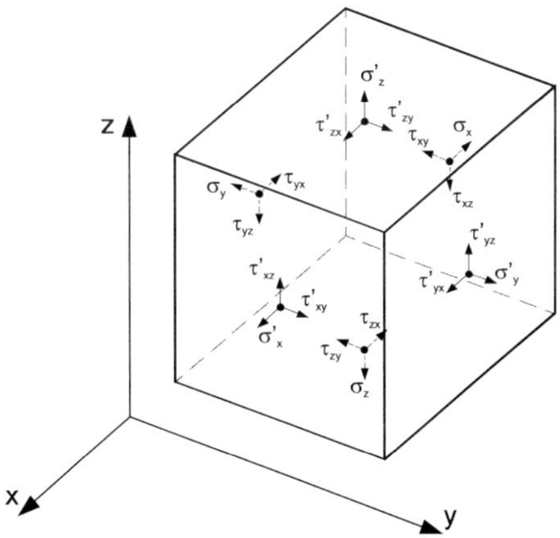

Abb. 4.30: Oberflächenspannungen im differentiellen K.V.

Bei den Tangentialspannungen gibt der erste Index die Richtung an, auf der die betrachtete Fläche senkrecht steht, der zweite Index steht für die Richtung, in die die Spannung wirkt.

Die Tangentialspannungen sind demnach durch einen Tensor gegeben, der symmetrisch ist, also $\tau_{xy} = \tau_{yx}, \tau_{xz} = \tau_{zx}, \tau_{yz} = \tau_{zy}$, was mit aufgrund der Drehmomente des elementaren K.V. abgeleitet werden kann (z. B. Truckenbrodt, 1980).

Eine vollständige Ableitung der weiteren Gleichungen benötigt eine stoffspezifische Beziehung zwischen den obig definierten Spannungen und dem Deformationsfeld (auch durch einen Tensor gegeben) des Fluides (sh. dazu z. B. Truckenbrodt, 1980).

Für ein *inkompressibles Fluid* (sh. Gl. (4.34)), gilt

$$\frac{\partial u}{\partial x} + \frac{\partial v}{\partial y} + \frac{\partial w}{\partial z} = 0 \tag{4.62}$$

Mit konstanter Viskosität μ gelten für die Normalspannungen

$$\begin{aligned} \sigma_x &= -p + 2\mu \frac{\partial u}{\partial x} \\ \sigma_y &= -p + 2\mu \frac{\partial v}{\partial y} \\ \sigma_z &= -p + 2\mu \frac{\partial w}{\partial z} \end{aligned} \tag{4.63}$$

und für die Tangentialspannungen

$$\begin{aligned} \tau_{yx} = \tau_{xy} &= \mu \left(\frac{\partial v}{\partial x} + \frac{\partial u}{\partial y} \right) \\ \tau_{yz} = \tau_{zy} &= \mu \left(\frac{\partial w}{\partial y} + \frac{\partial v}{\partial z} \right) \\ \tau_{zx} = \tau_{xz} &= \mu \left(\frac{\partial u}{\partial z} + \frac{\partial w}{\partial x} \right) \end{aligned} \tag{4.64}$$

In einer allgemeinen Fluidströmung mit Scherung (Deformation und Rotation) unterscheiden sich die Normalspannungen vom hydrostatischen Druck durch einen zusätzlichen viskosen Beitrag, Gl. (4.63). Der Ausdruck für die Tangentialspannungen, Gl. (4.64) stellt eine Verallgemeinerung des Newtonschen Ansatzes, Gl. (1.5), für eine parallele Scherströmung dar. Insgesamt sind Gl. (4.63) und (4.64) die stoffspezifischen Beziehungen zwischen Spannungen und Verformungsraten, und werden konstitutive Gleichungen genannt.

Die Nettospannungskomponenten für die x-Richtung resultieren mit Hilfe von Gl. (4.60) daher zu

$$\sum_{K.O.} F_{\sigma_x} = \left(-\frac{\partial p}{\partial x} + 2\mu \frac{\partial^2 u}{\partial x^2} \right) \Delta x \Delta y \Delta z \tag{4.65}$$

$$\sum_{K.O.} F_{\tau_x} = \frac{\partial}{\partial y}\left[\mu\left(\frac{\partial v}{\partial x}+\frac{\partial u}{\partial y}\right)\right]+\frac{\partial}{\partial z}\left[\mu\left(\frac{\partial u}{\partial z}+\frac{\partial w}{\partial x}\right)\right]\Delta x\Delta y\Delta z \tag{4.66}$$

Eingesetzt in die Impulsgleichung, Gl. (4.60), ergibt sich nach Division durch ΔV

$$\rho a_x = \rho g_x - \frac{\partial p}{\partial x} + \mu\left[2\frac{\partial^2 u}{\partial x^2}+\frac{\partial^2 v}{\partial x\partial y}+\frac{\partial^2 u}{\partial y^2}+\frac{\partial^2 u}{\partial z^2}+\frac{\partial^2 w}{\partial x\partial z}\right] \tag{4.67}$$

Die Kontinuitätsgleichung gibt aber nach Differentiation nach x

$$\frac{\partial^2 u}{\partial x^2} = -\frac{\partial^2 v}{\partial x\partial y}-\frac{\partial^2 w}{\partial x\partial z}$$

so dass

$$\rho a_x = \rho g_x - \frac{\partial p}{\partial x} + \mu\left[\frac{\partial^2 u}{\partial x^2}+\frac{\partial^2 u}{\partial y^2}+\frac{\partial^2 u}{\partial z^2}\right] \tag{4.68}$$

Mit der Definition der Lagrangeschen Beschleunigung a_x, Gl. (3.13), und nach Division durch ρ ergeben sich die *Navier-Stokes-Gleichungen* (analog für die beiden anderen Richtungen):

$$\begin{aligned}
\frac{\partial u}{\partial t}+u\frac{\partial u}{\partial x}+v\frac{\partial u}{\partial y}+w\frac{\partial u}{\partial z} &= -\frac{1}{\rho}\frac{\partial p}{\partial x}+g_x+\nu\left(\frac{\partial^2 u}{\partial x^2}+\frac{\partial^2 u}{\partial y^2}+\frac{\partial^2 u}{\partial z^2}\right)\\
\frac{\partial v}{\partial t}+u\frac{\partial v}{\partial x}+v\frac{\partial v}{\partial y}+w\frac{\partial v}{\partial z} &= -\frac{1}{\rho}\frac{\partial p}{\partial y}+g_y+\nu\left(\frac{\partial^2 v}{\partial x^2}+\frac{\partial^2 v}{\partial y^2}+\frac{\partial^2 v}{\partial z^2}\right)\\
\frac{\partial w}{\partial t}+u\frac{\partial w}{\partial x}+v\frac{\partial w}{\partial y}+w\frac{\partial w}{\partial z} &= -\frac{1}{\rho}\frac{\partial p}{\partial z}+g_z+\nu\left(\frac{\partial^2 w}{\partial x^2}+\frac{\partial^2 w}{\partial y^2}+\frac{\partial^2 w}{\partial z^2}\right)
\end{aligned} \tag{4.69}$$

Die Navier-Stokes-Gleichungen, Gl. (4.69) zusammen mit der Kontinuitätsgleichung, Gl. (4.62) sind die Grundgleichungen für die Strömung von viskosen (realen) Fluiden. Diese vier Gleichungen, mit entsprechenden Rand- und Anfangsbedingungen, beschreiben im Prinzip das Strömungsfeld $\vec{V} = (u, v, w)$ und das Druckfeld p eines Strömungsproblems. Entlang fester Wände gilt dabei die Haftbedingung, $\vec{V} = \vec{V}_w$, wobei $\vec{V}_w$ die Wandgeschwindigkeit ist. Für eine ruhende Wand gilt $\vec{V} = 0$.

Die Navier-Stokes-Gleichungen sind partielle Differentialgleichungen zweiter Ordnung und nichtlinear. Exakte analytische Lösungen sind nur mit wenigen Ausnahmen möglich. Sie können aber näherungsweise mit numerischen Methoden gelöst werden.

Schleichende Strömungen:

Ein Spezialfall der Navier-Stokes-Gleichungen ergibt sich für schleichende Strömungen, das sind Strömungen mit vernachlässigbar kleinen Beschleunigungen, $a_x = a_y = a_z = 0$. Dies gilt z. B. für die Umströmung von kleinen Partikeln, die langsam absinken (sh. Abschnitt 9.3.2). Damit folgt

$$\begin{aligned}
0 &= -\frac{1}{\rho}\frac{\partial p}{\partial x} + g_x + \nu\left(\frac{\partial^2 u}{\partial x^2} + \frac{\partial^2 u}{\partial y^2} + \frac{\partial^2 u}{\partial z^2}\right) \\
0 &= -\frac{1}{\rho}\frac{\partial p}{\partial y} + g_y + \nu\left(\frac{\partial^2 v}{\partial x^2} + \frac{\partial^2 v}{\partial y^2} + \frac{\partial^2 v}{\partial z^2}\right) \\
0 &= -\frac{1}{\rho}\frac{\partial p}{\partial z} + g_z + \nu\left(\frac{\partial^2 w}{\partial x^2} + \frac{\partial^2 w}{\partial y^2} + \frac{\partial^2 w}{\partial z^2}\right)
\end{aligned} \tag{4.70}$$

Schleichende Strömungen sind durch den Zähigkeitseinfluss dominiert.

Grundwasserströmungen:

Die Grundwasserströmung ist gekennzeichnet durch eine schleichende Wasserbewegung durch die Hohlräume einer porösen Matrix (Abb. 4.31) mit mittlerem Porendurchmesser d. Wegen der ungleichmäßigen Anordnung der Porenräume kann die Strömung nicht im Detail erfasst werden. Deswegen wird die mittlere *Filtergeschwindigkeit* $\vec{V}_f$ zur Beschreibung verwendet

$$\vec{V}_f = (V_{fx}, V_{fy}, V_{fz}) \tag{4.71}$$

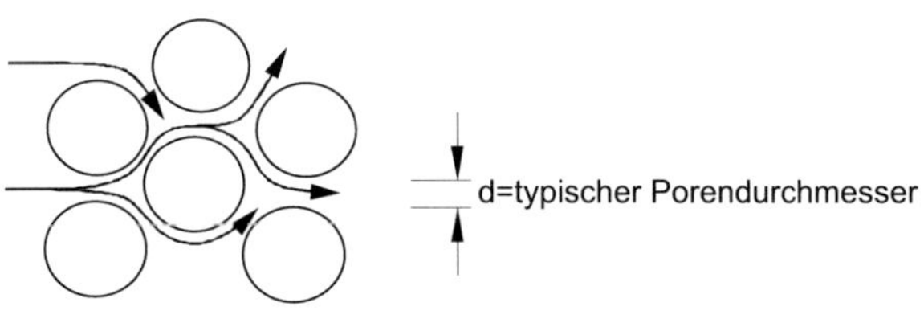

Abb. 4.31: Fließwege bei Grundwasserströmung durch die poröse Matrix

Aus Gl. (4.70) ergibt sich der angenäherte Ansatz für die x-Richtung

$$\left(\frac{\partial^2 u}{\partial x^2} + \frac{\partial^2 u}{\partial y^2} + \frac{\partial^2 u}{\partial z^2}\right) \approx \frac{V_{fx}}{d^2} = -\frac{1}{\rho\nu}\frac{\partial(\gamma h)}{\partial x}, \tag{4.72}$$

d. h. die Ableitungen zweiter Ordnung werden durch den Ausdruck $\frac{V_{fx}}{d^2}$ repräsentiert. Die piezometrische Höhe $h = p/\gamma + Z$, somit $\gamma h = p + \rho g Z$, wurde in Gl. (4.72) eingeführt.

Das Symbol Z ist hier die Höhe über dem Bezugsniveau, um es von der Koordinatenachse z zu unterscheiden, die in diesem Abschnitt 4.2.2 i. a. nicht gegen die Erdbeschleunigung gerichtet ist. Somit gilt $g_x = g\partial Z/\partial x$. Aus Gl. (4.72) folgt

$$V_{fx} = -\frac{gd^2}{\nu}\frac{\partial h}{\partial x}. \tag{4.73}$$

$K = \frac{gd^2}{\nu}$ wird als Durchlässigkeitskoeffizient $[\frac{m}{s}]$ zusammengefasst. K ist abhängig von der Porosität des Mediums, vom Schwerefeld und von der Viskosität des Fluides. Typische Werte sind für Feinsand $K = 10^{-4}\ m/s$, für Schluff $K = 10^{-6}\ m/s$ und für Ton $K = 10^{-8}\ m/s$.

In verallgemeinerter Form ergeben sich aus Gl. (4.73) die *Darcy*[10]*-Gleichungen* für Grundwasserströmungen

$$\begin{aligned} V_{fx} &= -K\frac{\partial h}{\partial x} \\ V_{fy} &= -K\frac{\partial h}{\partial y} \\ V_{fz} &= -K\frac{\partial h}{\partial z} \end{aligned} \tag{4.74}$$

Das negative Vorzeichen in Gl. (4.74) und auch schon in Gl. (4.72) ist gewählt, so dass die Strömung in der Richtung des abnehmenden Potentials (piezometrische Höhe h) verläuft.

4.3 Impulsmomentengleichung

Ein Fluidteilchen mit Positionsvektor $\vec{r}$ und linearem Imouls $\rho\vec{V}$ pro Volumeneinheit (sh. Abb) besitzt einen *Drehimpuls* um den Ursprung, der durch das Kreuzprodukt $\vec{r} \times \left(\rho\vec{V}\right) = \rho\left(\vec{r} \times \vec{V}\right)$ gegeben ist.

Zur Anwendung der Allgemeinen Transportgleichung auf ein Massensystem ist hier die extensive Systemgröße der Drehimpuls, $B \Rightarrow \vec{I}_M$, und die intensive Größe der Drehimpuls pro volumeneinheit, $\beta \Rightarrow \rho\left(\vec{r} \times \vec{V}\right)$. Hiermit ergibt sich die *Impulsmomentengleichung* (auch Drehimpulssatz genannt)

$$\frac{d\vec{I}_M}{dt} = \int\limits_{K.V.} \frac{\partial}{\partial t}\rho\left(\vec{r} \times \vec{V}\right) d\forall + \sum_{K.O.} \rho\left(\vec{r} \times \vec{V}\right)\vec{V} \cdot \vec{A} = \sum \vec{M} \tag{4.75}$$

[10]Henry Philibert Gaspard Darcy (1803-1858), französischer Hydromechaniker

wobei $\sum \vec{M}$ die gesamten Kraftmomente, die auf das Fluid im K.V. wirken sind.

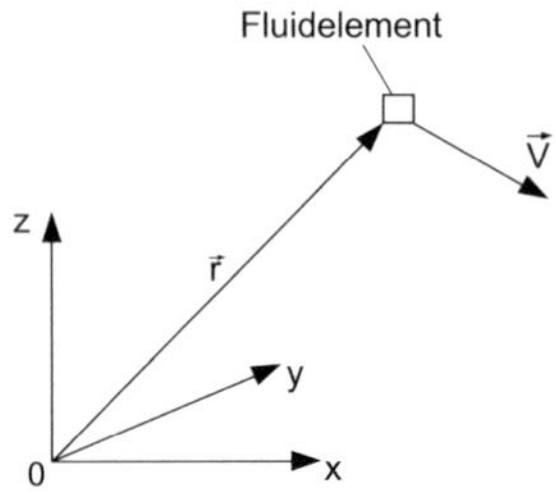

Abb. 4.32: Drehimpuls eines Fluidteilchens um den Ursprung

Wichtige Anwendungen des Drehimpulssatzes sind hydraulische Maschinen mitrotierenden Elementen, wie z. B. Pumpen und Turbinen.

Anwendungsbeispiel: Einfache Turbine

Abb. zeigt eine einfache Turbinenanordnung. Fluid mit Massenfluss $\dot{m} = \rho Q$ strömt vertikal und drehimpulsfrei durch den Querschnitt ① in ein rotierendes Element (bestehend aus zwei Armen mit Länge R), das zwei Ausströmflächen ② hat. Die relative Austrittsgeschwindigkeit ist V_a gegeben durch den Durchfluss Q dividiert durch die beiden Austrittsflächen, $2A_a$, $V_a = Q/2A_a$. Das Element rotiert mit Winkelgeschwindigkeit Ω und ist mit einer Welle (mit Generator) verbunden, durch die das Kraftmoment M_z auf das Fluid einwirkt.

Für den stationären Zustand gilt aus Gl. (4.75) für die z-Komponente

$$M_z = \sum_{K.O.} \left(\vec{r} \times \vec{V}\right) \left(\rho \vec{V} \cdot \vec{A}\right) = \sum_{K.O.} \left(\vec{r} \times \vec{V}\right) \dot{m} \tag{4.76}$$

An der Eintrittsfläche ① ist der Vektor $(\vec{r} \times \vec{V}) = 0$, da die Strömung nur eine Vertikalkomponente hat. Für die Austrittsflächen ② dagegen ist die absolute Austrittsgeschwindigkeit $V_a - \Omega R$ und somit die z-Komponente $(\vec{r} \times \vec{V})_z = -R\,(V_a - \Omega R)$, wobei ein negatives Vorzeichen gesetzt wurde, um der Konvention einer positiven Geschwindigkeit gegen den Uhrzeigersinn zu genügen. Demnach führt Gl. (4.76) zu

$$M_z = -R\,(V_a - \Omega R)\,\dot{m} \tag{4.77}$$

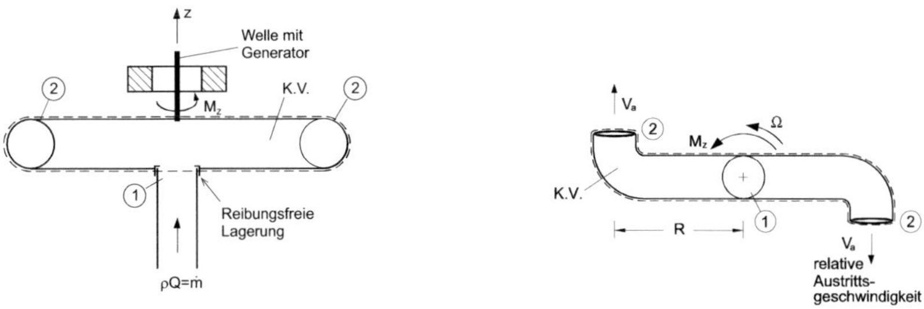

(a) Seitenansicht (b) Draufsicht

Abb. 4.33: Einfache Turbine

Das Moment M, das von der Welle auf den Generator wirkt, ist entgegengesetzt, $M = -M_z$. Die Leistung des Turbinen-Systems ist

$$P = \Omega M = \Omega R\,(V_a - \Omega R)\,\dot{m}$$

Bei gegebenem Durchfluss, $\dot{m}$ und V_a, und Geometrie R, kann die Turbine so betrieben werden, dass die Leistung maximal wird. dies findet man durch die Optimierung $dP/d\Omega = 0$. Daraus resultiert die optimale Winkelgeschwindigkeit

$$\Omega_{\text{opt}} = \frac{1}{2}\frac{V_a}{R}$$

und die maximale Leistung

$$P_{\max} = \frac{1}{4}V_a^2\dot{m}$$

Kapitel 5

Energiegleichung

Die Energiegleichung verkörpert neben der Kontinuitätsgleichung und der Impulsgleichung das dritte wichtige Prinzip der Fluidmechanik.

5.1 Thermodynamische Grundlagen

Der 1. Satz der Thermodynamik besagt, dass die Differenz zwischen der Wärme Q_H, die einem (Massen-)System zugefügt, und der Arbeit W, die vom System geleistet wird, gleich der Änderung der Energie ΔE des Systems ist.

$$Q_H - W = \Delta E$$

Die zeitliche Änderung der Energie in einem System ist somit

$$\frac{dE}{dt} = \dot{Q}_H - \dot{W} \tag{5.1}$$

wobei $\dot{Q}_E$ der Wärmezufluss zum System $\dot{W}$ und die vom System geleistete Arbeit (Leistung) ist.

Die Energie pro Masseneinheit betrachtet ist die spezifische Energie e, die sich aus mehreren Anteilen zusammensetzt,

$$e = e_k + e_p + u_t \tag{5.2}$$

wobei $e_k = \frac{1}{2}V^2$ die kinetische Energie $e_p = gz$, die potentielle Energie und u_t die spezifische innere (kalorische) Energie (sh. Gl. (1.4)) darstellen.

Eingesetzt in die Allgemeine Transportgleichung Gl. (3.23) für die Stromröhre als K.V., folgt mit $B \Rightarrow E$ und $\beta \Rightarrow \rho_e$

$$\frac{dE}{dt} = \int\limits_{K.V.} \frac{\partial}{\partial t}(\rho e) d\forall + \sum_{K.O.} \rho e \vec{V} \cdot \vec{A} \tag{5.3}$$

d. h. die Energieänderung besteht aus einer zeitlichen Änderung im K.V. und aus einer konvektiven Änderung durch den Nettoenergiefluss durch die K.O.. Dies ergibt mit Gl. (5.1)

$$\dot{Q}_H - \dot{W} = \int\limits_{K.V.} \frac{\partial}{\partial t}\left(\rho \left[\frac{V^2}{2} + gz + u_t\right]\right) d\forall + \sum_{K.O.} \rho \left[\frac{V^2}{2} + gz + u_t\right] \vec{V} \cdot \vec{A} \tag{5.4}$$

Gl. (5.4) kann für viele Probleme der Hydromechanik in einfachere Formen überführt werden. Dies soll am Beispiel einer Fluidmaschine (z. B. Turbine, Pumpe, Kompressor) gezeigt werden (sh. Abb. 5.1).

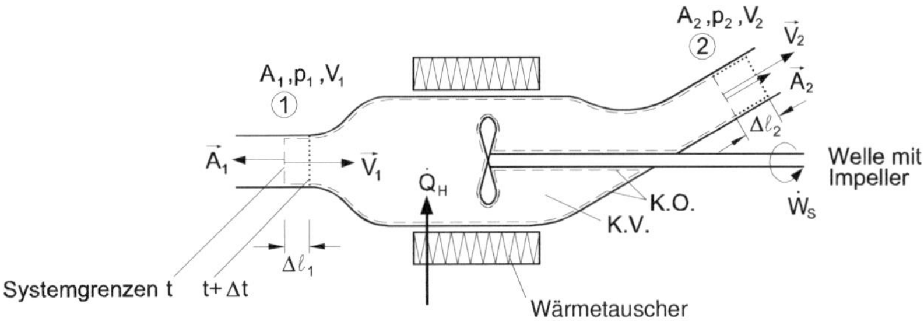

Abb. 5.1: Generelle Fluidmaschine mit Wärmezufuhr und Arbeitsleistung

Das K.V. zur generellen Fluidmaschine zeigt Zu- und Abströmflächen ① und ② mit jeweils Querschnitt A, Druck p und (mittlerer) Geschwindigkeit V. Durch einen Wärmetauscher wird ein Wärmefluss $\dot{Q}_H$ zu- (positiv) oder abgeführt (negativ).

Die Maschine leistet Arbeit auf ihre Umgebung, d. h. an der K.O.. Es gibt dabei zwei Arten von nützlicher Arbeit, die geleistet werden können

$$\dot{W} = \dot{W}_N + \dot{W}_S \tag{5.5}$$

Hier ist $\dot{W}_N$ die Arbeit, die durch Normalkräfte (Druckkräfte) an der K.O. bzw. $\dot{W}_S$ die Arbeit, die durch Scherkräfte an der K.O. geleistet wird. Arbeit kann nur bei Bewegung, also Strömung, geleistet werden. Demnach wird $\dot{W}_N$ an den Durchströmflächen ① und ②, geleistet. Dagegen wird $\dot{W}_S$ an der K.O. Peripherie des drehenden Impellers durch Scherkräfte geleistet und an die Welle weitergegeben.

Zur Wirkungsweise der Druckarbeit W_N wird das System zu zwei Zeitpunkten t und $t+\Delta t$ betrachtet. Zur Zeit t wird das K.V. durch das Fluidsystem ausgefüllt. Zur Zeit $t+\Delta t$ ist das Fluidsystem um die Weglänge Δl_2 ausgeströmt, und um Δl_1 eingeströmt. Zunächst wird die Kontrollfläche ② (Ausflussfläche) betrachtet. Es wirkt die Druckkraft $p_2 A_2$. Da Arbeit gleich Kraft mal Weg und Leistung Arbeit pro Zeit ist, folgt mit der Weglänge $\Delta l_2 = V_2 \Delta t$

$$W_{N2} = (p_2 A_2)(V_2 \Delta t)$$

und somit pro Zeiteinheit

$$\dot{W}_{N2} = p_2 V_2 A_2 = p_2 \vec{V}_2 \cdot \vec{A}_2 \tag{5.6}$$

Dieser Term ist positiv, d.h. Arbeit wird vom Fluid auf die Umgebung geleistet. Für die Kontrollfläche ① (Einflussfläche) folgt:

$$\dot{W}_{N1} = -p_1 V_1 A_1 = p_1 \vec{V}_1 \cdot \vec{A}_1 \tag{5.7}$$

Das negative Vorzeichen in Gl. (5.7) zeigt an, dass Arbeit auf das System geleistet wird. Die gesamte geleistete Arbeit beträgt also in Summenform

$$\dot{W}_N = \sum_{K.O.} p \vec{V} \cdot \vec{A} \tag{5.8}$$

wobei das skalare Produkt die jeweiligen Vorzeichen gewährleistet. Die Scherarbeit $\dot{W}_S$ ist die Arbeit, die durch Scherspannungen auf bewegte Teile (z. B. Maschinenelemente, Propelleroberfläche) innerhalb des Systems geleistet wird. $\dot{W}_S$ ist positiv, $\dot{W}_S > 0$, wenn Energie dem Fluidsystem entzogen wird, z. B. mit einer Turbine. $\dot{W}_S$ ist negativ, $\dot{W}_S < 0$, wenn Energie dem Fluidsystem zugefügt wird, z. B. mit Pumpe oder Kompressor. Bei ruhenden Teilen gibt es keine Leistung, $\dot{W}_S = 0$.

$\dot{Q}_H$ ist die Wärmezufuhr ($\dot{Q}_H > 0$) bzw. Wärmeabfuhr ($\dot{Q}_H < 0$). Wärmeaustausch kann absichtlich, z. B. durch Wärmetauscher, oder unabsichtlich durch innere Reibung auftreten.

Gl. (5.5) und Gl. (5.8) eingesetzt in Gl. (5.4) ergibt für die *Stromröhre als K.V.*

$$\dot{Q}_H - \dot{W}_S = \int_{K.V.} \frac{\partial}{\partial t}\left(\rho\left[\frac{V^2}{2} + gz + u_t\right]\right) d\forall + \sum_{K.O.}\left(\frac{V^2}{2} + gz + \frac{p}{\rho} + u_t\right)\rho \vec{V} \cdot \vec{A} \tag{5.9}$$

In *allgemeinerer Form*, wenn die Zu- und Abflussflächen ungleichförmig durchströmt werden, wird die Summierung durch das Integral über die K.O. ersetzt (vgl. auch Gl. (3.23))

$$\dot{Q}_H - \dot{W}_S = \int\limits_{K.V.} \frac{\partial}{\partial t}\left(\rho\left[\frac{V^2}{2} + gz + u_t\right]\right) d\forall + \int\limits_{K.O.} \left(\frac{V^2}{2} + gz + \frac{p}{\rho} + u_t\right) \rho \vec{V} \cdot d\vec{A} \quad (5.10)$$

5.2 Stationäre inkompressible Strömungen in hydraulischen Systemen

Hydraulische Systeme sind Gerinne oder Rohrleitungsysteme, z. B. mit Pumpen oder Turbinen. Für diese Systeme können oft folgende Vereinfachungen vereinbart werden: die Strömung ist stationär, $\frac{\partial}{\partial t} = 0$, und inkompressibel, $\rho = \text{const.}$.

In Abb. 5.2 ist der Abschnitt einer Rohrleitung mit Fluidmaschine dargestellt. Durchflussflächen sind die Flächen ① und ②. In diesen Querschnitten ist die Strömung parallel. Die Geschwindigkeitsverteilung ist eine Funktion der Fläche A. Wegen der parallelen Strömung gilt in den Flächen ① und ②, $\frac{p}{\rho} + gz = const.$, also liegt hydrostatische Druckverteilung vor. Weiter sei die kalorische Energie u_t konstant in diesen Querschnitten. Dem System wird insgesamt keine Wärme zugeführt, aber durch interne Reibung entsteht immer eine *Wärmeabfuhr*, $-\dot{Q}_H$, nach außen durch die Berandung des K.O..

Dadurch wird Gl. (5.10) zu

$$-\dot{Q}_H - \dot{W}_S = \int\limits_{A_2} \left(\frac{V^2}{2} + gz + \frac{p}{\rho} + u_t\right) \rho V dA_2 - \int\limits_{A_1} \left(\frac{V^2}{2} + gz + \frac{p}{\rho} + u_t\right) \rho V dA_1 \quad (5.11)$$

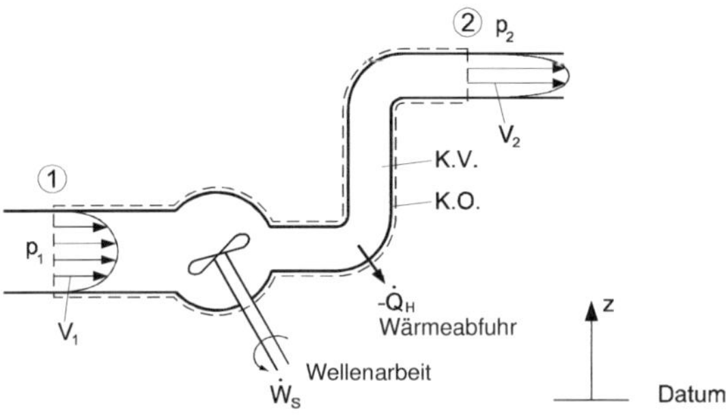

Abb. 5.2: Rohrleitungsabschnitt mit Fluidmaschine

Zusätzlich lautet die Massenerhaltungsgleichung bei der stationären Strömung

$$\int_{A_1} \rho V_1 dA_1 = \int_{A_2} \rho V_2 dA_2 = \dot{m}$$

Werden die Geschwindigkeitsprofile mit den mittleren Geschwindigkeiten $\overline{V_1}$ und $\overline{V_2}$ repräsentiert, so folgt für den Massenfluss $\dot{m}$

$$\dot{m} = \rho \overline{V_1} A_1 = \rho \overline{V_2} A_2 \; . \tag{5.12}$$

Analog dazu ist es auch sinnvoll, die Integrale der Gl. (5.11) aufgrund der mittleren Geschwindigkeiten auszuwerten. Wie zu sehen ist, gibt es dabei Integrale vom Typ $\int_A \frac{\rho V^3}{2} dA$. Diese können als $\alpha \frac{\rho \overline{V}^3}{2} A$ dargestellt werden, wobei der *Energieungleichförmigkeitskoeffizient* α mit

$$\alpha = \frac{1}{A} \int_A \left(\frac{V}{\overline{V}} \right)^3 dA \tag{5.13}$$

definiert ist (vgl. Abschnitt 4.2.1 zur analogen Ableitung des Impulsungleichförmigkeitsfaktors β). $\alpha = 1$ für eine vollkomme gleichförmige Strömung, $\alpha = 2$ für die laminare Rohrströmung mit parabolischer Geschwindigkeitsverteilung, und $\alpha \approx 1{,}05$ für turbulente Rohrströmungen.

Die Scherarbeit $\dot{W}_S$ kann durch eine Pumpe $\dot{W}_p$ und/oder durch eine Turbine $\dot{W}_t$ erfolgen, insgesamt also

$$\dot{W}_S = \dot{W}_t - \dot{W}_p$$

Einsetzen der obig erläuterten Terme in Gl.(5.11) führt zu

$$-\dot{Q}_H - \dot{W}_t + \dot{W}_p + \left(\alpha_1 \frac{\overline{V_1}^2}{2} + g z_1 + \frac{p_1}{\rho} + u_{t_1} \right) \dot{m} = \left(\alpha_2 \frac{\overline{V_2}^2}{2} + g z_2 + \frac{p_2}{\rho} + u_{t_2} \right) \dot{m} \tag{5.14}$$

mit der Dimension der Leistung $[W] = [\frac{J}{s}] = [\frac{N \cdot m}{s}] = [\frac{kg \cdot m^2}{s^3}]$. Der Gewichtsfluss $\dot{m}g$ besitzt die Dimension $[\frac{kg}{s} \frac{m}{s^2}] = [\frac{kg \cdot m}{s^3}]$. Wird Gl. (5.14) durch den Gewichtsfluss dividiert, so ergibt sich nach Umordnung der Terme eine Gleichung mit der Dimension der Länge $[m]$

$$\alpha_1 \frac{\overline{V}_1^2}{2g} + z_1 + \frac{p_1}{\gamma} + \frac{\dot{W}_p}{\dot{m}g} = \alpha_2 \frac{\overline{V}_2^2}{2g} + z_2 + \frac{p_2}{\gamma} + \frac{\dot{W}_t}{\dot{m}g} + \left[\frac{u_{t_2} - u_{t_1}}{g} + \frac{\dot{Q}_H}{\dot{m}g} \right] \tag{5.15}$$

d. h. die Einzelterme können als *Energiehöhen* interpretiert werden. Demnach gelten folgende Definitionen

$\alpha \frac{\overline{V}^2}{2g}$	Geschwindigkeitshöhe (kinetische Energie)
z	geodätische Höhe (potentielle Energie)
$\frac{p}{\gamma}$	„Druckhöhe" (Fähigkeit des Druckes, Arbeit zu leisten)
$h_p = \frac{\dot{W}_P}{\dot{m}g}$	Pumpenenergiehöhe (Energiezufuhr)
$h_t = \frac{\dot{W}_t}{\dot{m}g}$	Turbinenenergiehöhe (Energieentzug)
$h_v = \left[\frac{u_{t_2} - u_{t_1}}{g} + \frac{\dot{Q}_H}{\dot{m}g}\right]$	Energieverlusthöhe (Energiedissipation)

Der letzte Term, der die Änderung der kalorischen Energie im Zu- relativ zum Abfluss und die Wärmeabfuhr durch die Berandung des Systems darstellt, ist *immer positiv*, d. h. er stellt einen Nettoverlust an mechanischer Energie dar. Dies ergibt sich durch die irreversiblen Verluste, die durch die Fluidreibung im System erzeugt werden (Energiedissipation).

Mit obigen Definitionen ergibt sich die *Arbeits-Energie-Gleichung* in ihrer üblichen Form

$$\alpha_1 \frac{\overline{V}_1^2}{2g} + z_1 + \frac{p_1}{\gamma} + h_P = \alpha_2 \frac{\overline{V}_2^2}{2g} + z_2 + \frac{p_2}{\gamma} + h_t + h_v \tag{5.16}$$

Geschwindigkeitshöhe, Lagenhöhe und „Druckhöhe" sind also Formen der mechanischen Energie, d. h. sie besitzen die Fähigkeit Arbeit zu leisten, und sind gegenseitig konvertierbar.

Gl. (5.16) ist ein wichtiges Hilfsmittel zur Analyse von hydraulischen Systemen, z. B. Rohrleitungen oder Gerinneabschnitten, in denen die Strömung über lange Distanzen beschrieben werden soll. Bei solchen Anwendungen werden die Ungleichförmigkeitsfaktoren oft nicht berücksichtigt, also $\alpha = 1$.

Die Arbeits-Energie-Gleichung mit der Dimension der Länge $[m]$ misst die Energie pro Gewichtsfluss $\dot{m}g$ des strömenden Fluides. Zwei alternative Formen zu Gl. (5.16) sind noch üblich: Wird Gl. (5.16) mit g multipliziert, so ergibt sich die Dimension $[\frac{m^2}{s^2}]$, was der Energie pro Massenfluss $\dot{m}$ entspricht. Wird sie mit $\gamma = \rho g$ multipliziert, so ergibt sich die Dimension des Druckes $[Pa]$ als Maß für die Energie pro Volumenfluss Q (da $\dot{m} = \rho Q$).

Die Bernoulli-Gleichung, Gl. (4.20) oder (4.21), die eigentlich eine Form der Impulsgleichung für reibungsfreie Strömung ist, kann auch als Sonderfall der Arbeits-Energie-Gleichung hergeleitet werden. Dazu beschränkt man sich auf rein mechanische Energieformen, d. h. $h_v = 0$ entsprechend der reibungsfreien Annahme, und auf Systeme ohne externe Arbeitsleistung, $h_p = h_t = 0$. Des weiteren ist die Strömung im Querschnitt natürlich gleichförmig, $\alpha = 1$. Insgesamt also resultiert die Bernoulli-Gleichung

$$\frac{V^2}{2g} + z + \frac{p}{\gamma} = const. = H \tag{5.17}$$

wobei H die Bernoullikonstante ist, die den Energieinhalt eines spezifischen Strömungsproblems beschreibt.

5.3 Energielinie und Drucklinie

Die einzelnen Komponenten der Arbeits-Energie-Gleichung (5.16) sind dank ihrer Längendimension vorteilhaft graphisch darstellbar. Abb. 5.3 zeigt dazu das Beispiel einer Rohrleitung.

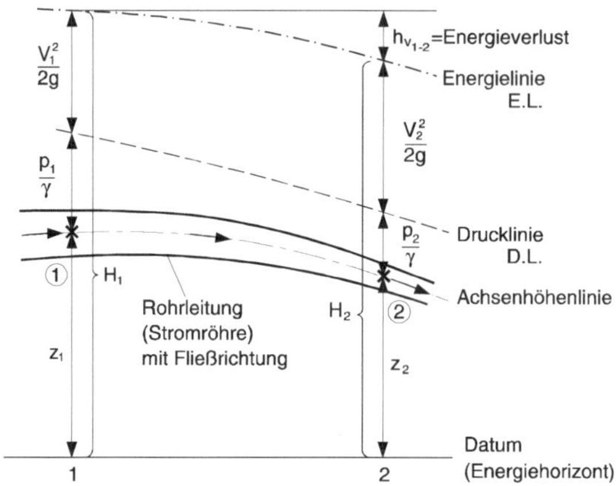

Abb. 5.3: Energie- und Drucklinie in einem hydraulischen System

Die *Achsenhöhenlinie* ist durch z definiert. Die *Drucklinie* (D.L.) ergibt sich aus $z + \frac{p}{\gamma}$. Die *Energielinie* (E.L.) zeigt die gesamte lokale Energiehöhe $H = z + \frac{p}{\gamma} + \frac{V^2}{2g}$ an (hier mit $\alpha = 1$).

Wichtig für das gesamte System ist die Angabe der Fließrichtung, denn in Fließrichtung nimmt die Energiehöhe ab. Für die zwei Querschnitte ① und ②, wobei ② stromab liegt, ist dementsprechend die Energieverlusthöhe $h_{V_{1-2}}$, eine positive Größe, eingetragen, und die E.L. fällt ab. Die Ursachen für diese Verluste liegen in der Energiedissipation durch die

Fluidreibung an der Rohrwand. Im Spezialfall der reibungsfreien Strömung bleibt die E.L. konstant, d. h. die E.L. verläuft horizontal.

Im Gegensatz zur E.L. kann die D.L. fallen oder steigen. Dies hängt in erster Linie von Querschnittsänderungen ab, die zu Geschwindigkeitsänderungen und demnach zu Druckänderungen führen.

Einige wichtige Prinzipien zum Verlauf von E.L. und D.L. in hydraulischen Systemen sind im folgenden Beispiel dargelegt. Abb. 5.4 zeigt einen Speicher mit einer ersten Rohrleitung (größerer Durchmesser), die zu einer Pumpe (P) führt. Danach folgt eine zweite Rohrleitung (kleinerer Durchmesser), die in einer Düse endet, woraus ein Freistrahl mit Geschwindigkeit V_j in die Luft ausfließt.

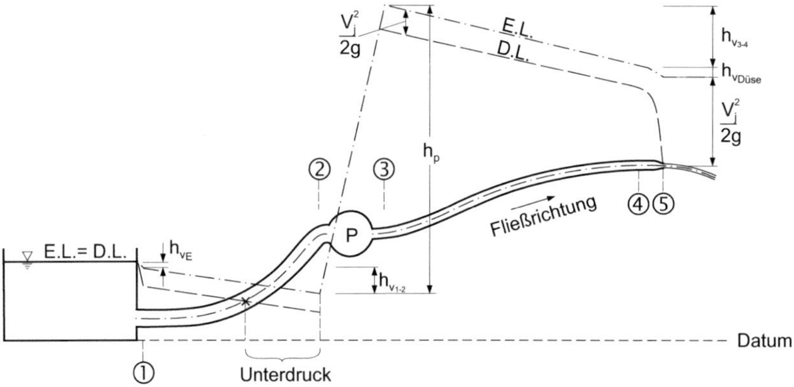

Abb. 5.4: Rohrleitungssystem mit Speicher, Pumpe, Düse und Freistrahl

Wenn auch beide Rohrleitungen leicht gekrümmt sind, so herrschen entlang der Fließrichtung doch *gleichförmige* Strömungsverhältnisse, so dass E.L. und D.L. geradlinig[1] dargestellt werden (unter weiterer Annahme von konstanter Wandreibung).

Nach Wahl des Datums und Angabe der Fließrichtung gelten folgende Prinzipien:

1. In einem großen Behälter mit freier Wasseroberfläche – also $V = 0$ und $p = 0$ – liegen E.L. und D.L. im Wasserspiegel
2. In einem gleichförmigen Strömungsabschnitt sind E.L. und D.L. parallel zueinander.
3. Durch eine Pumpe wird lokal die E.L. um den Betrag h_p erhöht. (Alternativ wird sie durch eine Turbine um h_t erniedrigt.)

[1] Alternativ können natürlich E.L. und D.L. unabhängig von der Systemgeometrie dargestellt werden. Dann werden E.L. und D.L. als Funktion der Distanz entlang der „aufgerollten" Rohrachse eingezeichnet.

4. In einer Düse nimmt der Druck zum atmosphärischen Druck ($p = 0$) hin ab, während die Geschwindigkeit auf die Strahlgeschwindigkeit V_j ansteigt.
5. Im Freistrahl ($p = 0$) ist die D.L. gleich der Strahlachse.
6. Wenn die D.L. unter die Rohrachsenlinie fällt (sh. in Abb. 5.4 den Abschnitt von Punkt $\times$ bis zur Ansaugseite der Pumpe), so fällt der Druck unter den atmosphärischen Referenzdruck. Also $p < 0$, es herrschen Unterdruckbedingungen[2].

Verschiedene Verlusthöhen, z. B. $h_{v_{1-2}}, h_{v_{3-4}}, h_{v_E}, h_{v_{\text{Düse}}}$, sind in Abb. 5.4 eingetragen. Alle diese Terme beziehen sich auf Energieverluste durch Fluidreibung in diesen Abschnitten. Die Spezifikation dieser Terme, in Abhängigkeit von Strömungsverhältnissen, Geometrien und Wandrauheiten, wird in Kap. 8 behandelt.

5.4 Anwendung von Impuls-, Energie- und Kontinuitätsgleichung

In generellen Strömungsproblemen kommen alle drei Grundgleichungen zum Einsatz. Die Analyse der *plötzlichen Rohrerweiterung* von Durchmesser D_1 auf D_2 ist ein Beispiel dazu (Abb. 5.5).

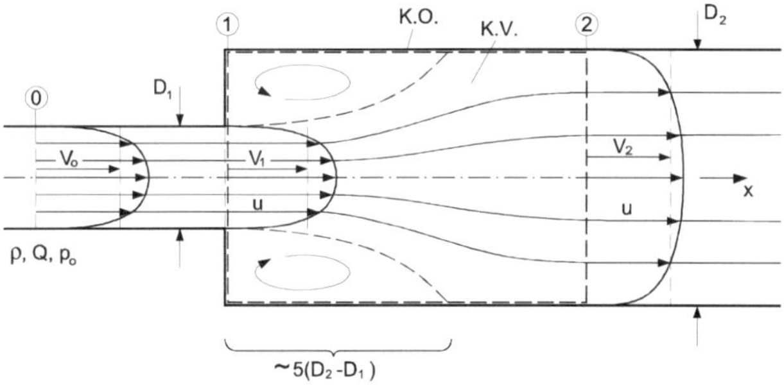

Abb. 5.5: Plötzliche Rohrerweiterung mit Rückströmzone

Die Anströmbedingungen, Sektion ⓪, sind ein Durchfluss Q eines inkompressiblen Fluides mit Dichte ρ bei gegebenem Druck p_o. Die Anströmung hat ein Geschwindigkeitsprofil, das durch die mittlere Geschwindigkeit V_o dargestellt wird. Die Anströmverhältnisse

[2] Ist dieser Unterschied zu groß, so kann sich Kavitation (Dampfblasenbildung) einstellen, d. h. wenn der absolute Druck unter den Dampfdruck fällt.

sind konstant bis zum Eintritt in die plötzliche Erweiterung, Sektion ①. Die Erweiterungskante ist Ablösungspunkt der Grenzschichten. Es ergibt sich dann eine Rückströmzone, die nach Beobachtungen etwa $5(D_2 - D_1)$ lang ist, und in der durch beträchtliche Turbulenz starke Energiedissipation stattfindet.

Nach einer kurzen Strecke stellen sich wieder gleichförmige Verhältnisse in der Abströmung ein, Sektion ② , mit mittlerer Geschwindigkeit V_2.

Zur Analyse wird ein K.V. (sh. Abb. 5.5) gewählt, das kurz ist (nur einige Durchmesser lang), aber lang genug, um die Ungleichförmigkeiten der komplizierten Erweiterungsströmung einzuschließen. Am Rande des K.V. sind bekannte Zu- und Abflussbedingungen gegeben. Diese ergeben sich aus der Kontinuitätsgleichung

$$V_1 = V_o = \frac{Q}{A_1} \quad \text{und} \quad V_2 = \frac{Q}{A_2} \tag{5.18}$$

wobei $A_1 = \frac{D_1^2\pi}{4}$ und $A_2 = \frac{D_2^2\pi}{4}$.

Zur Anwendung der Impulsgleichung für die x-Richtung, Gl. (4.40a) müssen alle Kräfte auf das K.V. bekannt sein. Hierzu sei bemerkt, dass der Querschnitt ① aus zwei Teilen besteht, aus einem inneren Kreisquerschnitt, der eine Durchflussfläche darstellt und wo der Druck p_1 gleichförmig verteilt ist, und aus einem äußeren Ringquerschnitt entlang der Erweiterung. Hier ist der Druck in erster Annäherung auch gleich p_1, da die Rückströmgeschwindigkeiten immer klein relativ zur Hauptgeschwindigkeit sind. Des weiteren $p_1 = p_o$ über kurze Distanzen. Die Reibungskraft entlang der äußeren Peripherie des K.V. wird vernachlässigt, da das K.V. kurz gewählt wurde.

Die Impulsgleichung lautet also

$$p_1 A_2 - p_2 A_2 = \rho\beta_2 V_2^2 A_2 - \rho\beta_1 V_1^2 A_1$$

Im folgenden werden die Ungleichförmigkeitsfaktoren $\beta_1 = \beta_2 \approx 1$ gesetzt, so dass

$$\frac{p_1}{\gamma} - \frac{p_2}{\gamma} = \frac{V_2^2}{g} - \frac{V_1^2}{g}\frac{A_1}{A_2} \tag{5.19}$$

Die Anwendung der Arbeits-Energie-Gleichung Gl. (5.16), analog mit $\alpha_1 = \alpha_2 \approx 1$ und mit $z_1 = z_2$, führt zu

$$\frac{p_1}{\gamma} - \frac{p_2}{\gamma} = \frac{V_2^2}{2g} - \frac{V_1^2}{2g} + h_v \tag{5.20}$$

Die Druckänderungen in den beiden letzten Gleichungen können gleichgesetzt werden, um die Energieverlusthöhe zu berechnen. Dies ergibt mit Hilfe der Kontinuität

$$h_v = \frac{(V_1 - V_2)^2}{2g}$$

oder

$$h_v = \frac{V_1^2}{2g}\left(1 - \frac{A_1}{A_2}\right)^2 = \frac{V_1^2}{2g}\left(1 - \left(\frac{D_1}{D_2}\right)^2\right)^2 \tag{5.21}$$

Die Verlusthöhe h_v wird als Teil der Geschwindigkeitshöhe der Zuströmung ausgedrückt. Sie kann also in diesem Fall direkt aus den Erhaltungsprinzipien berechnet werden! Gl. (5.21) stimmt gut mit Messungen zu Experimenten überein (sh. Kap. 8).

Ein Spezialfall von Gl. (5.21) bzw. Abb. 5.5 ist das Einströmen in einen großen Behälter, $A_2 \gg A_1$, so dass $h_v = \frac{V_1^2}{2g}$, d. h. die gesamte Geschwindigkeitshöhe wird als turbulenter Strahl im Behälter dissipiert.

Kapitel 6

Experimentelle Hydromechanik

Wie schon in den vorhergehenden Kapiteln angedeutet wurde, sind die Grundgleichungen der Hydromechanik in differentieller Form zwar wohldefiniert, aber in praktischen Anwendungen fast nie exakt analytisch lösbar. Für die Ingenieurpraxis bedeutet dies, dass ein vorliegendes Strömungsproblem - nämlich die Verteilung der Geschwindigkeiten und der damit verbundenen Drücke und Kräfte - nicht exakt analytisch, d. h. durch Integration der Grundgleichungen, ermittelt werden kann, ein paar wenige einfache Strömungstypen ausgenommen.

Zwei wesentliche Fakten zeichnen für dieses Dilemma verantwortlich:

1. Die meisten praktischen Strömungsprobleme haben *komplexe Randbedingungen*, gegeben durch die Geometrie der Berandung und/oder die Zuströmverhältnisse. Da die differentiellen Grundgleichungen, nämlich die Navier-Stokes-Gleichungen (Abschn. 4.2.2), selbst nicht-linear sind, wird ihre analytische Integration für diese komplexen Randbedingungen unmöglich.
2. Die Fließverhältnisse in der Natur und in der Ingenieurpraxis sind in der überwiegenden Mehrzahl durch *turbulente Strömungen* gegeben. Das heißt, das mittlere Strömungsverhalten (die „Grundströmung") ist durch irreguläre Fluktuationen, die durch Wirbelstrukturen geprägt sind, überlagert. Durch diese Wirbel entsteht ein intensiver Impulsaustausch (turbulente Scherspannungen) in der Strömung. Dieser Impulsaustausch ist nicht mehr durch den Newton'schen Ansatz (Gl. (1.5) bzw. (4.64)) gegeben, d. h. die Navier-Stokes-Gleichungen genügen nicht mehr, um das mittlere Verhalten von turbulenten Strömungen zu beschreiben.

Im Hinblick auf dieses Dilemma fällt den *experimentellen Methoden* der Hydromechanik große Bedeutung zu. In der experimentellen Strömungsmechanik werden Strömungsprobleme unter kontrollierten Laborbedingungen (manchmal auch in Feldversuchen) untersucht, um Aussagen über allgemeine Strömungstypen oder aber für spezifische Ingenieurbemessungen zu treffen.

Die *numerischen* Methoden der Hydromechanik sind ein weiteres wichtiges Hilfsmittel für die Ingenieurpraxis. Hier werden Grundgleichungen der Hydromechanik approximativ in Differenzenform gelöst. Im Hinblick auf die rapide wachsenden Rechnerleistungen und Speicherkapazitäten von modernen Computern werden die Genauigkeit und die Einsatzmöglichkeiten der numerischen Strömungsmechanik immer größer. In jedem Falle aber ist die numerische Strömungsmechanik immer eng mit der experimentellen verbunden. Zum einen müssen die numerischen Resultate, da sie approximativ sind, durch Vergleich mit experimentellen Daten – und auch den wenigen analytischen Lösungen – für wesentliche Grundsatzexperimente abgesichert werden. Zum anderen ergeben sich die empirischen Ansätze für den Impulsaustausch in turbulenten Strömungen erst durch detaillierte experimentelle Beobachtungen.

6.1 Ziele der experimentellen Hydromechanik

Die experimentelle Hydromechanik hat zwei Hauptzielrichtungen: generelle Grundlagenexperimente und fallspezifische Modelluntersuchungen. Ziel von *Grundlagenexperimenten* ist es, einen gewissen Strömungstyp oder ein Strömungsphänomen bzw. eine schematische Apparatur oder ein Strömungsbauwerk im Detail zu untersuchen und das Strömungsverhalten systematisch zu qualifizieren. Die Sammlung von Erfahrungen und die Übertragbarkeit der Resultate auf analoge Strömungstypen ist hier wesentlich. Diese empirische Vorgangsweise ist natürlich ähnlich zu der in anderen Naturwissenschaften, wo Grundlagenexperimente eine zentrale Rolle spielen.

Zur Illustration dieser Vorgangsweise wird das Beispiel der Entwicklung *einer Messdüse zur Durchflussmessung in einer Rohrleitung* verwendet. Abb. 6.1 zeigt die Anströmungsverhältnisse (Querschnitt 0) in der Rohrleitung mit Durchmesser D_o. Fluid mit Dichte ρ strömt mit einer unbekannten mittleren Geschwindigkeit V_o. Eine Messdüse mit Querschnittsveränderung (Durchmesser D_d) und einer gewissen Formgebung (sh. Abb. 6.1) soll eingesetzt werden, um aufgrund der gemessenen Druckänderung $p_o - p_1$, wobei p_o der piezometrische Druck in der Anströmung bzw. p_1 unmittelbar nach der Messdüse ist, Information über V_o zu erlangen. Der zu messende Durchfluss Q ist dann durch $Q = \frac{V_o D_o^2 \pi}{4}$ gegeben.

Solche Messdüsen, mit unterschiedlicher Formgebung, wurden vielfach in der Verfahrenstechnik, z. B. auch in Wasseraufbereitungs- bzw. Abwasseranlagen, eingesetzt. Ziel der Messdüsenentwicklung ist es, die Düse für unterschiedliche Fluide (ρ variabel) und Größenabmessungen (D_o variabel) einzusetzen. Eine Einschränkung ist vorab aber, dass die Düse nur für eine turbulente Rohrströmung (d. h. die Reynoldszahl *Re* der Anströmung ist

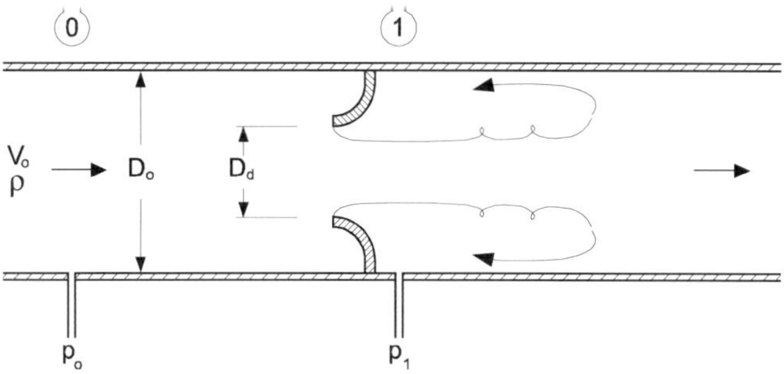

Abb. 6.1: Messdüse zur Durchflussmessung in einer Rohrleitung

größer als 2000, sh. Abschn. 3.2) und im inkompressiblen Bereich (d. h. die Geschwindigkeit der Anströmung ist wesentlich kleiner als die Schallgeschwindigkeit) eingesetzt wird.

Systematische Untersuchungen werden dazu mit dem Fluid Wasser ($\rho \approx 1000\ kg/m^3$) in einem Rohr mit Durchmesser $D_o = 100\ mm$ durchgeführt. Drei Messserien (a), (b) und (c) mit Düsendurchmessern $D_d = 80\ mm$ (a), $60\ mm$ (b) und 40 mm (c) werden durchgeführt. Hier wird jeweils die Geschwindigkeit V_o systematisch variiert und unabhängig (d. h. mit einer anderen Messmethode) gemessen und der Druckabfall $p_o - p_1$ beobachtet. Die experimentellen Daten für diese drei Messserien sind in Abb. 6.2 eingetragen. Typisch für solche experimentellen Daten ist eine gewisse Streuung, die sich durch Messungenauigkeiten ergibt, dennoch aber ist ein klarer Trend für alle drei Messserien in Abb. 6.2 ersichtlich. Der Druckabfall steigt mit zunehmender Geschwindigkeit stark an. Die „best-fit“ Kurven in Abb. 6.2 entsprechen etwa einem quadratischen Verhalten, $(p_o - p_1) \sim V_o^2$, wie es für turbulente Strömungen charakteristisch ist (sh. Kap. 8).

Die Ähnlichkeit des Datenverlaufs für die drei Messserien Abb. 6.2 deutet auf gewisse Gesetzmäßigkeiten im Strömungsverhalten hin. Um diese Gesetzmäßigkeiten klar zu erkennen, ist es wichtig, die Daten dimensionslos darzustellen. Im gegebenen Fall ist es dabei günstig, den Druckabfall $(p_o - p_1)$ durch den Staudruck $\rho \frac{V_o^2}{2}$ der Strömung dimensionslos zu machen und als Funktion des Durchmesserverhältnisses $\frac{D_o}{D_d}$ darzustellen. Dies geschieht in Abb. 6.3.

In dieser dimensionslosen Darstellung zeigt sich nun, dass die Daten der drei Messserien auf jeweils einen Punkt (mit einer gewissen Streuung) zusammenfallen und der Trend von Messserie zu Messserie, also für verschiedene Durchmesserverhältnisse $\frac{D_o}{Dd}$, durch eine einzigartige Kurve - die sogenannte „Eichkurve“ der Messdüse - dargestellt werden kann. Jedem Durchmesserverhältnis $\frac{D_o}{D_d}$ entspricht also ein Druckkoeffizient C_p. Bei gemessenem

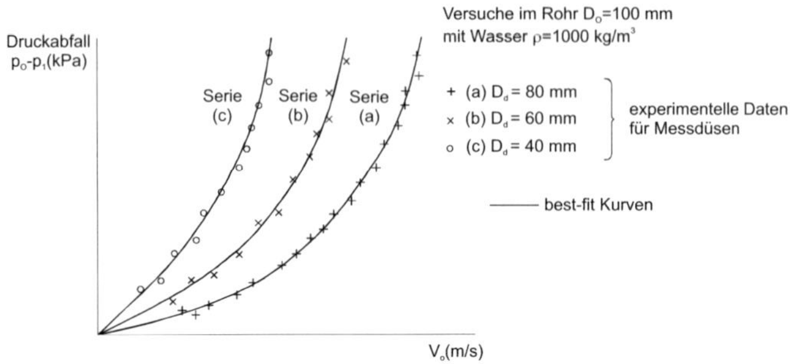

Abb. 6.2: Gemessener Druckabfall bei Messdüse als Funktion der Geschwindigkeit

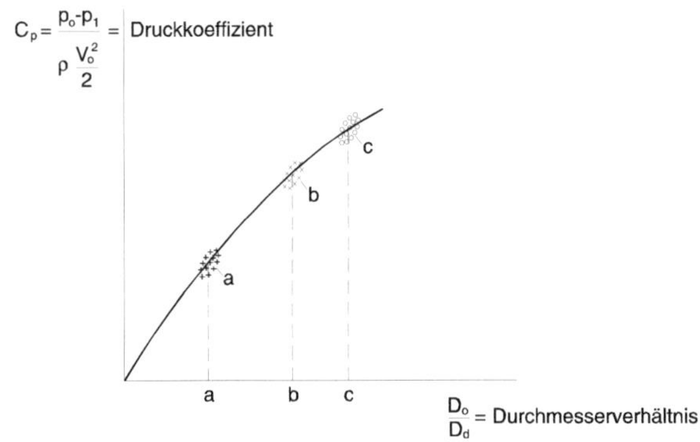

Abb. 6.3: Dimensionslose Darstellung des Druckkoeffizienten einer Messdüse in Abhängigkeit vom Durchmesserverhältnis ("Eichkurve")

Druckunterschied $(p_o - p_1)$ und gegebener Dichte ρ kann also die Geschwindigkeit V_o ermittelt werden. Im Prinzip sollten die grundlegenden Gesetzmäßigkeiten, obwohl aufgrund von Versuchen mit Wasser ermittelt, auch auf andere Fluide (z. B. Luft oder Öl) anwendbar sein, solange eben die eingangs erwähnten Einschränkungen (wie Turbulenz und Inkompressibilität) eingehalten werden.

Ziel von *Modelluntersuchungen* ist es, ein bestehendes Problem oder einen Bemessungsentwurf in verändertem, meist kleinerem Maßstab mit den wesentlichen geometrischen und dynamischen Eigenschaften im Labor nachzubilden und zu beobachten. Zusätzlich zur Wahl des Maßstabes kann dabei auch ein unterschiedliches Fluid im Modell eingesetzt werden. So kann z. B., um die Windkräfte auf einen Pylonen einer projektierten Hängebrücke zu ermitteln, ein Modell in einem Laborwindkanal oder aber in einer Laborwasserrinne eingesetzt werden, jedes der Verfahren mit gewissen Vor- bzw. Nachteilen. Der zentrale Aspekt bei Modelluntersuchungen ist immer die Übertragbarkeit der im Modell gemessenen Resultate zurück auf den Prototyp. Hierzu können entsprechende Ähnlichkeitsgesetze formuliert werden.

Die folgenden Abschnitte illustrieren die formalen Vorgangsweisen der Dimensionsanalyse und der damit gekoppelten Ähnlichkeitsgesetze (“Modelltheorie“) als grundlegende Elemente der experimentellen Hydromechanik.

6.2 Dimensionsanalyse

Die Dimensionsanalyse ist ein grundlegendes Prinzip in allen Naturwissenschaften. Sie beruht darauf, dass rationale Gleichungen, also Gleichungen, die auf den Gesetzen der Physik beruhen, dimensionsmäßig homogen sein müssen, d. h. die Dimensionen für die Terme auf beiden Seiten einer Gleichung müssen identisch sein. Dies bedeutet auch, dass die Gleichungsform von den für die physikalischen Variablen verwendeten Einheiten unabhängig sein muss.

Das Prinzip der dimensionalen Homogenität ist hierin schon mehrfach angewendet worden, siehe z. B. die Überlegungen zur Dimensionalität der dynamischen Viskosität im Newtonschen Ansatz (Gl. (1.5)).

Die Grunddimensionen für mechanische Systeme sind die Länge L, die Zeit T und die Masse M. Alternativ zur Masse kann auch die Kraft F verwendet werden, wobei

$$[F] = \left[\frac{ML}{T^2}\right] \tag{6.1}$$

6.2.1 Beispiel: Strömungswiderstand einer Kugel

Die systematische Vorgehensweise zur Dimensionsanalyse wird hier anhand eines Beispiels erklärt: Der *Strömungswiderstand F_W einer Kugel* in einem strömenden Fluid soll untersucht werden. Es wird erwartet, dass F_W von den folgenden Variablen beeinflusst sein könnte:

- Geschwindigkeit, V
- dynamische Viskosität des Fluides, μ
- Dichte des Fluides, ρ
- Durchmesser der Kugel, D

In funktionaler Form ergibt sich also der folgende Zusammenhang zwischen der abhängigen Variablen F_W und den unabhängigen Variablen V, μ, ρ, D,

$$F_W = f_1(V, \mu, \rho, D) \tag{6.2}$$

Die Dimensionen der einzelnen Variablen, ausgedrückt in den drei Grunddimensionen L, T und F, sind:

$$[F_W] = [F], [V] = \left[\frac{L}{T}\right], [\mu] = \left[\frac{FT}{L^2}\right], [\rho] = \left[\frac{FT^2}{L^4}\right], [D] = [L]$$

Nachdem alle signifikanten Variablen eines Strömungsproblems in funktionaler Form (Gl. (6.2)) zusammengefasst sind, ist es Ziel der Dimensionsanalyse, die Gleichung so umzuformen, dass nur noch dimensionslose Parameter (bestehend aus Kombinationen der dimensionsbehafteten Variablen) erscheinen.

Die *systematische Vorgehensweise* ist dabei:

1. Man wähle eine unabhängige Variable, die eine bestimmte Grunddimension enthält und kombiniere sie mit den anderen Variablen derart, dass diese Grunddimension eliminiert wird.
2. Dies wird mit anderen unabhängigen Variablen so lange wiederholt bis alle Parameter der Gleichung völlig dimensionslos sind.

Im obigen Beispiel (Gl. (6.2)) wird zuerst ρ gewählt mit der Absicht die Grunddimension F zu eliminieren. Division von ρ in die Variabeln F_W und μ, in denen die Dimension F jeweils zu finden ist, führt zu einer geänderten funktionalen Form

$$\frac{F_W}{\rho} = f_2\left(V, \frac{\mu}{\rho}, D\right) \tag{6.3}$$

Gl. (6.3) enthält nur noch die Grunddimensionen L und T, da

$$\left[\frac{F_W}{\rho}\right] = \left[\frac{L^4}{T^2}\right], \quad \left[\frac{\mu}{\rho}\right] = \left[\frac{L^2}{T}\right]$$

Im nächsten Schritt wird V gewählt mit der Absicht die Dimension T zu eliminieren. Da T zur zweiten Potenz im Nenner von $\frac{F_W}{\rho}$ bzw. zur ersten Potenz im Nenner von $\frac{\mu}{\rho}$ steht, wird mit V^2 bzw. V dividiert, um eine neue Form

$$\frac{F_W}{\rho V^2} = f_3\left(\frac{\mu}{\rho V}, D\right) \tag{6.4}$$

zu erhalten. Alle Parameter dieser Gleichungen bestehen jetzt nur noch aus der Grunddimension $[L]$, da

$$\left[\frac{F_W}{\rho V^2}\right] = [L^2], \quad \left[\frac{\mu}{\rho V}\right] = [L]$$

Als letzter Schritt in diesem Beispiel wird die verbleibende Längendimension L eliminiert

$$\frac{F_W}{\rho V^2 D^2} = f_4\left(\frac{\mu}{\rho V D}\right) \tag{6.5a}$$

Somit wurde das System von ursprünglich fünf dimensionsbehafteten Variablen auf zwei dimensionslose Variablen reduziert. Dieser Zusammenhang vereinfacht die Darstellung von experimentellen Daten erheblich.

Hier sei noch bemerkt, dass Gl. (6.5a) alternativ

$$\frac{F_W}{\rho V^2 D^2} = f_5\left(\frac{\rho V D}{\mu}\right) = f_5\left(\frac{V D}{\nu}\right) \tag{6.5b}$$

dargestellt werden kann, so dass auf der rechten Seite die Reynoldszahl klar als Parameter zu erkennen ist, wobei die kinematische Viskosität $\nu = \frac{\mu}{\rho}$ eingefügt wurde.

Einige *verallgemeinernde Bemerkungen* zum obigen Beispiel sind:

(i) Wären andere Reihenfolgen bei der Auswahl der unabhängigen Variablen getroffen worden, so hätten sich andere dimensionslose Parameter ergeben. Hier gibt es keine einzigartige Vorgangsweise. Im Allgemeinen ist es aber in der Strömungsmechanik günstig, in der Reihenfolge Dichte, Geschwindigkeit und signifikanter Länge vorzugehen.

(ii) In einem generellen Problem existieren N Variablen mit M Grunddimensionen. Ein Theorem nach Buckingham (1914) zur Dimensionsanalyse belegt hier, dass dieses Problem dann auf $N - M$ dimensionslose Parameter reduziert werden kann.

(iii) Im obigen Beispiel ergibt sich nur ein unabhängiger Parameter (in der Klammer der Funktion f_4 bzw. f_5). Im generellen Fall können dies mehr Parameter sein (sh. unten) oder aber auch null Parameter (d. h. die Funktion wird eine Konstante) sein.

6.2.2 Beispiel: Dimensionslose Parameter in generellen Strömungsproblemen

In einem generellen Strömungsproblem ergibt sich der Druckunterschied Δp als abhängige Variable als Folge von einer begrenzten Zahl von unabhängigen Variablen. Eine relativ umfassende Gesamtliste von *signifikanten Variablen* mit ihren Dimensionen ist hierbei:

- Druckänderung $\Delta p = \left[\frac{F}{L^2}\right]$
- Geschwindigkeit $V = \left[\frac{L}{T}\right]$
- Länge $L = [L]$
- Dichte $\rho = \left[\frac{FT^2}{L^4}\right]$
- Viskosität $\mu = \left[\frac{FT}{L^2}\right]$
- spezifischer Gewichtsunterschied $\Delta\gamma = \left[\frac{F}{L^3}\right]$
- Elastizität $E = \left[\frac{F}{L^2}\right]$
- Oberflächenspannung $\sigma = \left[\frac{F}{L}\right]$

Die funktionale Form ist demnach

$$\Delta p = f(V, L, \rho, \mu, E, \sigma, \Delta\gamma) \tag{6.6}$$

Nach Umwandlung in dimensionslose Parameter wird Gl. (6.6) zu

$$\frac{\Delta p}{\rho V^2} = f\left(\frac{\rho V L}{\mu}, \frac{V^2}{\frac{\Delta\gamma}{\rho} L}, \frac{V}{\sqrt{E/\rho}}, \frac{V^2 L \rho}{\sigma}\right) \tag{6.7}$$

Mit der Definition der Schallgeschwindigkeit $c = \sqrt{E/\rho}$ (Gl. (1.15)) und der Konvention des Staudruckes $\frac{1}{2}\rho V^2$ wird Gl. (6.7) dargestellt als

$$\frac{\Delta p}{\frac{1}{2}\rho V^2} = f\left(\frac{\rho V L}{\mu}, \frac{V^2}{\frac{\Delta\gamma}{\rho} L}, \frac{V}{c}, \frac{V^2 L \rho}{\sigma}\right) \tag{6.8}$$

Der abhängige Parameter ist der schon in Gl. (4.26) definierte Druckkoeffizient[1]

$$\text{Druckkoeffizient} \qquad C_P = \frac{\Delta p}{\frac{1}{2}\rho V^2} \tag{6.9}$$

während die unabhängigen Parameter als dimensionslose Kennzahlen nach historischen Persönlichkeiten der Strömungsmechanik benannt sind:

$$\text{Reynoldszahl} \qquad Re = \frac{\rho V L}{\mu} = \frac{V L}{\nu} \tag{6.10}$$

$$\text{Froudezahl}^2 \qquad Fr = \frac{V}{\sqrt{\frac{\Delta\gamma}{\rho} L}} \quad \text{(densimetrisch)} \tag{6.11}$$

$$\text{Machzahl}^3 \qquad Ma = \frac{V}{c} \tag{6.12}$$

$$\text{Weberzahl}^4 \qquad We = \frac{V^2 L \rho}{\sigma} \tag{6.13}$$

In reduzierter, symbolischer Form ist demnach das sich in einer Strömung ergebende Druckfeld C_p in Abhängigkeit von vier Parametern gegeben, welche die Strömung kontrollieren

$$C_p = f(Re, Fr, Ma, We) \tag{6.14}$$

Zur Froudezahl, Gl. (6.11), sei Folgendes angemerkt: Sie ist immer eine signifikante Größe bei Strömungen, wo Dichteunterschiede, die dann zu Unterschieden im spezifischen Gewicht führen, eine Rolle spielen. Beispiele hierzu sind:

1. Auftriebskräfte, wenn ein Festkörper in einem Fluid absinkt, hier $\Delta\gamma = \gamma_s - \gamma_f$, wobei γ_s das spezifische Gewicht des Festkörpers bzw. γ_f des Fluides ist,
2. Strömungen bei der Interaktion von Süß- und Meereswasser in Ästuarien, hier $\Delta\gamma = \gamma_m - \gamma_s$, wobei sich γ_m auf das Meereswasser und γ_s auf das Süßwasser bezieht, und

[1] Der Druckkoeffizient C_p wird auch gelegentlich mit einer Eulerzahl Eu in Beziehung gesetzt, $Eu = 1/\sqrt{C_p}$. Diese Nomenklatur wird hierin aber vermieden, da C_p meistens eine resultierende Größe ist, während die anderen dimensionslosen Kennzahlen, Gl. (6.10) bis Gl. (6.13), tatsächlich unabhängige Größen sind.

[2] William Froude (1810-1879), englischer Schiffsbauingenieur

[3] Ernst Mach (1838-1716), österreichischer Physiker

[4] Constantin Weber (1885-1976), deutscher Strömungsmechaniker

3. Konvektionsströmungen durch Dichteunterschiede zwischen Warm- und Kaltluft in einem Raum, hier $\Delta\gamma = \gamma_k - \gamma_h$, wobei sich γ_k auf die Kaltluft und γ_h auf die Heißluft bezieht.

Die Froudezahl, so wie in Gl. (6.11) definiert, wird demnach auch die *densimetrische* (oder dichtebezogene) *Froudezahl* genannt.

Ein wichtiger Spezialfall von solchen schwerkraftbeeinflussten Strömungen sind *Wasserströmungen mit freier Oberfläche*, die sich unterhalb der Atmosphäre abspielen. In dem Fall, $\Delta\gamma = \gamma_w - \gamma_L$, wobei γ_w das spezifische Gewicht des Wassers bzw. γ_L der Luft ist. Da aber $\gamma_L \ll \gamma_w$, ergibt sich annähernd $\Delta\gamma \approx \gamma_w = \rho_w g$. Auf die Dichte ρ_w der Wasserströmung bezogen, kann Gl. (6.11) hier alternativ als die *gewöhnliche Froudezahl*

$$\text{Froudezahl} \quad Fr = \frac{V}{\sqrt{gL}}$$

dargestellt werden. Sie ist eine wichtige Größe für alle Gerinneströmungen (z. B. Flüsse, Kanäle), die ein zentrales Gebiet der Hydraulik darstellen.

Die in Gl. (6.9) bzw. (6.14) dargestellten dimensionslosen Parameter können auch alternativ als das *Verhältnis von Kräften* ausgedrückt werden, die in einem Fluidproblem herrschen. Diese Herleitung wird im Folgenden gegeben, wobei das Proportionalitätssymbol ($\sim$) jeweils die Größenordnung einer Kraft angibt. Eine typische Druckkraft für ein Strömungsproblem ist

$$F_p \sim \Delta p L^2$$

und die typische Trägheitskraft, welche den Impuls misst

$$F_I \sim M \cdot a \sim \left(\rho L^3\right)\left(V\frac{dV}{ds}\right) \sim \frac{1}{2}\rho V^2 L^2$$

Diese beiden Kräfte ins Verhältnis gesetzt, ergibt

$$\frac{F_p}{F_I} \sim \frac{\Delta p L^2}{\frac{1}{2}\rho V^2 L^2} = \frac{\Delta p}{\frac{1}{2}\rho V^2} = C_p \qquad \text{Druckkoeffizient} \tag{6.15}$$

Die typische viskose Reibungskraft ist

$$F_v \sim \tau A = \left(\mu\frac{dV}{dy}L^2\right) \sim \mu V L$$

und im Verhältinis zur Trägheitskraft

$$\frac{F_I}{F_V} \sim \frac{\rho V^2 L^2}{\mu V L} = \frac{V L \rho}{\mu} = Re \qquad \text{Reynoldszahl} \tag{6.16}$$

Die typische Schwerkraft für eine Strömung mit freier Oberfläche ist

$$F_g \sim \gamma L^3$$

und im Verhältnis zur Trägheitskraft

$$\frac{F_I}{F_g} \sim \frac{\rho V^2 L^2}{\gamma L^3} = \frac{V^2}{gL} = (Fr)^2 \qquad \text{Froudezahl} \tag{6.17}$$

Die typische Oberflächenspannungskraft ist

$$F_\sigma \sim \sigma L$$

und im Verhältnis zur Trägheitskraft

$$\frac{F_I}{F_\sigma} \sim \frac{\rho V^2 L^2}{\sigma L} = \frac{V^2 L \rho}{\sigma} = We \qquad \text{Weberzahl} \tag{6.18}$$

Die typische Kompressibilitätskraft ist

$$F_c \sim \rho V c L^2$$

und im Verhältnis zur Trägheitskraft

$$\frac{F_I}{F_c} = \frac{\rho V^2 L^2}{\rho V c L^2} = \frac{V}{c} = Ma \qquad \text{Machzahl} \tag{6.19}$$

6.3 Ähnlichkeitsgesetze (Modelltheorie)

Bei Experimenten ist es wichtig, dass die Vorgänge in der Natur im Modell physikalisch richtig wiedergegeben werden. Dazu ist eine Ähnlichkeit zwischen Modell und Natur (Prototyp) notwendig. Diese Ähnlichkeit erfordert zuerst einmal geometrische Ähnlichkeiten. Darüber hinaus müssen die beiden Systeme – Modell und Prototyp – aber auch dynamisch ähnlich sein, d. h. ähnliche Kräfteverteilungen aufweisen.

6.3.1 Geometrische Ähnlichkeit

Geometrische Ähnlichkeit bedingt, dass das Verhältnis aller entsprechenden Längen in den drei Koordinatenrichtungen zwischen Prototyp (Index *p*) und im Modell (Index *m*) gleich sein muss.

$$\frac{x_m}{x_p} = \frac{y_m}{y_p} = \frac{z_m}{z_p} \equiv L_r \tag{6.20}$$

L_r ist hier das Längenverhältnis (Index r = „ratio"), auch *Modellmaßstab* genannt. Abb. 6.4 illustriert Gl. (6.20) anhand der Untersuchung einer Pfeilerumströmung.

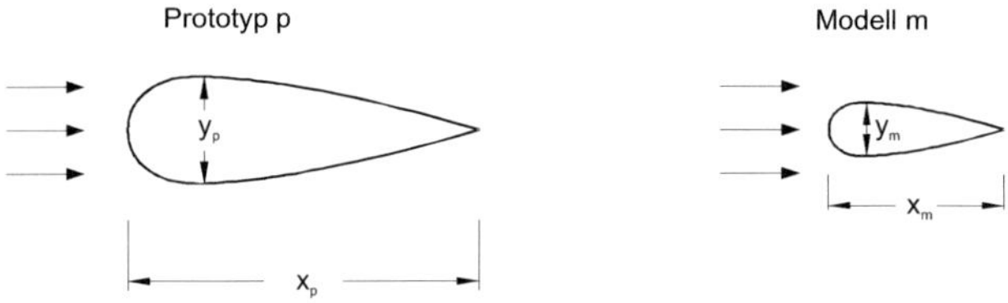

Abb. 6.4: Umströmung eines Brückenpfeilers in Natur und Modell (Grundriss)

Aus der Definition des Längenverhältnisses ergeben sich die Flächen- bzw. Volumenverhältnisse

$$A_r = \frac{A_m}{A_p} = \frac{x_m y_m}{x_p y_p} = L_r^2 \tag{6.21}$$

$$\forall_r = \frac{\forall_m}{\forall_p} = L_r^3 \tag{6.22}$$

Oft ist es im Modell allerdings nicht möglich, exakte geometrische Ähnlichkeiten einzuhalten. Im Wasserbau ist dies besonders der Fall bei Fluss- und Küstenbaumodellen, da die Breite im Verhältnis zur Tiefe meist sehr groß ist. Aus diesem Grund werden diese Modelle überhöht gebaut, d. h. die Wassertiefe wird im Verhältnis zur Breite zu groß gewählt. Diese Modelle werden *verzerrte* (oder überhöhte) *Modelle* genannt. Deshalb wird hier zwischen einem horizontalen Längenmaßstab L_r und einem vertikalen Längenmaßstab H_r unterschieden.

$$L_r = \frac{x_m}{x_p} = \frac{y_m}{y_p} \tag{6.23}$$

$$H_r = \frac{z_m}{z_p} \tag{6.24}$$

Hieraus folgt der Überhöhungs- oder Verzerrungsfaktor n

$$n = \frac{H_r}{L_r} \tag{6.25}$$

6.3.2 Dynamische Ähnlichkeit (Kräfteähnlichkeit)

Dynamisch ähnliche Strömungen müssen gleiche Kräfteverhältnisse in beiden Systemen haben. Nur auf diese Art kann garantiert werden, dass Größe und Richtung der resultierenden Fluidbeschleunigungen – und demnach das ganze Stromlinienbild – in beiden Systemen gleich sind.

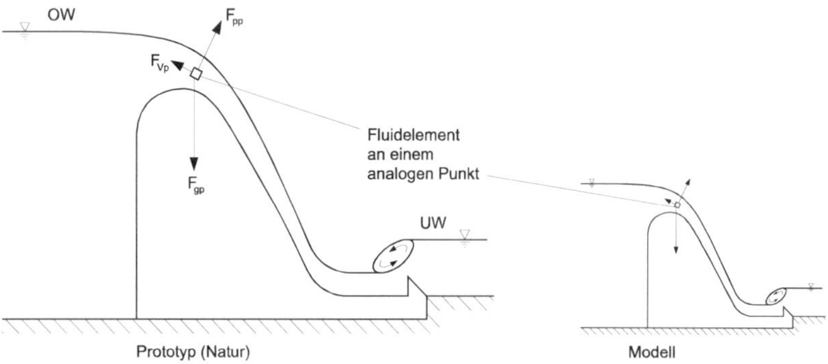

Abb. 6.5: Wehrüberströmung in Natur (Prototyp) und Modell

Dies wird in Abb. 6.5 für eine Wehrüberströmung illustriert. Die beiden Systeme sind geometrisch ähnlich. Betrachtet wird ein Fluidelement, das sich in einer analogen Position befindet. Auf dieses Fluidelement wirkt die Schwerkraft F_g, die Druckkraft F_p und eine Reibungskraft F_v, die durch die Zähigkeit des Fluids hervorgerufen wird. Durch Vektoraddition der Kräfte erhält man die auf das Element wirkende resultierende Kraft, die Trägheitskraft F_I, als Kräftepolygon in Abb. 6.6 dargestellt. Damit Prototyp und Modell dynamisch übereinstimmen, muss das Verhältnis der Kräfte an allen Punkten übereinstimmen. Das Kräftepolygon des Prototyps muss zu dem des Modells ähnlich sein. Analoge Kräftepaare müssen somit das gleiche Verhältnis aufweisen.

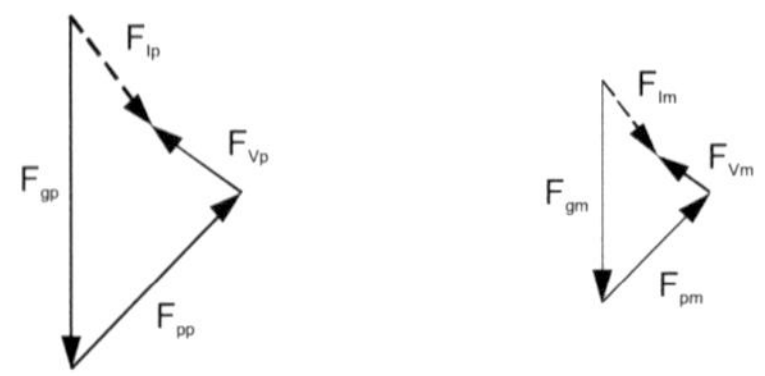

Abb. 6.6: Ähnliche Kräftepolygone im Prototyp und im Modell

Wird zuerst das Kräftepaar Trägheitskraft und Schwerkraft herausgegriffen

$$\frac{F_{Ip}}{F_{gp}} = \frac{F_{Im}}{F_{gm}}$$

so ergibt sich aufgrund von Gl. (6.17) die Erfordernis

$$Fr_p = Fr_m \quad \text{oder} \quad Fr_r = 1 \tag{6.26}$$

d. h. beide Systeme müssen durch eine gleich große Froudezahl gekennzeichnet sein. Man spricht in dem Zusammenhang auch von der Erfordernis zur „Froude-Ähnlichkeit“.

Aus dem Kräftepaar Trägheitskraft und Reibungskraft ergibt sich

$$\frac{F_{Ip}}{F_{vp}} = \frac{F_{Im}}{F_{vm}}$$

und aufgrund von Gl. (6.16)

$$Re_p = Re_m \quad \text{oder} \quad Re_r = 1 \tag{6.27}$$

also die Erfordernis zur „Reynolds-Ähnlichkeit“.

Sind in diesem Modell einmal Froude- und Reynolds-Ähnlichkeit gewährleistet, so resultieren daraus automatisch die richtigen Druckverteilungen gegeben durch die entsprechend gleich großen Druckkoeffizienten

$$C_{p_p} = C_{p_m} \tag{6.28}$$

In tatsächlichen Anwendungen von Modellen in der Hydromechanik oder Hydraulik ist es aber fast nie möglich, perfekte dynamische Ähnlichkeit, all die möglicherweise auftretenden Kräfte betreffend, zu gewährleisten. Hier müssen gewisse Kompromisse getroffen werden, indem man sich auf die wesentlichen, jeweils dominanten Kräfte konzentriert und auch gewisse Invarianzen im Strömungsverhalten beachtet. Dies wird im folgenden

Abschnitt dargestellt. Hierbei werden Kompressibilitäts- bzw. Oberflächenspannungskräfte nicht weiter berücksichtigt.

6.4 Anwendung: Dynamische Ähnlichkeit für inkompressible Strömungen

6.4.1 Geschlossene Systeme: Reynolds-Ähnlichkeit

Geschlossene Systeme sind Strömungsverhältnisse ohne freien Wasserspiegel, bei denen also Schwerkrafteinflüsse die Strömung nicht unmittelbar beeinflussen, wie z. B. in Rohrleitungen, Pumpen und Turbinen, aber auch Luftströmungen in der Atmosphäre. Bei geschlossenen Systemen liegt die Hauptanforderung in der Reynolds-Ähnlichkeit.

Als Beispiel dazu dient die Windbelastung einer Brücke, die als Modell in einem Wasserkanal untersucht werden soll. Es gilt Gl. (6.27), demnach

$$\frac{\rho_p V_p L_p}{\mu_p} = \frac{\rho_m V_m L_m}{\mu_m} \tag{6.29}$$

Daraus folgt für das Geschwindigkeitsverhältnis der strömenden Fluide Luft (Natur) und Wasser (Modell)

$$V_r = \frac{V_m}{V_p} = \frac{\mu_m \rho_p L_p}{\mu_p \rho_m L_m} = \frac{\mu_r}{\rho_r L_r} \tag{6.30}$$

Da durch die Wahl der Fluide μ_r und ρ_r gegeben sind, und wenn ein Maßstabsverhältnis L_r gewählt worden ist, so ist das Geschwindigkeitsverhältnis fixiert. Andere Verhältnisse sind auch in Folge festgelegt, z. B. das Zeitverhältnis (für Schwingungsperioden)

$$T_r = \frac{L_r}{V_r} = \frac{\rho_r L_r^2}{\mu_r} \tag{6.31}$$

oder das Kräfteverhältnis

$$F_r = \frac{F_m}{F_p} = \rho_r L_r^3 \frac{L_r}{T_r^2} = \frac{\rho_r L_r^4}{T_r^2} = \frac{\mu_r^2}{\rho_r} \tag{6.32}$$

Allerdings ist die strikte Reynolds-Ähnlichkeit sehr oft unpraktisch oder technisch unmöglich. Dies wird anhand des folgenden Beispiels aus der Gebäudeaerodynamik aufgezeigt: Ein Schornstein mit einem Durchmesser $D_p = 3\ m$, der einer Windgeschwindigkeit von

$V_p = 100\ km/h$ ausgesetzt ist, soll in einem Windkanal ($\mu_r = 1$; $\rho_r = 1$) bei einem Maßstabverhältnis von $L_r = 1/100$ untersucht werden. Nach strikter Reynolds-Ähnlichkeit errechnet sich das Windgeschwindigkeitsverhältnis aus Gl. (6.30)

$$V_r = \frac{1}{L_r} = 100 = \frac{V_m}{V_p}$$

Somit $V_m = 100\ V_p$, so dass die erforderliche Geschwindigkeit im Modell $V_m = 100 \cdot 100 = 10\,000\ km/h$ wäre. Diese hohe Geschwindigkeit ($\approx$ 10-fache Schallgeschwindigkeit) wäre für das Modell völlig ungeeignet, da hier Kompressibilitätseffekte auftreten würden (also Machzahl-Einflüsse), die in der Natur im Unterschallbereich nicht vorkommen. In der

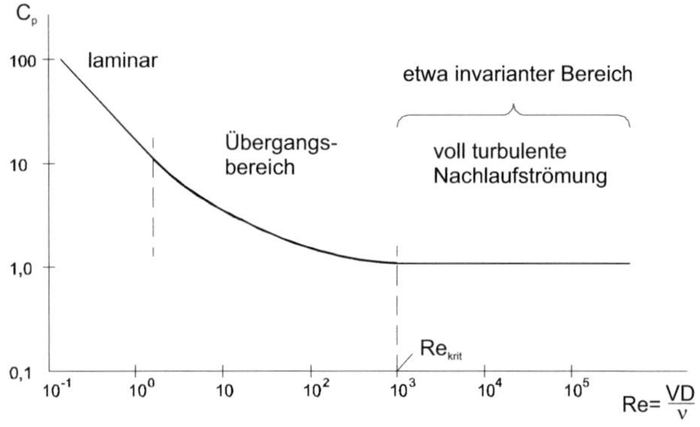

Abb. 6.7: Druckkoeffizient bei Umströmung eines Körpers mit etwa invariantem Bereich bei hohen Reynoldszahlen

strömungsmechanischen Modelltechnik gibt es allerdings gewisse Ausweichmöglichkeiten, um quantitativ verlässliche Versuche zu gewährleisten. Diese beruhen auf dem Phänomen der *„Reynolds-Invarianz"*, welches turbulente Strömungen im hohen Reynoldszahlenbereich kennzeichnet. So ist z. B. bei der Umströmung eines Körpers (wie eines Schornsteins) zu beobachten (Abb. 6.7), dass der Druckkoeffizient wohl im Bereich von kleinen Reynoldszahlen stark variabel ist, ab einem gewissen kritischen Wert, Re_{krit}, sich aber nur unwesentlich ändert. Bei einem zylindrischen Körper (wie einem Schornstein) liegt dieser Wert erfahrungsgemäß etwa bei 10^3. Der Modelltechnik ist es demnach also möglich, die Reynoldszahl im Modell Re_m kleiner als die in der Natur Re_p zu wählen, so lange noch der kritische Wert überschritten wird, also

$$Re_p > Re_m > Re_{krit} \tag{6.33}$$

Demnach ist es möglich, im Modell kleinere Geschwindigkeiten zu wählen. Weitere Überlegungen zum Reynolds-invarianten Verhalten von Strömungen finden sich in Kap. 9.

6.4.2 Offene Systeme: Froude- und Reynolds-Ähnlichkeit

Offene Systeme sind Strömungssysteme mit freier Wasseroberfläche – oder auch dichtegeschichtete Systeme im Wasser oder in der Atmosphäre –, in denen Schwerkrafteinflüsse eine dominante Rolle spielen. Froude-Ähnlichkeit ist also immer zwingend bei Modellen für solche Strömungen (z. B. Modelle im Flussbau, in der Schifffahrt, etc.). Daneben wirken aber auch immer Reibungskräfte, die im Prinzip durch Reynolds-Ähnlichkeit berücksichtigt werden müssten.

Für die Froude-Ähnlichkeit, Gl. (6.26), gilt

$$\frac{V_p}{\sqrt{g_p L_p}} = \frac{V_m}{\sqrt{g_m L_m}} \tag{6.34}$$

oder

$$V_r = \sqrt{g_r L_r} \tag{6.35}$$

wobei $g_r = 1$, da sowohl Natur als auch Modell der gleichen Erdbeschleunigung unterliegen.

Wird die Erfordernis zur Reynolds-Ähnlichkeit, Gl. (6.30), mit Gl. (6.35) kombiniert, so ergibt sich aus beiden Forderungen

$$L_r = \left(\frac{\mu_r}{\rho_r}\right)^{\frac{2}{3}} = \nu_r^{\frac{2}{3}} \tag{6.36a}$$

oder in inverser Form

$$\nu_r = L_r^{\frac{3}{2}} \tag{6.36b}$$

Ein solches System besitzt demnach nur noch einen Freiheitsgrad. Wird also ein Längenmaßstab zwischen Modell und Prototyp gewählt, so ist das Verhältnis zwischen den Viskositäten zwingend festgelegt.

Im Allgemeinen ist es aber nicht praktikabel, Fluide mit entsprechenden Viskositäten zu finden und zu verwenden. Bei diesen Modellen ist es demnach zweckmäßig, nur die Froude-Ähnlichkeit einzuhalten und auch hier die Reynolds-Invarianz zu benützen. Somit werden diese Modelle mit $Fr_r = 1$ und einer Reynoldszahl $Re_m > Re_{krit}$ gefahren. Ein solches System wird *„einfaches" Froude-Modell* genannt. Es gilt nach Gl. (6.35)

$$V_r = \sqrt{L_r} \tag{6.37}$$

Durch Wahl des Längenmaßstabes ist das Geschwindigkeitsverhältnis vorbestimmt. Der vorbestimmte Zeitmaßstab ist

$$T_r = \frac{L_r}{V_r} = \sqrt{L_r} \tag{6.38}$$

und der Durchflussmaßstab

$$Q_r = V_r L_r^2 = L_r^{\frac{5}{2}} \tag{6.39}$$

Für das Kräfteverhältnis ergibt sich (mit $g_r = 1$)

$$F_r = \rho_r g_r L_r^3 = \rho_r L_r^3 \tag{6.40}$$

Ein einfaches Froude-Modell besitzt nun wieder zwei Freiheitsgrade: Neben dem Längenmaßstab kann auch das Dichteverhältnis gewählt werden.

Das Reynoldszahlverhältnis in einem einfachen Froude-Modell ist

$$Re_r = \frac{V_r L_r}{\nu_r} = \frac{\sqrt{L_r} L_r}{\nu_r} = \frac{L_r^{\frac{3}{2}}}{\nu_r} = \frac{Re_m}{Re_p} \tag{6.41}$$

Wenn sowohl im Modell als auch im Prototyp das gleiche Fluid (z. B. Wasser) verwendet wird, $\nu_r = 1$, ergibt sich eine verringerte Reynoldszahl im Modell (da üblicherweise $L_r < 1$)

$$Re_m = Re_p L_r^{\frac{3}{2}} \tag{6.42}$$

Es muss jetzt überprüft werden, ob Re_m noch groß genug ist, um etwa Reynolds-invariante Verhältnisse zu geben.

Bei der Planung von hydraulischen Modellen müssen solche Überlegungen zu den korrekten Modellbedingungen meist iterativ durchgeführt werden. Wird, wie in Abschn. 6.3.1 angesprochen, ein *überhöhtes Modell* mit dem Höhenmaßstab H_r verwendet, so ergibt sich anstelle von Gl. (6.37)

$$V_r = \sqrt{H_r}$$

da die Richtung der Schwerkraftwirkung, aus der sich die Froude-Ähnlichkeit herleitet, vertikal ist. Zeit-, Durchfluss- bzw. Kräfteverhältnisse sind dazu

$$T_r = \frac{L_r}{\sqrt{H_r}}$$

$$Q_r = V_r H_r L_r = H_r^{\frac{3}{2}} L_r$$

$$F_r = \rho_r g_r H_r L_r^2 = \rho_r H_r L_r^2$$

Ein überhöhtes Modell hat dann den Vorteil einer größeren Reynoldszahl im Modell

$$Re_m = Re_p H_r^{\frac{1}{2}} L_r$$

Kapitel 7

Fluidreibungswiderstand an Oberflächen

Die Strömung eines realen Fluides um einen Körper, oder entlang eines Körpers, erzeugt eine Kraft auf den Körper, den sogenannten Strömungswiderstand. Dieser Strömungswiderstand setzt sich aus zwei Komponenten zusammen:

- *Reibungswiderstand* durch tangentiale Spannungen (Schubspannungen), die entlang der Körperoberfläche wirken, und
- *Formwiderstand* durch Normalspannungen (Druckspannungen), die normal zur Körperoberfläche wirken.

Als wichtiger Referenzfall wird in diesem Kapitel der Reibungswiderstand, und die damit verbundene Geschwindigkeitsverteilung, bei Strömungen entlang *geradliniger Berandungen* (z. B. Platten) betrachtet. Dem internen Fließzustand entsprechend kann die Strömung dabei laminar oder turbulent sein.

7.1 Gleichförmige laminare Strömungen

Bei einer gleichförmigen Strömung sind die Strömungsbedingungen unabhängig von der Distanz entlang der Fließrichtung.

In einem Spalt mit Breite B zwischen zwei Platten kann eine Strömung durch zwei Einflussfaktoren erzeugt werden (sh. Abb. 7.1):

1. durch die Bewegung V_B einer der Platten und
2. durch einen vorgegebenen Druckgradienten, $-dp/ps$ (d. h. Druckabfall in der Fließrichtung s).

Im ersten Fall (mit $-dp/ps = 0$) spricht man von einer *Couette-Strömung*[1], im zweiten (mit $V_B = 0$) von einer *Poiseuille-Strömung*[2].

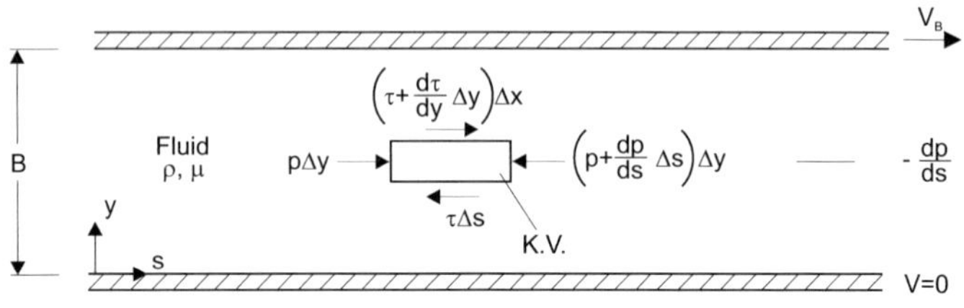

Abb. 7.1: Generelle Strömung zwischen zwei Platten erzeugt durch relative Bewegung, V_B, bzw. Druckgradienten, $-dp/ds$.

Die resultierenden Schubspannungs- und Geschwindigkeitsverteilungen, $\tau(y)$ bzw. $u(y)$, können durch die Anwendung der Navier-Stokes-Gleichungen (4.69) mit entsprechenden Vereinfachungen ermittelt werden. Man kann aber auch den Impulssatz Gl. (4.40a) direkt auf ein freiliegendes K.V. (sh. Abb. 7.1) anwenden, so dass

$$-\frac{dp}{ds}\Delta s\Delta y + \frac{d\tau}{dy}\Delta y\Delta s = 0 \tag{7.1}$$

da die Strömung stationär und gleichförmig ist.

7.1.1 Couette-Strömung: Strömung durch relative Bewegung zweier Platten ohne Druckgradient

Für den Fall einer reinen Couette-Strömung, $-\frac{dp}{ds} = 0$, ergibt sich

$$\frac{d\tau}{dy} = 0 \tag{7.2}$$

d. h. eine konstante Schubspannungsverteilung, $\tau = \tau_o$, was bedeutet, dass die Schubspannungskraft zwischen den Platten vollständig übertragen wird.

Für eine laminare Strömung gilt der Newtonsche Ansatz

$$\tau = \mu\frac{du}{dy} = \tau_o$$

[1]Maurice Couette (1858-1943), französischer Physiker

[2]Jean Poiseuille (1797-1869), französischer Arzt

Mit den Randbedingungen, $y = 0$; $u = 0$ und $y = B$; $u = V_B$, ergibt sich durch Integration die lineare Geschwindigkeitsverteilung

$$u = V_B \frac{y}{B} \tag{7.3}$$

(sh. Abb. 7.2) und die Größe der Schubspannung

$$\tau_o = \mu \frac{V_B}{B} \tag{7.4}$$

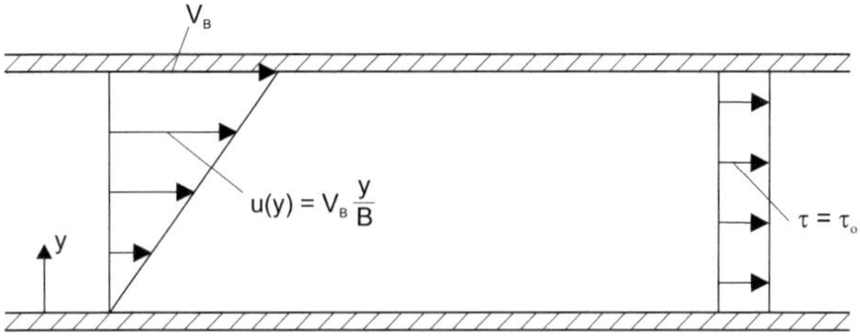

Abb. 7.2: Geschwindigkeits- und Schubspannungsverteilung bei laminarer Couette-Strömung

Die Couette-Strömung ist nur im begrenzten Reynoldszahlbereich laminar,

$$Re = \frac{V_B B}{\nu} < 1500 \tag{7.5}$$

wobei der kritische Wert aus experimentellen Untersuchungen stammt.

Couette-Strömungen sind wichtig für die Schmiermittelmechanik im Maschinenbau (d. h. Strömungen in Achsenlagerungen oder bei Kolbenbewegungen in Zylindern).

7.1.2 Ebene Poiseuille-Strömung zwischen zwei Platten mit Druckgradient

Wie in Abb. 7.3 gezeigt, verläuft die Strömung in einem Spalt zwischen zwei fixen Platten, die im Schwerefeld mit Winkel θ gegen die Horizontale geneigt sind, unter dem Einfluss des Druckgradienten, $-dp/ds$.

Wird der Impulssatz auf das K.V. in Abb. 7.3 angewendet, so ergibt sich

$$-\frac{dp}{ds}\Delta s\Delta y + \frac{d\tau}{dy}\Delta s\Delta y + \gamma\Delta s\Delta y \sin\theta = 0$$

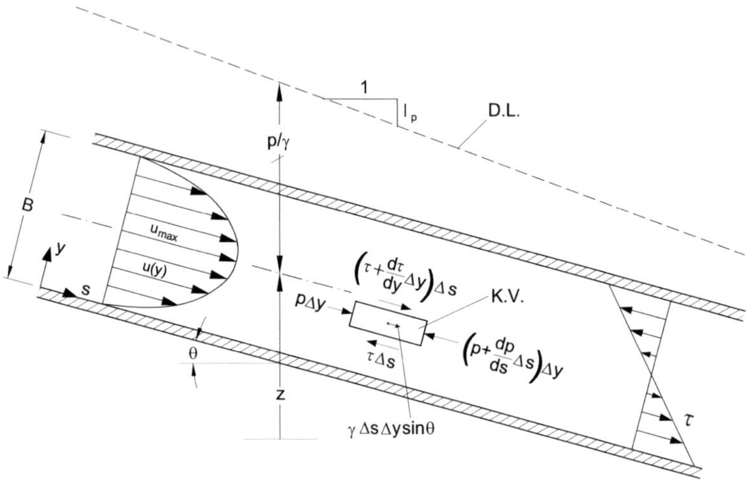

Abb. 7.3: Ebene Poiseuille-Strömung

Es folgt mit $\sin\theta = -\frac{dz}{ds}$

$$\frac{d\tau}{dy} = \frac{d}{ds}(p + \gamma z) \tag{7.6}$$

Im Folgenden wird der *Gradient des piezometrischen Druckes*, G_p, definiert

$$G_p = \frac{d}{ds}(p + \gamma z) \tag{7.7a}$$

G_p kann auch mit dem *Gefälle der Drucklinie*, I_p , (sh. Abb. 7.3),

$$G_p = -\gamma I_p \tag{7.7b}$$

in Verbindung gesetzt werden.

Wird der Newtonsche Ansatz, $\tau = \mu \frac{du}{dy}$, in Gl. (7.8) eingesetzt, erhält man

$$\mu \frac{d^2u}{dy^2} = G_p \tag{7.8}$$

Wird diese Gleichung mit den Randbedingungen, $u = 0$ bei $y = 0$ und $y = B$, integriert, ergibt sich

$$u = \frac{-G_p}{2\mu}\left(By - y^2\right) \tag{7.9a}$$

also eine parabolische Geschwindigkeitsverteilung (Abb. 7.3). Das Geschwindigkeitsmaximum liegt auf der Achse $\left(y = \frac{B}{2}\right)$

$$u_{max} = \frac{-G_p B^2}{8\mu}$$

und die mittlere Geschwindigkeit ist

$$V = \frac{-G_p B^2}{12\mu} = \frac{2}{3} u_{max}$$

Die damit verbundene Schubspannungsverteilung ist linear

$$\tau = -G_p\left(\frac{B}{2} - y\right) \tag{7.10}$$

mit Maximalwerten an den Plattenberandungen.

Diese Art von Strömungen finden Anwendung bei der Schmiermittelmechanik, aber auch bei der Durchströmung von Klüften im Gestein oder in Bauwerken (d. h. Dämmen). Das laminare Verhalten ist hier durch

$$Re = \frac{VB}{\nu} < 1000 \tag{7.11}$$

gegeben, und die obigen Formeln haben nur in dem Bereich Gültigkeit.

7.1.3 Gerinneströmung

Gerinneströmungen sind Strömungen mit freiem Flüssigkeitsspiegel, der mit der Drucklinie identisch ist (Abb. 7.4). Bei einer gleichförmigen Strömung gibt es demnach keine Druckänderungen.

Das K.V. in Abb. 7.4 ist so gewählt, dass es von der Oberfläche eine Tiefe $h - y$ eintaucht. Der Impulssatz auf dieses K.V. angewendet

$$\gamma \Delta s (h - y) \sin\theta - \tau \Delta s = 0 \tag{7.12}$$

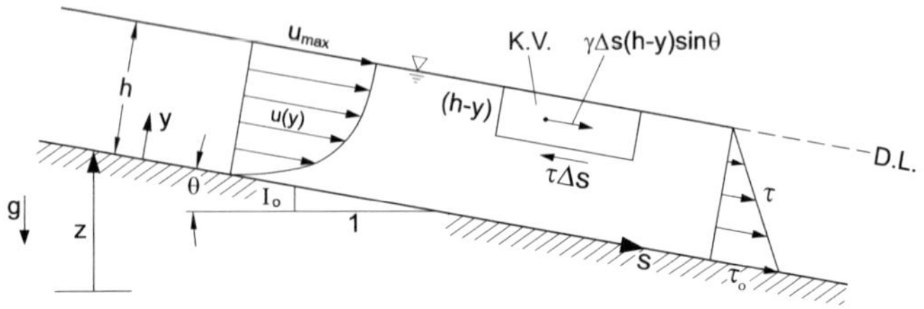

Abb. 7.4: Laminare Gerinneströmung

führt zu

$$\tau = \gamma I_o (h - y) \tag{7.13}$$

d.h. die Schubspannungsverteilung ist linear. Die Sohlschubspannung ist $\tau_o = \gamma I_o h$. Implizit in Gl. (7.13) ist die Annahme eines kleinen *Sohlengefälles* I_o, für welches $I_o = \tan\theta \approx \sin\theta$.

Wird der Newtonsche Ansatz für den laminaren Impulsaustausch in Gl. (7.13) eingesetzt und integriert unter Berücksichtigung der Randbedingung, $y = 0$; $u = 0$, so ergibt sich das parabolische Geschwindigkeitsprofil

$$u = \frac{\gamma I_o}{2\mu}\left(2hy - y^2\right) \tag{7.14a}$$

Es ist zu erkennen, dass die Gerinneströmung Ähnlichkeit mit der Poiseuille-Strömung, Gl. (7.9), besitzt.

Die Maximalgeschwindigkeit an der Oberfläche ist hier

$$u_{max} = \frac{\gamma I_o}{2\mu} h^2 \tag{7.14b}$$

und die mittlere Geschwindigkeit

$$V = \frac{\gamma I_o}{3\mu} h^2 = \frac{2}{3} u_{max} \tag{7.14c}$$

Der Gültigkeitsbereich für laminare Gerinneströmungen ist durch

$$Re = \frac{Vh}{\nu} \leq 500 \tag{7.15}$$

gegeben. Wichtige Anwendungen sind der dünnschichtige Oberflächenabfluss nach Regenereignissen auf Straßen, Landepisten, Parkplätzen usw. oder bei Bewässerungssystemen.

7.2 Grenzschichtströmungen

Grenzschichten (G.S., engl. „boundary layer") sind ungleichförmige Strömungen in einer dünnen Schicht zwischen einer freien Strömung und einer festen Berandung, die sich in Strömungsrichtung allmählich entwickeln. Innerhalb der G.S. vollzieht sich also das reale Verhalten des reibungsbehafteten Fluides, während die Außenströmung „ideal", d.h. reibungsunbeeinflusst, abläuft.

In Abb. 7.5 ist eine dünne Platte dargestellt, die von einer freien Strömung mit Geschwindigkeit U_o angeströmt wird. An der Platte gilt die Haftbedingung. Es bildet sich eine Grenzschicht im Übergang zwischen Platte und freier Strömung aus, welche durch eine Geschwindigkeitsverteilung $u(y)$ gekennzeichnet ist, wobei y der Abstand von der Platte ist. Die Dicke δ der G.S. wächst entlang der Platte an. Die G.S.-Dicke ist hier durch die Position gemessen, wo die lokale Geschwindigkeit um 1% von der Außengeschwindigkeit abweicht, $u(\delta) = 0{,}99\, U_o$.

So wie bei allen realen Strömungen, kann auch die G.S.-Strömung laminar oder turbulent verlaufen. Anfänglich wo die G.S.-Dicke noch begrenzt ist und die G.S.-Strömung noch einen begrenzten Freiheitsgrad hat, bildet sich eine laminare G.S. aus. Mit zunehmendem G.S.-Wachstum wird diese G.S. instabil und turbulent. Der Bereich, in dem dieser Übergang von laminarer zu turbulenter G.S. stattfindet, heißt Transition. Die Dicke der turbulenten Zone nimmt dann relativ rasch entlang der Platte zu. Es ergeben sich dabei zeitlich gemittelte Geschwindigkeitsprofile wie sie in Abb. 7.5 dargestellt sind. Im laminaren Bereich nehmen die Schubspannungen bis zur Transition ab. Beim Umschlag nehmen die Schubspannungen plötzlich zu und verringern sich langsam wieder entlang der Platte (sh. Abb. 7.5).

Zur Charakterisierung des G.S.-Verhaltens werden lokale Reynoldszahlen definiert, entweder aufgrund der Dicke δ

$$Re_\delta = \frac{U_o \delta}{\nu} \tag{7.16a}$$

oder aufgrund der Distanz von der Plattenkante x

$$Re_x = \frac{U_o x}{\nu} \tag{7.16b}$$

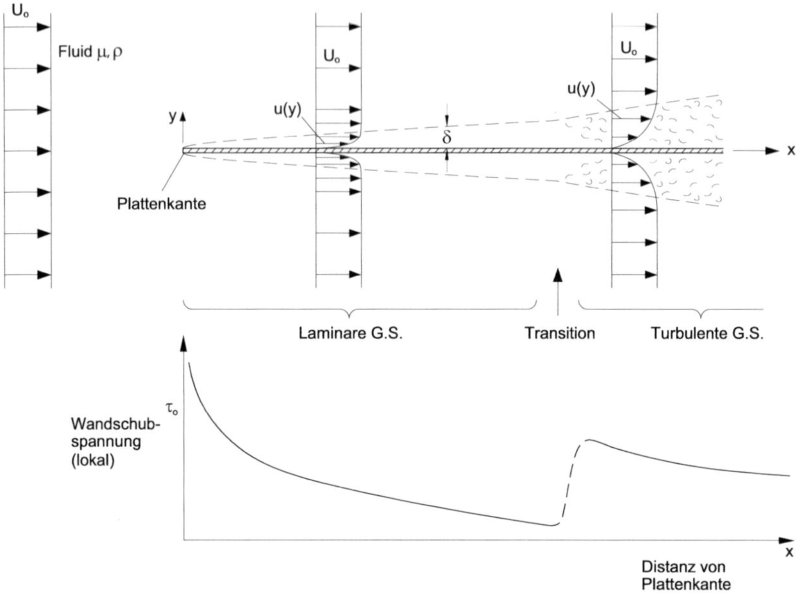

Abb. 7.5: Grenzschichtverhalten entlang einer dünnen Platte ohne Druckgradienten, $dp/dx = 0$.

7.2.1 Laminare Grenzschichten

Im Falle einer dünnen Platte, die parallel zur Strömung liegt (sh. Abb. 7.5), ist der Druck in der Außenströmung konstant, $dp/dx = 0$. Aufgrund der sehr dünnen G.S. ist der Druck in der G.S. ebenfalls konstant. Unter diesen Umständen führt eine dimensionsanalytische Überlegung zu einem funktionalen Gesetz für das G.S.-Wachstum $\delta(x)$ entlang der Platte. δ kann nur von folgenden Variablen abhängen

$$\delta = f(x, U_o, \mu, \rho) \tag{7.17}$$

Ein in der Strömung mitfahrender Beobachter sieht das Wachstum als Funktion der Laufzeit, $t = x/U_o$, und der relative Zähigkeitseinfluss, $\nu = \mu/\rho$, kontrolliert das Fluidverhalten, so dass

$$\delta = f(t, \nu) \tag{7.18}$$

Aus Dimensionsgründen ergibt sich folgende Proportionalität

$$\delta \sim \sqrt{\nu t} = \sqrt{\frac{\nu x}{U_o}} \tag{7.19}$$

d. h. die laminare G.S.-Dicke nimmt als $\sqrt{x}$ zu.

Der Wert der Proportionalitätskonstante in Gl. (7.19) sowie das Geschwindigkeitsprofil in der laminaren G.S. bedürfen einer detaillierteren Strömungsanalyse, so wie sie von Blasius (1908) erstmals durchgeführt wurde. Dazu wurden die Navier-Stokes-Gleichungen aufgrund von Ähnlichkeitsannahmen in der G.S. vereinfacht und mit Reihenansätzen gelöst. Das Resultat zeigt die G.S.-Dicke als

$$\delta = 5{,}0\sqrt{\frac{\nu x}{U_o}} = \frac{5{,}0x}{\sqrt{Re_x}} \tag{7.20}$$

während Abb. 7.6 das selbstähnliche Geschwindigkeitsprofil für die laminare G.S. darstellt.

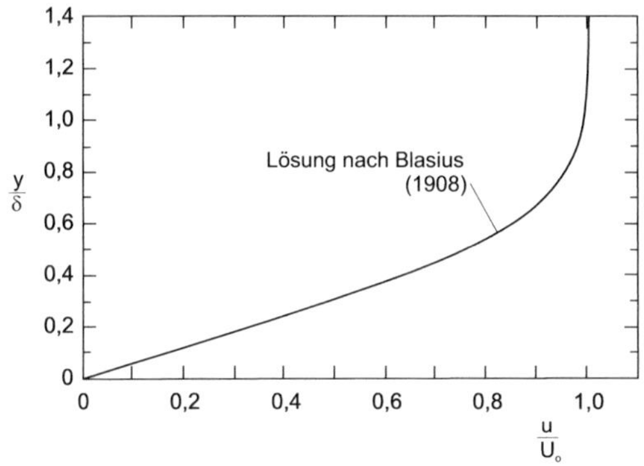

Abb. 7.6: Dimensionsloses Geschwindigkeitsprofil der laminaren Grenzschicht (nach Truckenbrodt, 1989)

Die *Wandschubspannung* in der G.S. ist direkt mit dem Geschwindigkeitsgradienten an der Wand verbunden.

$$\tau_o = \mu \left.\frac{du}{dy}\right|_{y=0} = 0{,}332\mu\frac{U_o}{x}Re_x^{\frac{1}{2}} \tag{7.21}$$

wobei der Konstantenwert 0,332 direkt aus dem Geschwindigkeitsprofil (Abb. 7.6) ableitbar ist. Wie Gl. (7.21) zeigt, nimmt die Schubspannung mit zunehmender Distanz ab, $\tau_o \sim x^{-1/2}$. Dieses Verhalten ist invers zur Zunahme der G.S.-Dicke.

Die *Oberflächenreibungskraft*, also das Integral der lokalen Schubspannung über die Plattenfläche mit gegebener Länge L und Breite B, ergibt sich zu

$$F_S = \int_o^L \tau_o B dx \tag{7.22a}$$

Einsetzen von Gl. (7.21) und Integration führt zu

$$F_S = 0{,}664 \mu U_o Re_L^{\frac{1}{2}} B \tag{7.22b}$$

wobei die Platten-Reynoldszahl Re_L

$$Re_L = \frac{U_o L}{\nu} \tag{7.23}$$

den Effekt über die gesamte Plattenlänge L beschreibt. Üblicherweise wird die Oberflächenreibungskraft dimensionslos durch den Reibungsbeiwert C_f

$$C_f = \frac{F_s}{\frac{\rho U_o^2}{2} BL} \tag{7.24}$$

dargestellt, also durch den Staudruck $\rho \frac{U_o^2}{2}$ und die Plattenfläche BL normalisiert. Aufgrund von Gl. (7.22a) ergibt sich hier

$$C_f = \frac{1{,}33}{Re_L^{\frac{1}{2}}} \tag{7.25}$$

Die obigen Bezeichnungen sind nur bis zur Transition zur turbulenten G.S. gültig. Experimentelle Untersuchungen haben folgenden Transitionswert

$$Re_{x_{Transition}} = 500\,000 \tag{7.26}$$

ergeben.

7.2.2 Turbulente Grenzschicht

Die turbulente G.S. nach der Transition hat eine wesentlich komplexere Struktur, wie in Abb. 7.7 angedeutet. Der Hauptteil der G.S. besteht aus der turbulenten Zone mit irregulärer Wirbelaktivität und fluktuierenden Strömungsverhältnissen. In Wandnähe sind diese

Fluktuationen allerdings gedämpft, so dass wiederum eine viskose Unterschicht[3] mit laminaren Fließverhältnissen auftritt.

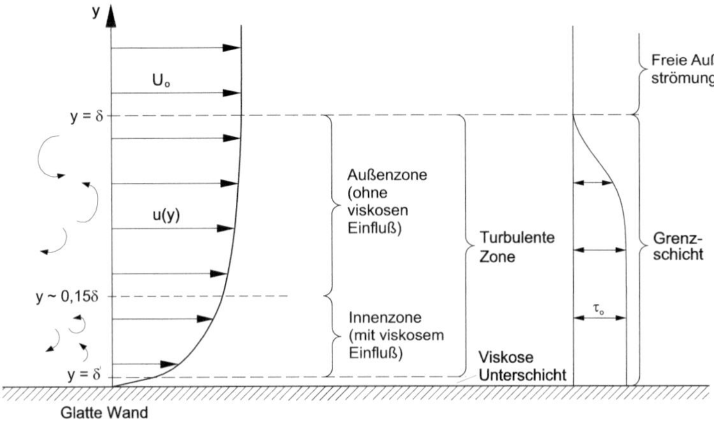

Abb. 7.7: Turbulente Grenzschicht an einer glatten Berandung mit mittlerem Geschwindigkeits- und Schubspannungsprofil

Die turbulente G.S. entwickelt sich in der Strömungsrichtung, so dass sich Geschwindigkeits- und Schubspannungsverhältnisse allmählich ändern. Die Änderungsrate ist allerdings so gering, dass lokale Gleichgewichtsverhältnisse angenommen werden können, wobei die lokale Schubspannung τ_o in der gesamten G.S. als Impulsaustausch zwischen Außenströmung und Wand übertragen wird. Das heißt, die gesamte G.S. ist im wesentlichen durch eine konstante Schubspannung $\tau = \tau_o$ geprägt (Abb. 7.7). Erst im äußeren Bereich der G.S. nimmt τ allmählich gegen Null in der Außenströmung ab. Aus dieser Überlegung heraus ist es sinnvoll, eine *Schubspannungs- (oder Reibungs-) geschwindigkeit* u_*

$$u_* = \sqrt{\frac{\tau_o}{\rho}} \tag{7.27}$$

als wesentliche Skalierungsgröße für das Geschwindigkeitsprofil einzuführen.

Des weiteren wird der viskose Einfluss, der in Wandnähe wesentlich ist, durch die *viskose Länge* l_ν dargestellt

$$l_\nu = \frac{\nu}{u_*} \tag{7.28}$$

[3]Das Vorhandensein der viskosen Unterschicht hängt auch von den Rauhigkeitseigenschaften der Wand ab. Hier wird eine glatte Wand angenommen. Zusätzliche Rauheitseinflüsse werden in Kap.8 berücksichtigt

Viskose Unterschicht:

Die viskose Unterschicht verläuft rein laminar, so dass der Newtonsche Ansatz gilt

$$\mu \frac{du}{dy} = \tau_o = const. \tag{7.29a}$$

Mit der Randbedingung, $y = 0;\ u = 0$, ergibt sich

$$u = \frac{\tau_o}{\mu} y \tag{7.29b}$$

ein lineares Geschwindigkeitsprofil, welches mit der obigen Definition als

$$\frac{u}{u_*} = \frac{y}{l_\nu} \tag{7.29c}$$

dimensionslos dargestellt werden kann. Die Geschwindigkeitsverteilung ist somit nahe der Wand linear. Dies gilt für einen Abstand von der Wand bis zu $y = \delta' = 5{,}0\ l_\nu$ (vgl. Abb. 7.9).

Turbulente Zone:

Der Impulsaustausch (d. h. die Schubspannung) in der turbulenten Zone wird durch die mehr oder weniger großräumigen Wirbel in der turbulenten Zone hergestellt. So wie in Abb. 7.8(a) dargestellt, prägt dies sowohl die momentane Geschwindigkeitsverteilung als Funktion des Wandabstandes, als auch, wie in Abb. 7.8(b) gezeigt, die Fluktuationen als Funktion der Zeit. Nur durch zeitliche Mittelung ergeben sich die Durchschnittswerte, die im Weiteren berücksichtigt werden. So ist zum Beispiel die mittlere Geschwindigkeit in der x-Richtung $\overline{u}$, während die mittlere Geschwindigkeit in der y-Richtung $\overline{v} = 0$ ist.

Wir betrachten einen Messpunkt $\otimes$ mit einem Wandabstand y. Die typischen Geschwindigkeitsfluktuationen an diesem Punkt seien u' und v' in der Strömung bzw. normal zur Strömungsrichtung (Abb. 7.8(b)). Im zeitlichen Durchschnitt also kann man den Impulsaustausch aufgrund der Wirbelbewegungen folgendermaßen sehen: Ein Fluidpaket aus den wandnahen Schichten mit Impulsdefizit in der x-Richtung $-\rho u'$ wird mit der Geschwindigkeit (Rate) v' in wandferne Zonen transportiert. Daraus ergibt sich die momentane Impulsaustauschrate $-\rho u'v'$, die im zeitlichen Mittel gleich der Schubspannung

$$\tau_o = -\rho \overline{u'v'} \tag{7.30}$$

ist. Dass das zeitliche Mittel $-\rho \overline{u'v'}$ der zwei fluktuierenden Komponenten u' und v' ein finiter Wert (nicht gleich Null) ist, ergibt sich aus der Tatsache, dass eine gewisse Korrelation

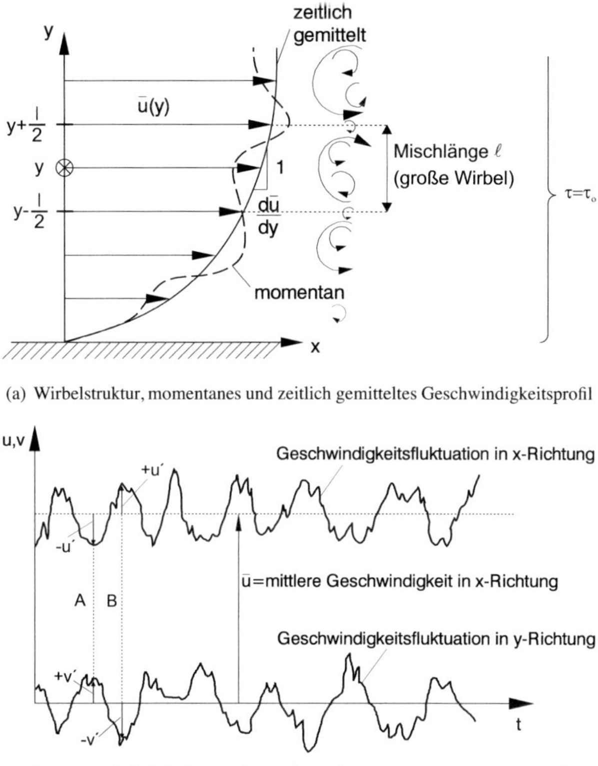

(b) Geschwindigkeitsfluktuationen als Funktion der Zeit am Messpunkt ⊗

Abb. 7.8: Impulsaustausch in der turbulenten Zone der Grenzschicht

zwischen den beiden Größen besteht. Dies ist in Abbildung 7.8(b) ersichtlich: Ereignisse mit $u' < 0$ und $v' > 0$ (Fall A) bzw. $u' > 0$ und $v' < 0$ (Fall B) dominieren in der Zeitreihe, eine Indikation für die Struktur der Turbulenz in einer Scherströmung.

Aus der Definition von $u*$, Gl. (7.27), ist des weiteren zu sehen, dass die typischen turbulenten Fluktuationsgeschwindigkeiten von der Größenordnung der Schubspannungsgeschwindigkeit sind, $u' \sim u_*$ bzw. $v' \sim u_*$.

Im Folgenden werden zwei grundsätzliche Ansätze verfolgt, um das Geschwindigkeitsprofil in der turbulenten Zone, das eng mit den obig beschriebenen Impulsaustauschprozessen zusammenhängt, abzuleiten:

1. *Mischlängenmodell nach Prandtl*:

   Wiewohl eine turbulente Strömung aus einer Vielzahl von Wirbeln unterschiedlicher Größe besteht, so sind doch die größten Wirbel (Längenskala l) vorrangig für den Impulsaustausch verantwortlich. Wie in Abb. 7.8(a) angedeutet, erzeugt ein Austausch von Fluidelementen von der Lage $y - l/2$ zur Lage $y + l/2$ ein Geschwindigkeitsdefizit

   $$-u' \sim l\frac{d\overline{u}}{dy}$$

   wobei $\frac{d\overline{u}}{dy}$ der Gradient der mittleren Geschwindigkeit ist. Da auch aus Kontinuitätsgründen $v' \sim u'$, ergibt sich als Abschätzung für Gl. (7.30)

   $$\tau_o = \rho l^2 \left(\frac{d\overline{u}}{dy}^2\right) \tag{7.31}$$

   ein Ansatz nach Prandtl (1925), in dem l als „Mischlänge" für den Impulsaustausch angesehen wurde. Die weitere Annahme, dass die Mischlänge (oder Wirbelgröße) direkt proportional zum Wandabstand ist

   $$l = \kappa y \tag{7.32}$$

   führt zu

   $$\tau_o = \rho \kappa^2 y^2 \left(\frac{d\overline{u}}{dy}\right)^2 \tag{7.33}$$

   Mit der Definition Gl. (7.36) ergibt sich

   $$\frac{du}{dy} = \frac{1}{\kappa}\frac{u_*}{y} \tag{7.34}$$

   wobei der Querstrich über der Geschwindigkeit u im weiteren weggelassen wird, mit dem implizierten Verständnis, dass alle Geschwindigkeitsprofile zeitlich gemittelt zu betrachten sind.

2. *Dimensionsanalytische Betrachtung*:

   Eine wesentlich einfachere Überlegung führt direkt zu Gl. (7.34). Für einen Betrachter an der Position y erscheint der lokale Geschwindigkeitsgradient $d\overline{u}/dy$, der ja aus der Schubspannung resultiert, als eine einfache Funktion der Reibungsgeschwindigkeit u_* bzw. des Wandabstandes y

   $$\frac{d\overline{u}}{dy} = f(u_*, y) \tag{7.35}$$

Aus simplen Dimensionsgründen führt dies zur gleichen Proportionalität (mit der Konstanten $1/\kappa$), die durch Gl. (7.34) gegeben ist.

Die Integration von Gl. (7.34) führt zu

$$\frac{u}{u_*} = \frac{1}{\kappa} ln y + C \tag{7.36}$$

dem *logarithmischen Gesetz*, das universell für die Geschwindigkeitsverteilung bei *turbulenten Strömungen mit fester Berandung* gültig ist. κ ist die sogenannte „von Karman[4]-Kappa-Konstante", die aufgrund von Experimenten für eine Vielzahl von Strömungstypen einen universellen Wert

$$\kappa \cong 0{,}40 \tag{7.37}$$

besitzt. C ist eine Integrationskonstante und als solche eine Funktion der Randbedingungen. Im Folgenden wird C für die zwei Unterzonen der turbulenten Zone ausgewertet (sh. Abb. 7.9(b)).

1) *Turbulente Innenzone:*

Die turbulente Innenzone grenzt an die viskose Unterschicht. Der Einfluss der Viskosität macht sich hier durch die Randbedingungen bemerkbar. Der mathematische Übergang zwischen dem linearen Gesetz, Gl. (7.40), und dem logarithmischen Gesetz, Gl. (7.44), liegt bei einem Wandabstand $\delta'' = 11{,}8\ l_v$, wie durch detaillierte Messungen ermittelt wurde (sh.Abb. 7.9(b)). An dieser Stelle sei die Geschwindigkeit $u = u_{\delta''}$. Verwendung beider Gleichungen führt zu

$$\frac{u_{\delta''}}{u_*} = \frac{\delta''}{l_v}$$
$$\frac{u_{\delta''}}{u_*} = \frac{1}{\kappa} ln \delta'' + C$$

so dass die Integrationskonstante

$$C = 11{,}8 - \frac{1}{\kappa} ln(11{,}8 l_v)$$

und nach Einsetzen in Gl. (7.48)

$$\frac{u}{u_*} = 2{,}5 ln \frac{y}{l_v} + 5{,}5 \tag{7.38}$$

Messdaten zeigen, dass diese Beziehung in einem Bereich von $30 < y/l_v < 500$ gültig

[4]Theodor von Karman (1881-1963), deutsch-amerikanischer Strömungsmechaniker

ist (Abb. 7.9(b)). Die Daten zeigen des weiteren einen allmählichen Übergang in einer Pufferzone, $5 < y/l_v < 30$, an.

2) *Turbulente Außenzone:*

In dieser Zone hat die Viskosität keinen fühlbaren Einfluss auf die Geschwindigkeitsverteilung. Für den Übergang zwischen turbulenter Außenzone und der freien Strömung gilt $u = U_o$ bei $y = \delta$. Wird diese Randbedingung in das logarithmische Gesetz, Gl. (7.36), eingesetzt, so ergibt sich C und damit

$$\frac{U_o - u}{u_*} = -2{,}5 ln \frac{y}{\delta} \tag{7.39a}$$

Gl. (7.39) wird das „Außengesetz“ oder auch das „Gesetz der Geschwindigkeitsabnahme“ genannt. Die Gültigkeit dieses Gesetzes ist einerseits durch den Übergang zur turbulenten Innenzone $\frac{y}{l_v} > 500$, gegeben, andererseits aber auch durch die Bedingung, $0{,}15 < \frac{y}{\delta} < 1$, d.h. die Außenzone nimmt den Großteil (ca. 85%) der gesamten G.S. ein. Detaillierte experimentelle Untersuchungen haben jedoch gezeigt, dass die Strömung in den Randbereichen der Außenzone ($y/\delta \rightarrow 1$) durch eine rein logarithmische Beziehung, die einem voll turbulenten Impulsaustausch entspricht, nicht vollständig beschrieben wird.

Im Außenbereich ist die G.S.-Strömung nur intermittierend turbulent, d.h. nicht turbulente (rotationsfreie) Fluidelemente werden von außen in die G.S.-Strömung eingemischt. Dadurch ergibt sich eine Geschwindigkeitszunahme, welche durch eine zusätzliche Funktion, eine sogenannte „Nachlauffunktion“ $W(y/\delta)$, (engl. „wake function“ nach Coles (1956); sh. Truckenbrodt (1992)), empirisch berücksichtigt wird

$$\frac{U_o - u}{u_*} = -2{,}5 ln \frac{y}{\delta} + W\left(\frac{y}{\delta}\right) \tag{7.39b}$$

Folgende analytische Funktion beschreibt die gemessenen Daten zur Genüge

$$\frac{U_o - u}{u_*} = -2{,}5 ln \frac{y}{\delta} + \frac{2\Pi}{\kappa} \cos^2\left(\frac{\pi y}{2\delta}\right) \tag{7.39c}$$

wobei Π der „Nachlauf-Parameter“ ist, mit $\Pi = 0{,}55$ für G.S. ohne Druckgradient $(dp/ds = 0)$.

Tabelle 7.1 fasst die Geschwindigkeitsverteilungen in der turbulenten G.S. entlang einer glatten ebenen Platte zusammen. Die Geschwindigkeitsprofile und deren Übereinstimmung mit experimentellen Daten sind in Abb. 7.9 dargestellt.

Für einfachere Berechnungen von turbulenten Grenzschichten (Innen- und Außenzone)

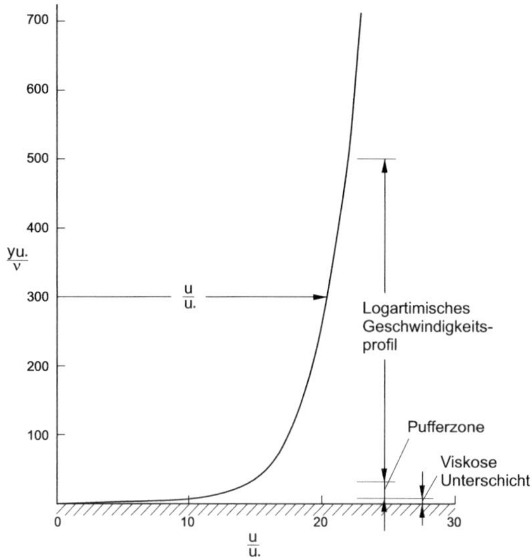

(a) Lineare Skala

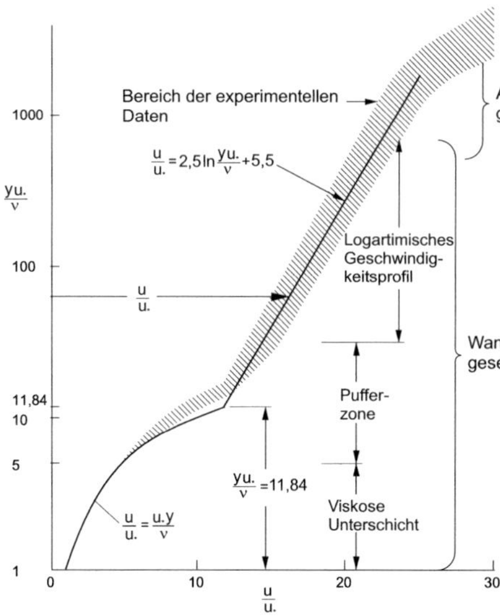

(b) Semi-logarithmische Skala

Abb. 7.9: Geschwindigkeitsverteilung in turbulenter Grenzschicht entlang ebener glatter Platte (nach Roberson und Crowe, 1993)

wird oft auch ein Potenzgesetz der folgenden Form verwendet

$$\frac{u}{U_o} = \left(\frac{y}{\delta}\right)^{1/7} \tag{7.40}$$

das aber in seinem Reynoldszahlbereich beschränkt ist, $10^5 < Re_\delta < 10^7$.

Tabelle 7.1: Universelle Gesetze für die Geschwindigkeitsverteilung in der turbulenten Grenzschicht einer glatten ebenen Platte.

	Zone	Gesetz	Gültigkeit
„Wandgesetz“	Viskose Unterschicht	$\frac{u}{u_*} = \frac{y}{l_v}$	$0 < \frac{y}{l_v} < 5{,}0$
	Pufferzone	Übergang	$5{,}0 < \frac{y}{l_v} < 30$
	Turbulente Innenzone	$\frac{u}{u_*} = 2{,}5 ln\frac{y}{l_v} + 5{,}5$	$30 < \frac{y}{l_v} < 500$
„Außengesetz“	Turbulente Außenzone	$\frac{U_o - u}{u_*} = -2{,}5 ln\frac{y}{\delta} + 2{,}75 \cos^2\left(\frac{\pi y}{2\delta}\right)$	$\frac{y}{l_v} > 500$ $0{,}15 < \frac{y}{\delta} < 1$

Wachstumsraten und Reibungswiderstand:

Mit den obigen Angaben über die Geschwindigkeitsverteilungen in der sich entwickelnden G.S. können nun unter Verwendung des Impulssatzes Aussagen über die Beziehung zwischen Wachstumsraten $\delta(x)$ und Schubspannungsverteilungen $\tau(x)$ gemacht werden. Abb. 7.10 zeigt hierzu ein K.V., das die turbulente G.S. über ein Intervall Δx einschließt.

Anwendung des Impulssatzes für eine stationäre Strömung

$$\Sigma F_x = \int\limits_{K.O.} (\rho u)\vec{V} \cdot d\vec{A}$$

auf Abb. 7.10 ergibt

$$-\tau_o \Delta x = \int\limits_o^{\delta_2} \rho u u dy - \int\limits_o^{\delta_1} \rho u u dy - \rho U_o Q_3 \tag{7.41}$$

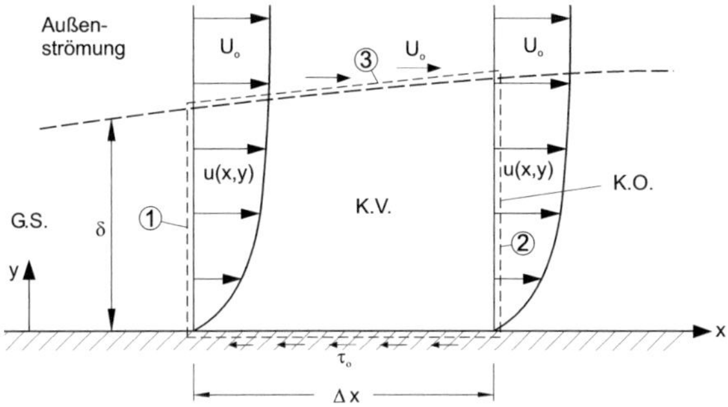

Abb. 7.10: Kontrollvolumen zur Impulsbetrachtung in der turbulenten Grenzschicht

wobei sich der Volumensfluss Q_3 aus der Kontinuität berechnet

$$Q_3 = \int_o^{\delta_2} u dy - \int_o^{\delta_1} u dy$$

Wird dies in Gl. (7.41) eingesetzt und umgeformt, so erhält man

$$-\tau_o \Delta x = \rho \int_o^{\delta_2} \left(u^2 - U_o u\right) dy - \rho \int_o^{\delta_1} \left(u^2 - U_o u\right) dy \tag{7.42}$$

Wird ein infinitesimal kleines Kontrollvolumen betrachtet, $\Delta x \to 0$ und Gl. (7.42) durch U_o dividiert, erhält man die „von Karman-Pohlhausen"-Gleichung

$$\tau_o = \rho U_o^2 \frac{d}{dx} \int_o^{\delta} \frac{u}{U_o} \left(1 - \frac{u}{U_o}\right) dy \tag{7.43}$$

eine Beziehung zwischen der lokalen Schubspannung τ_o, dem Geschwindigkeitsprofil $\frac{u}{U_o}$ und der G.S.-Dicke $\delta(x)$. Diese Beziehung, Gl. (7.43), kann prinzipiell für jede Grenzschicht (auch die laminare) verwendet werden.

Zur Illustration dieser Methode benutzen wir hier das einfache Potenzgesetz für die Geschwindigkeitsverteilung, Gl. (7.40)), in der turbulenten G.S.. Die Auswertung führt zu

$$\tau_o = \rho U_o^2 \frac{d}{dx} \int_o^{\delta} \left[\left(\frac{y}{\delta}\right)^{\frac{1}{7}} \left(1 - \left(\frac{y}{\delta}\right)^{\frac{1}{7}}\right) \right] dy = \frac{7}{72} \rho U_o^2 \frac{d\delta}{dx} \tag{7.44}$$

Empirische Messungen für G.S. mit glatter Plattenwand haben ergeben

$$\tau_o = 0{,}0225\rho U_o^2\left(\frac{\nu}{U_o\delta}\right)^{\frac{1}{4}} \tag{7.45}$$

Durch Gleichsetzen von Gl. (7.44) und (7.45) erhält man

$$\frac{7}{72}\delta^{\frac{1}{4}}\frac{d\delta}{dx} = 0{,}0225\frac{\nu^{\frac{1}{4}}}{U_o^{\frac{1}{4}}}$$

Integration mit der Randbedingung, $x = 0$; $\delta = 0$ (d.h. die laminare Grenzschicht wird vernachlässigt), ergibt

$$\delta = \frac{0{,}37x^{\frac{4}{5}}\nu^{\frac{1}{5}}}{U_o^{\frac{1}{5}}} = \frac{0{,}37x}{Re_x^{\frac{1}{5}}} \tag{7.46}$$

Gl. (7.46) zeigt ein wesentlich rascheres Anwachsen der turbulenten G.S., $\delta \sim x^{\frac{4}{5}}$, im Vergleich zur laminaren Situation, was durch den intensiven Wirbelaustausch gegeben ist.

Wird die so ermittelte G.S.-Dicke in Gl. (7.45) eingesetzt, so resultiert

$$\tau_o = \frac{\rho U_o^2}{2}\frac{0{,}058}{Re_x^{\frac{1}{5}}} \tag{7.47}$$

Daraus kann die Reibungskraft F_s, (Gl. (7.22)), ermittelt werden

$$F_s = \frac{0{,}074}{Re_L^{\frac{1}{5}}}\frac{\rho U_o^2}{2}BL \tag{7.48}$$

und in dimensionaler Form als Reibungsbeiwert

$$C_f = \frac{0{,}074}{Re_L^{\frac{1}{5}}} \tag{7.49}$$

Aufgrund der begrenzten Gültigkeit des Potenzgesetzes sind auch obige Beziehungen für δ, τ_o und C_f limitiert, nämlich auf einen Reynoldszahlbereich Re_x bzw. $Re_L < 10^7$.

Ein gesamtes Widerstandsdiagramm für die ebene Platte ist in Abb. 7.11 für einen weiten Bereich von kleinen (laminare G.S.) bis großen Reynoldszahlen (turbulente G.S.) dargestellt. Bei der Benutzung solcher Diagramme für Bemessungszwecke ist immer auf eventuelle Beschränkungen im darunterliegenden Datenmaterial zu achten.

In der Praxis kommt der Grenzschichtströmung große Bedeutung beim Strömungsverhalten von langgestreckten Körpern zu, wie d. h. Tragflügeln oder Schiffsrümpfen. In diesen Fällen ist aber zu beachten, dass sich zusätzliche Modifikationen durch Druckgradienten in der Strömungsrichtung, $dp/ds \neq 0$, sowie durch die Rauheit der Körperwand ergeben. Auf diese Effekte wird hier nicht näher eingegangen (sh. Truckenbrodt, 1992).

Die turbulente Grenzschicht ist auch ein wichtiges Analog für die Geschwindigkeits- und Turbulenzverhältnisse in der sog. *atmosphärischen Grenzschicht*, d. h. der Luftströmung nahe über der Landoberfläche (in der Praxis mit einer Schichtdicke von etwa 50 bis 150 m).

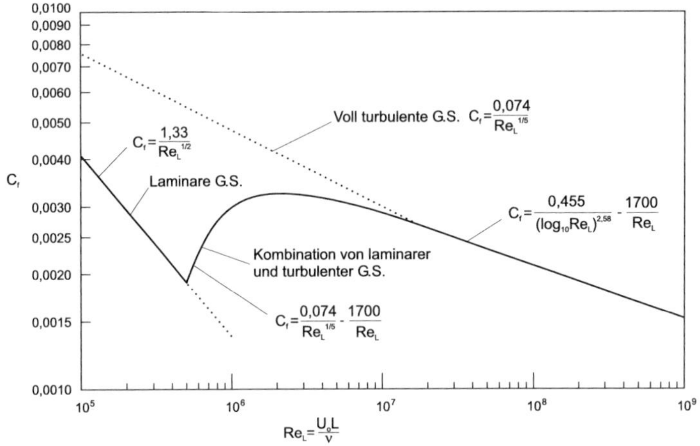

Abb. 7.11: Widerstandsbeiwerte für eine ebene glatte Platte (nach Roberson und Crowe, 1993)

Kapitel 8

Strömungen in Rohrleitungen

Rohrleitungen sind langgestreckte geschlossene Systeme, die vom Fluid durchströmt werden. Das Strömungsverhalten ist durch die Reibung entlang des benetzten Umfangs geprägt. Technische Anwendungen dienen dem Transport von Fluiden als Masse, wie Wasser, Öl oder Gas, oder dem Transport von Fluiden als Energieträger, wie bei Hochdruckleitungen in Wasserkraftwerken oder bei Wärme- bzw. Kühlleitungen.

Hauptaugenmerk in diesem Kapitel liegt auf der Analyse von stationären gleichförmigen Strömungen im vollgefüllten Rohr mit Kreisquerschnitt. Zusätzliche Aspekte beziehen sich auf Strömungsungleichförmigkeiten bei Querschnittsänderungen und auf das Widerstandsverhalten in nichtkreisförmigen Querschnitten. Rohrströmungen mit nur teilgefüllten Querschnitten sind ein Fall von Gerinneströmungen mit freiem Spiegel (sh. Kap.10).

8.1 Schubspannungsverteilung

Die Schubspannungsverteilung in einer Rohrströmung ist unabhängig vom internen Fließzustand, ob laminar oder turbulent.

Zur Herleitung der Schubspannungsverteilung wird ein lokales, zylindrisches Kontrollvolumen der Länge Δs und dem Radius r betrachtet, das mit einem Winkel θ gegen die Horizontale geneigt ist, wobei $\sin\theta = dz/ds$.

Aus dem Kräftegleichgewicht in s-Richtung zwischen Druckkräften, Gewicht und Schubspannungskraft an der Peripherie des K.V. folgt

$$-\frac{dp}{ds}\Delta s\Delta A - \gamma\Delta A\Delta s\frac{dz}{ds} - \tau(2\pi r)\Delta s = 0 \qquad (8.1)$$

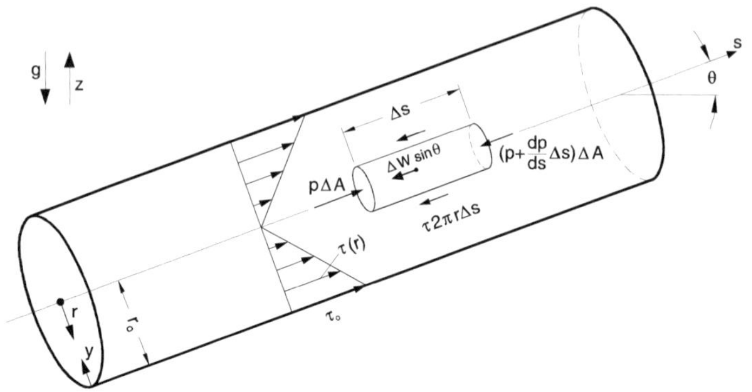

Abb. 8.1: Strömung in einem Kreisrohr mit Schubspannungsverteilung

wobei $\Delta A = r^2\pi$. Demnach

$$\tau = \frac{r}{2}\left[-\frac{d}{ds}(p+\gamma z)\right] \tag{8.2a}$$

Der Klammerausdruck entspricht den Gradienten des piezometrischen Druckes, Gl. (7.7), so dass

$$\tau = (-G_p)\frac{r}{2} \tag{8.2b}$$

d. h. die Schubspannungsverteilung im Kreisrohr ist immer linear (sh. Abb. 8.1) und unabhängig von den Fließbedingungen. Die maximale Schubspannung τ_o tritt an der Rohrwand auf

$$\tau_o = (-G_p)\frac{r_o}{2}$$

Wird eine gleichförmige Strömung über eine Rohrlänge L betrachtet (sh.Abb 8.2), so ergibt sich aus der Abnahme der Druckhöhe h_v

$$\frac{h_v}{L} = -\frac{G_p}{\gamma} = I_p \tag{8.3}$$

wobei I_p das Gefälle der Drucklinie ist, Gl. (7.7a). Da in einer gleichförmigen Strömung Druck- und Energielinie parallel zueinander sind, entspricht h_v natürlich auch der Energieverlusthöhe im Sinne der Arbeits-Energie-Gl. (5.16).

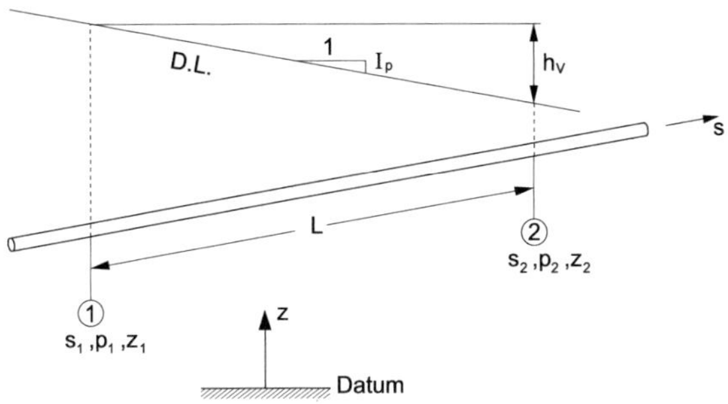

Abb. 8.2: Energieverlust bei gleichförmiger Strömung in einem Rohrabschnitt

Aus Gl. (8.4) und (8.5) ergibt sich folgende Beziehung zwischen Energieverlusthöhe und Wandschubspannung in einem Kreisrohr mit Durchmesser $D = 2r_o$ und Länge L

$$h_v = 4\frac{L}{D}\frac{\tau_o}{\gamma} \tag{8.4}$$

was auch direkt aus dem Kräftegleichgewicht zwischen Schubspannungskraft entlang der Rohrperipherie und Nettodruckkraft

$$\tau_o D\pi L = \gamma h_v \frac{D^2\pi}{4} \tag{8.5}$$

abzuleiten wäre.

Die Geschwindigkeitsverteilung, die sich als Folge der Schubspannungsverteilung in der Strömung einstellt, hängt von den Impulsaustauschbedingungen ab, d. h. ob die Strömung laminar oder turbulent ist.

8.2 Laminare Rohrströmung (Poiseuille-Strömung)

Mit der Wandkoordinate, $y = r - r_o$, führt der Newtonsche Ansatz zu

$$\tau = \mu\frac{du}{dy} = -\mu\frac{du}{dr}$$

und mit Gl. (8.2b) folgt

$$\frac{du}{dr} = \frac{G_P}{2\mu}r \tag{8.6}$$

Integration mit der Haftbedingung, $r = r_o$; $u = 0$, führt zu

$$u = \frac{-G_p}{4\mu}\left(r_o^2 - r^2\right) \tag{8.7}$$

also einer parabolischen Geschwindigkeitsverteilung (sh. Abb. 8.3). Für die maximale Geschwindigkeit u_{max} in der Rohrachse gilt

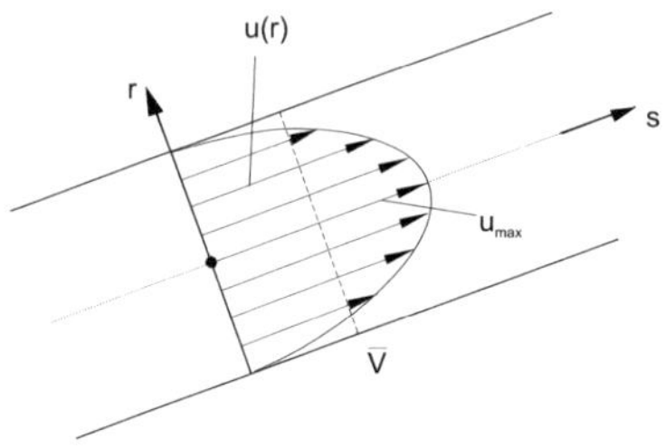

Abb. 8.3: Parabolische Geschwindigkeitsverteilung in laminarer Rohrströmung

$$u_{max} = \frac{-G_p}{4\mu} r_o^2 \tag{8.8}$$

Der Durchfluss ergibt sich durch Integration über den Querschnitt

$$Q = (-G_p)\frac{\pi r_o^4}{8\mu} \tag{8.9}$$

und die mittlere Geschwindigkeit ist

$$\overline{V} = \frac{Q}{A} = \frac{-G_p}{8\mu} r_o^2 = \frac{1}{2} u_{max} \tag{8.10}$$

Wird eine Strömung über Rohrlänge L mit Rohrdurchmesser D betrachtet (Abb. 8.2), so erhält man aus Gl. (8.10) zusammen mit Gl. (8.3) die Hagen[1]-Poiseuille-Gleichung

$$h_v = \frac{32\mu L\overline{V}}{\gamma D^2} \tag{8.11}$$

also ein Druckabfall, der linear zur Geschwindigkeit ist.

[1]Gotthilf Hagen (1797-1884), deutscher Wasserbauingenieur

Bei einem Volumenstrom $Q = \overline{V}D^2\pi/4$ ergibt sich daraus eine erforderliche Leistung P

$$P = \frac{128\mu LQ^2}{\pi D^4} \tag{8.12}$$

die aufgebracht werden muss (z. B. durch eine Pumpe), um das Fluid zu bewegen.

Laminare Rohrströmungen treten auf, wo relativ kleine Fluidmengen durch dünne Leitungen strömen, also z. B. in chemischen Apparaturen oder in der Schmiermitteltechnik. Sie finden sich auch in biologischen Systemen, z. B. Strömungen in Pflanzenkapillaren oder in Blutgefäßen.

8.3 Transition von laminarer zu turbulenter Strömung

Der Umschlag vom laminaren zum turbulenten Strömungszustand in einer Rohrströmung ist durch die Reynoldszahl, $Re = VD/\nu$, bestimmt, wie schon in Abschn. 3.2 anhand des klassischen Reynolds-Experiments erklärt wurde. Ein kritischer Wert für die Transition

$$Re_{krit} \cong 2000$$

wurde dabei als für die Praxis wichtiger Richtwert angegeben. Tatsächlich ist es so, dass die kritische Reynoldszahl zum Teil vom experimentellen Ablauf abhängt. Wird das Experiment so gefahren, dass die Durchflussgeschwindigkeit V allmählich erhöht wird, so kann sich bei sorgfältiger Kontrolle (z. B. absolut glattes Rohr, vollkommene Strömungsfreiheit) ein wesentlich größerer kritischer Wert einstellen, eine sogenannte „obere kritische Reynoldszahl" mit Werten von 40 000 und mehr. Andererseits aber kann das Experiment umgekehrt gefahren werden, wobei man mit hohen Geschwindigkeiten und somit turbulenten Verhältnissen beginnt und die Geschwindigkeit allmählich reduziert bis sich die Strömung stabilisiert („laminarisiert"). Hier wird eine „untere kritische Reynoldszahl" beobachtet, die immer bei etwa 2000 liegt. Für die Praxis ist das der wichtige Richtwert, d. h. für $Re < 2000$ ist die Strömung *definitiv laminar*, da selbst vorhandene starke Störungen gedämpft werden, und für $Re \geq 2000$ ist sie *praktisch immer turbulent*, da normalerweise genügend Störeinflüsse vorhanden sind.

Ein weiteres Indiz für das unterschiedliche Verhalten je nach internem Fließzustand ist in Abb. 8.4 skizziert. Die Energieverlusthöhe h_v (äquivalent zur Druckabnahme) kann über eine bestimmte Rohrlänge L gemessen werden. Im laminaren Bereich ist dabei h_v direkt proportional zur Geschwindigkeit,

$$h_v \approx V \tag{8.13}$$

der Hagen-Poiseuille-Gl. (8.11) entsprechend. Nach der Transition nimmt h_v plötzlich zu und steigt dann im turbulenten Bereich etwa mit dem Quadrat der Geschwindigkeit an

$$h_v \approx V^2 \tag{8.14}$$

Dieser gesteigerte Energieverlust entspricht dem verstärkten Energieaustausch und demnach den größeren Wandspannungen, die durch die turbulenten Wirbelbewegungen getragen werden.

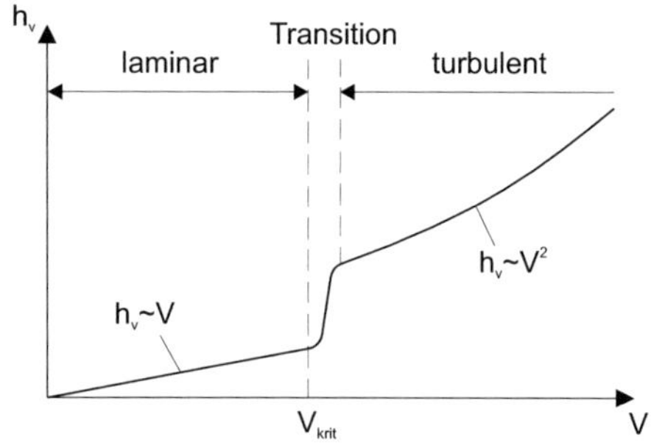

Abb. 8.4: Verlusthöhe als Funktion der Geschwindigkeit in einer Rohrströmung

8.4 Turbulente Rohrströmung

Auf die Universalität des logarithmischen Gesetzes, Gl. (8.32), für alle *Strömungen mit „Wandturbulenz“*[2], d.h. wo Scherung entlang einer freien Wand die Turbulenz erzeugt, wurde schon in Abschn. 7.2.2 anhand der turbulenten Grenzschichten hingewiesen.

Abb. 8.5 zeigt schematisch die Ähnlichkeiten zwischen den turbulenten Strömungen in einer G.S. bzw. in einem Rohr auf. Die G.S. ist zwar eine sich entwickelnde Strömung, $\delta(x)$, trotzdem aber kann ein lokales Gleichgewicht mit einem konstanten Impulsaustausch, $\tau \approx const.$, in der wandnahen Zone angenommen werden. Die Rohrströmung ist dagegen axisymmetrisch gleichförmig mit gegebenem Radius r_o, und die Schubspannung ist hier linear verteilt. Wohl aber kann angenommen werden, dass in den wandnahen Zonen (mit kleinem y), wo die Scherung und demnach die Turbulenzerzeugung am stärksten sind, die

[2]Im Gegensatz dazu ist bei *Strömungen mit freier Turbulenz* die interne Scherung durch Geschwindigkeitsgradienten für die Turbulenzerzeugung verantwortlich. Beispiele hierzu sind turbulente Strahlen (engl. "jets") oder Nachlaufströmungen (engl. "wakes"). Für diese turbulenten Strömungstypen ist das logarithmische Gesetz nicht gültig.

Schubspannung nur wenig von den Wandwerten abweicht $\tau \approx const. = \tau_o$, und auch die Krümmungseffekte unwesentlich sind.

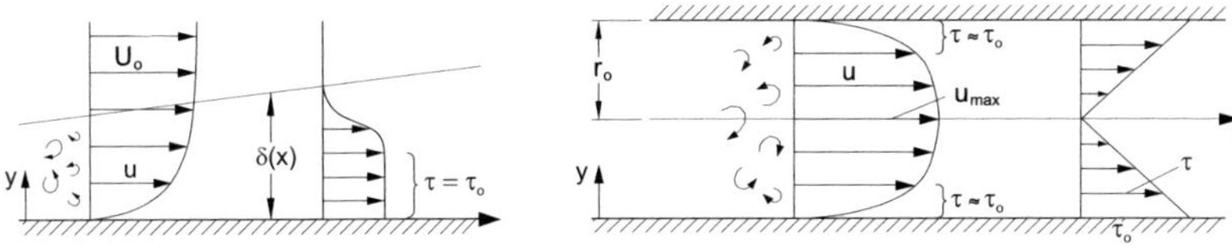

Abb. 8.5: Schematischer Vergleich zwischen turbulenter G.S.-Strömung und turbulenter Rohrströmung

Diese Analogien werden im folgenden verwendet, um zu Gesetzmäßigkeiten über Geschwindigkeitsverteilung bzw. Reibungswiderstände zu gelangen. Dabei wird sowohl das Rohr mit glatten Wänden als auch der Effekt der Rohrrauheit betrachtet. Die wesentliche Skalierungsgröße ist hier die Schubspannungsgeschwindigkeit $u_* = \sqrt{\tau_o/\rho}$, Gl. (7.27).

8.4.1 Geschwindigkeitsverteilung

Glattes Rohr:

1. *Viskose Unterschicht:*

   In Wandnähe sind die turbulenten Bewegungen unterdrückt, so dass in Analogie zur G.S., Gl. (7.29b)

   $$\frac{u}{u_*} = \frac{y}{l_v} \tag{8.15}$$

   mit der Definition der viskosen Länge l_v , Gl. (7.28). Gl. (8.15) ist für den Bereich von $0 < \frac{y}{l_v} < 5$ gültig.

2. *Turbulente wandnahe Zone:*

   Aus der Analogie zur turbulenten G.S., Gl. (7.34), ergibt sich

   $$\frac{u}{u_*} = 2{,}5 ln \frac{y}{l_v} + 5{,}5 \tag{8.16}$$

   Allerdings ist der Gültigkeitsbereich, $20 < \frac{y}{l_v} < 100\,000$, wesentlich vergrößert.

3. *Turbulente Außenzone im Rohrkern:*

   Hier wird das logarithmische Gesetz mit den Randbedingungen an der Rohrachse, $y = r_o$; $u = u_{max}$, ausgewertet

$$\frac{u_{max} - u}{u_*} = -2{,}5 ln \frac{y}{r_o} \tag{8.17}$$

   wobei u_{max} die Maximalgeschwindigkeit ist. Gl. (8.17) gilt für den Zentralbereich $\frac{y}{r_o} > 0{,}15$, wobei eine Überlagerung mit Gl. (8.16) möglich ist. Im Gegensatz zur turbulenten G.S., Gl. (7.35), ist hier keine Korrektur in Form einer Nachlauffunktion notwendig, da die Strömung im Rohrkern immer voll turbulent ist.

Raues Rohr:

In der Praxis sind die Rohrwände mehr oder weniger rau. Diese Oberflächenrauheit ergibt sich einmal aus der Herstellung (z. B. sind Betonrohre wesentlich rauer als Glasrohre) als auch durch betriebsbedingte Ablagerungen (Korrosion oder Inkrustation).

Abb. 8.6 zeigt die Wandrauheiten, gegeben durch Unebenheiten, Vorsprünge, Zähne bzw. Kerben, die durch einen Längenmaßstab, der sogenannten *Rauheit* k_s, gemessen werden.

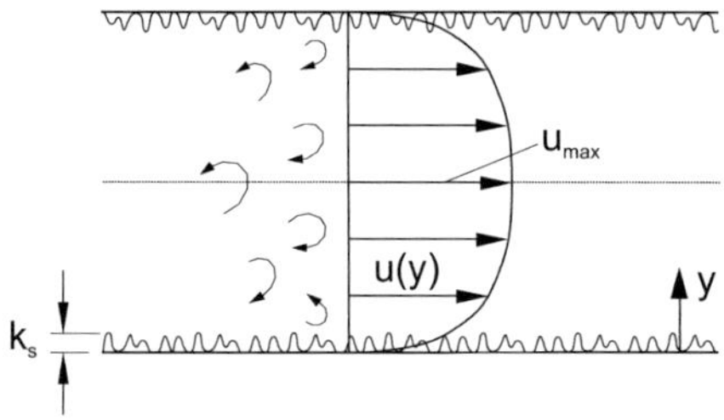

Abb. 8.6: Turbulente Strömung in einem Rohr mit Wandrauheiten

Ob eine turbulente Strömung maßgeblich von der Wandrauheit beeinflusst wird oder nicht, hängt von der Wechselwirkung zum viskosen Verhalten in Wandnähe ab. Die Dicke der viskosen Unterschichten, die sich in Wandnähe ausbildet, ist etwa 10 l_v . Demnach können folgende Unterscheidungen getroffen werden:

Hydraulisch glatte Wand, $k_s \ll 10 l_v$: Die Wandrauheit ist kleiner als die viskose Unterschicht und hat keinen Einfluss auf die turbulente Strömung.

Hydraulisch raue Wand, $ks \gg 10 l_v$: Die Wandrauheit dominiert das Strömungsverhalten, während die Viskosität unwesentlich ist.

Dazwischen liegen natürlich Übergangsbereiche. In der obigen Klassifizierung ist auch zu berücksichtigen, dass die viskose Länge l_v selbst eine Funktion der Strömungsstärke ist und mit zunehmenden Geschwindigkeiten (also zunehmenden Scherspannungen) abnimmt.

1. Turbulente wandnahe Zone:

   Für das raue Rohr gibt es keine viskose Unterschicht und das universelle logarithmische Gesetz Gl. (7.32)

   $$\frac{u}{u_*} = \frac{1}{\kappa} ln y + C$$

   wird direkt mit der Randbedingung an der Position der Rauheit, $y = k_s$, ausgewertet, wo die Geschwindigkeit gleich einer unbekannten Referenzgeschwindigkeit, $u = u_k$, ist. Wird diese so geformte Gleichung von Gl. (7.32) abgezogen, ergibt sich

   $$\frac{u}{u_*} = \frac{1}{\kappa} ln \frac{y}{k_s} + \frac{u_k}{u_*} \tag{8.18}$$

   Der zweite Term auf der rechten Seite entspricht einer Konstanten $B = \frac{u_k}{u_*}$, die aus Experimenten ausgewertet wird, $B = 8{,}5$, so dass

   $$\frac{u}{u_*} = 2{,}5 ln \frac{y}{k_s} + 8{,}5 \tag{8.19}$$

   wobei $\kappa = 0{,}4$ als universeller Wert eingesetzt wurde. Gl. (8.19) gilt im Bereich der wandnahen Zone, $\frac{y}{r_o} < 0{,}15$.

2. Turbulente Außenzone im Rohrzentrum:

   Hier gilt Gl. (8.17) wie für das glatte Rohr.

   Tabelle 8.1 gibt eine Übersicht über die Geschwindigkeitsverteilungen bei turbulenten Strömungen im glatten bzw. rauen Rohr. Zur Unterscheidung, ob sich ein spezifischer Strömungsfall „hydraulisch glatt“ oder „hydraulisch rau“ verhält, muss das Reibungsverhalten berücksichtigt werden (sh. folgender Abschn. 8.4.2).

Die logarithmischen Geschwindigkeitsgesetze gelten generell, unabhängig von der Reynoldszahl der Strömung. Für praktische Berechnungen werden oft einfache Potenzformeln vom Typus

$$\frac{u}{u_{max}} = \left(\frac{y}{r_o}\right)^m \tag{8.20}$$

als Näherungsformeln für Innen- und Außenzone verwendet. Hier ist die Potenz m aber

Tabelle 8.1: Universelle Gesetze für die Geschwindigkeitsverteilung in laminaren bzw. turbulenten Rohrströmungen

Laminare Rohrströmung, Re < 2000	Turbulente Rohrströmung, Re > 2000			
	Glattes Rohr		Raues Rohr	
$\frac{u}{u_{\max}} = \left(1 - \left(\frac{r}{r_o}\right)^2\right)$	Viskose Unterschicht $0 < \frac{y}{l_v} < 5$	$\frac{u}{u_*} = \frac{y}{l_v}$	–	–
	Pufferzone $5 < \frac{y}{l_v} < 20$	Übergang	–	–
	Turbulente Innenzone $20 < \frac{y}{l_v} < 100\,000$	$\frac{u}{u_*} = 2{,}5 ln \frac{y}{l_v} + 5{,}5$	Turbulente wandnahe Zone $\frac{y}{r_o} < 0{,}15$	$\frac{u}{u_*} = 2{,}5 ln \frac{y}{k_s} + 8{,}5$
	Turbulente Außenzone $0{,}5 < \frac{y}{r_o} < 1{,}0$	$\frac{u_{\max} - u}{u_*} = -2{,}5 ln \frac{y}{r_o}$	Turbulente Außenzone $0{,}15 < \frac{y}{r_o} \leq 1{,}0$	$\frac{u_{\max} - u}{u_*} = -2{,}5 ln \frac{y}{r_o}$

nicht universell, sondern abhängig von der Reynoldszahl $Re = VD/\nu$. Zum Beispiel ist

$$m = \frac{1}{6} \quad \text{für} \quad \text{Re} \approx 4 \cdot 10^3$$
$$m = \frac{1}{7} \quad \text{für} \quad \text{Re} \approx 10^5$$
$$m = \frac{1}{9} \quad \text{für} \quad \text{Re} \approx 10^6$$

d. h. das Geschwindigkeitsprofil wird „voller" für höhere Reynoldszahlen, wie in Abb. 8.7 gezeigt ist.

8.4.2 Reibungswiderstand

Der Reibungswiderstand in turbulenten Rohrströmungen, ausdrückbar entweder durch die Wandschubspannung τ_o oder die Verlusthöhe h_v (sh. Gl. (8.4)), hängt eng mit den Geschwindigkeitsverteilungen zusammen. Sowohl Viskosität als auch Wandrauheit beeinflussen demnach allgemein den Reibungswiderstand.

Da die Verlusthöhe h_v erfahrungsgemäß etwa proportional mit dem Quadrat der mittleren Geschwindigkeit zunimmt (vgl. Abb. 8.4), wird sie traditionsgemäß mit dem *Ansatz nach Darcy-Weisbach*[3]

$$h_v = \lambda \frac{L}{D} \frac{V^2}{2g} \tag{8.21}$$

[3] Julius Weisbach (1806-1871), deutscher Maschinenbauingenieur

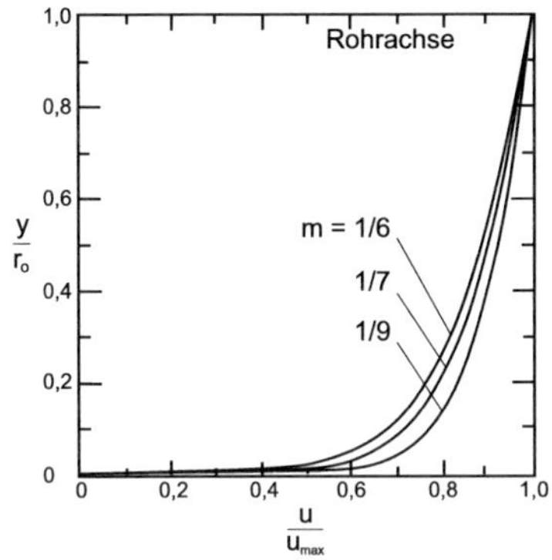

Abb. 8.7: Potenzformeln für turbulente Geschwindigkeitsprofile in Rohrströmungen in Abhängigkeit von der Reynoldszahl

dargestellt. λ ist der dimensionslose *Reibungsbeiwert nach Darcy-Weisbach*.

Anwendung von Gl. (8.4) zeigt die Beziehung zur Wandschubspannung

$$\tau_o = \frac{\lambda}{4}\rho\frac{V^2}{2} \tag{8.22}$$

Der relative Einfluss der Fluidviskosität ν und der Wandrauheit k_s in einer Strömung mit mittlerer Geschwindigkeit V und Rohrdurchmesser D wird durch zwei dimensionslose Parameter, die *Reynoldszahl Re* und die *relative Rauheit* k_s/D, ausgedrückt. Der Reibungsbeiwert λ ist demnach i. a. eine Funktion dieser beiden Parameter

$$\lambda = f\left(Re = \frac{VD}{\nu}, \frac{k_s}{D}\right) \tag{8.23}$$

Die Reibungsbeiwerte von turbulenten Rohrströmungen wurden empirisch durch zahlreiche Versuche über einen breiten Parameterbereich, Re und k_s/D, evaluiert. Die ausführlichen Versuche von Nikuradse (1926) sind hier besonders wichtig. Die Resultate solcher Messungen sind im *Diagramm nach Moody*[4] (1944) (Abb. 8.8) zusammengefasst.

Die doppellogarithmische Darstellung im Moody-Diagramm zeigt die folgenden wichtigen Zusammenhänge für den *turbulenten Bereich* ($Re > 2000$):

1. *Hydraulisch glattes Rohr:*

[4]Lewis Francis Moody (1880-1953), amerikanischer Maschinenbauingenieur

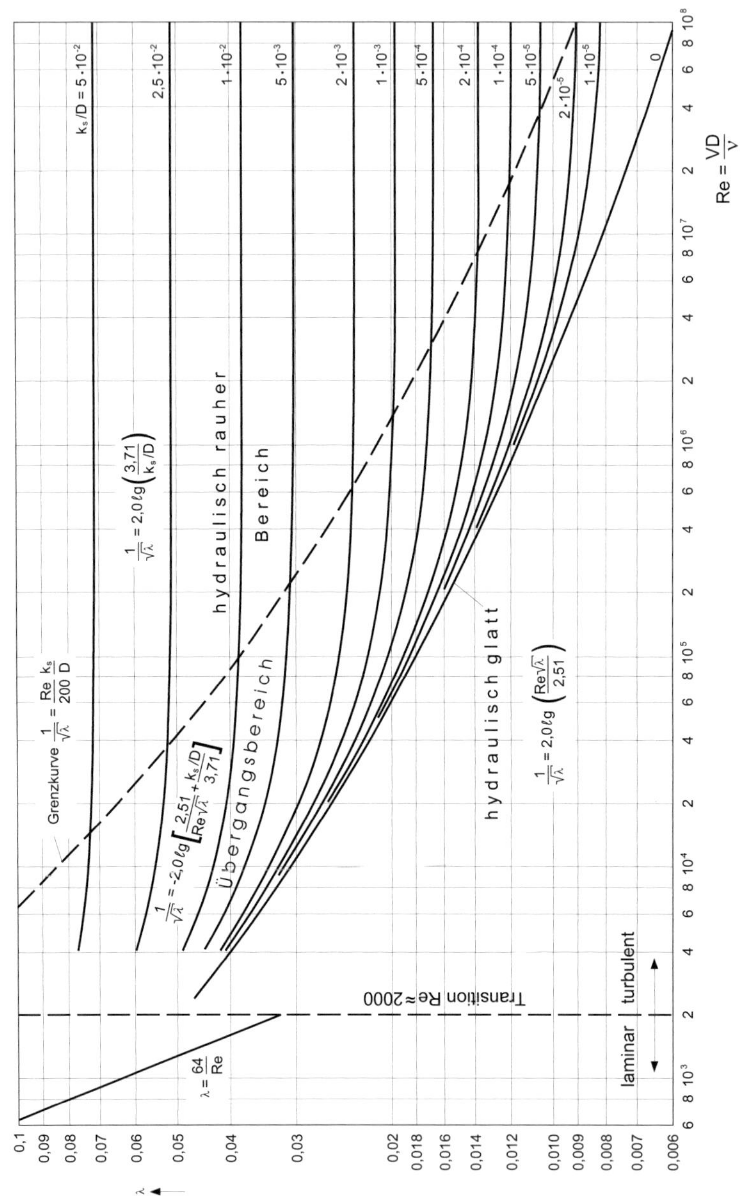

Abb. 8.8: Moody-Diagramm: Reibungsbeiwerte für Rohrleitungsströmungen als Funktion der Reynoldszahl Re und relativen Rauheit k_s/D

Hier ist die Reibung unabhängig von der Wandrauheit, $\lambda = f(Re)$. Das folgende empirische Gesetz gilt

$$\frac{1}{\sqrt{\lambda}} = 2{,}0\ lg\left(Re\sqrt{\lambda}\right) - 0{,}8 = 2{,}0\ lg\frac{Re\sqrt{\lambda}}{2{,}51} \quad (8.24)$$

2. *Hydraulisch raues Rohr:*

   Der Reibungsbeiwert ist eine Funktion der relativen Rauheit allein, $\lambda = f(k_s/D)$, deren Form sich aus den Messungen als

   $$\frac{1}{\sqrt{\lambda}} = 2{,}0\ lg\frac{k_s}{D} + 1{,}14 = 2{,}0\ lg\frac{3{,}71}{\frac{k_s}{D}} \quad (8.25)$$

   ergibt.

3. *Übergangsbereich:*

   Eine Interpolationsformel, die den gemessenen Übergang zwischen Gl. (8.24) und (8.25) beschreibt, ist nach Colebrook und White (1938)

   $$\frac{1}{\sqrt{\lambda}} = -2{,}0\ lg\left[\frac{2{,}51}{Re\sqrt{\lambda}} + \frac{\frac{k_s}{D}}{3{,}71}\right] \quad (8.26)$$

   Im Übergangsbereich ist zu sehen, dass eine bestimmte Rauheit (gegebener Wert k_s/D) mit zunehmender Reynoldszahl Re einen immer größeren Einfluss auf die Strömung hat. Dies ergibt sich durch abnehmende Dicke der viskosen Schicht ($\sim 10 l_\nu$) wie in Abschn. 8.4.1 diskutiert wurde.

Die obigen Formeln haben den Nachteil, dass λ nicht als explizite Funktion, so wie es z. B. für Berechnungen in Computerprogrammen nützlich wäre, dargestellt wird. Eine alternative Formel, die den funktionalen Zusammenhang explizit darstellt, ist nach Swamee und Jain (1976)

$$\lambda = \frac{0{,}25}{\left[lg\left(\frac{k_s}{3{,}7D} + \frac{5{,}74}{Re^{0{,}9}}\right)\right]^2} \quad (8.27)$$

mit dem Gültigkeitsbereich $10^{-6} < \frac{k_s}{D} < 10^{-2}$ und $4 \cdot 10^3 < Re < 10^8$.

Das Moody-Diagramm schließt auch der Vollständigkeit halber den *laminaren Bereich* ($Re < 2000$) ein. Der Vergleich der Hagen-Poiseuillle-Gl. (8.11) zum Ansatz nach Darcy-Weisbach, Gl. (8.21), führt zu

$$\lambda = \frac{64}{Re} \quad (8.28)$$

d. h. die Poiseuille-Strömung ist rein viskos kontrolliert und unabhängig von Wandrauheiten. Klar ersichtlich ist auch die starke Zunahme der Strömungsreibung nach der Transition in den turbulenten Bereich (vgl. auch Abb. 8.4).

Zur Benutzung des Moody-Diagrammes muss die Rauheit k_s des jeweiligen Rohrmaterials bekannt sein. Hierbei ist zu berücksichtigen, dass nicht nur die tatsächliche geometrische Abmessung der Rauheiten und Textur (z. B. Welligkeit) wichtig sind. Tabelle 8.2 gibt eine Zusammenfassung für die sogenannten „äquivalenten Sandrauheiten" von verschiedenen Rohrmaterialien, d. h.. der tatsächlich gemessene Reibungsverlust für diese Rohrmaterialien wurde verglichen mit Referenztests (bes. nach Nikuradse, 1926), bei denen sorgfältig mit Sandrauheiten versehene Rohre untersucht wurden.

Nicht-kreisförmige Rohrquerschnitte:

Die meisten Rohrleitungen haben einen Kreisquerschnitt. Trotzdem sind andere Querschnittsformen für die Praxis wichtig (z. B. Rechtecksquerschnitte bei Gebäudebelüftungsleitungen). Zur Bemessung des Reibungsverhaltens bei solchen Strömungsquerschnitten ist das Konzept des hydraulischen Radiuses wichtig. Abb. 8.9 zeigt ein Rohrstück mit will-

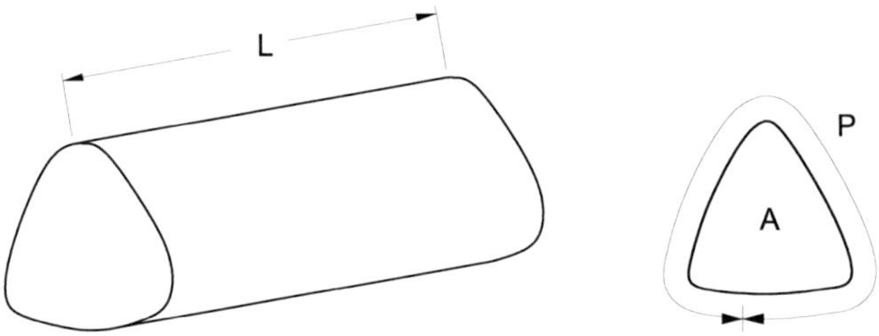

Abb. 8.9: Rohrstück mit willkürlichem Querschnitt

kürlichem Querschnitt, gekennzeichnet durch eine Querschnittsfläche A und den benetzten Umfang P. Das Kräftegleichgewicht an diesem Rohrstück gibt, analog zu Gl. (8.5),

$$\tau_o P L = \gamma h_v A \tag{8.29}$$

wobei τ_o als mittlere Schubspannung am benetzten Umfang angenommen wurde. Wird τ_o generell in den Darcy-Weisbach-Ansatz, Gl. (8.22), eingesetzt, so ergibt sich

$$h_v = \frac{\lambda}{4} \frac{L}{A/P} \frac{V^2}{2g}$$

Tabelle 8.2: Äquivalente Sandrauheiten für verschiedene Rohrmaterialien

Werkstoff und Rohrart	Zustand	k_s (mm)
Gezogene und gepresste Rohre aus Kupfer und Messing, Glasrohre	technisch glatt, auch Rohre mit Metallüberzug (Kupfer, Nickel, Chrom)	0.00135–0.00152
Kunststoffrohre	neu	0.0015–0.0075
Nahtlose Stahlrohre, neu	typische Walzhaut	0.02–0.06
gewalzt und gezogen	gebeizt	0.03–0.04
	ungebeizt	0.08–0.06
	rostfreier Stahl, mit Metallspritzüberzug	0.08–0.09
	sauber verzinkt	0.07–0.10
	handelsübliche Verzinkung	0.03–0.04
	ungebeizt	0.10–0.16
aus Stahlblech geschweißt, neu	typische Walzhaut	0.04–0.10
	bitumiert	0.01–0.05
	zementiert	etwa 0.18
	galvanisiert, für Belüftungsrohre	etwa 0.008
Stahlrohre, gebraucht	gleichmäßige Rostnarben	etwa 0.15
	mäßig verrostet, leichte Verkrustung	0.15–0.40
	mittelstarke Verkrustung	etwa 0.15
	starke Verkrustung	2–4
	nach längerem Gebrauch gereinigt	0.15–0.20
	bitumiert, z. T. beschädigt, Roststellen	etwa 0.1
	Ablagerungen in blättriger Form	etwa 1.1
	25 Jahre in Betrieb, unregelmäßige Teer- und Naphtalinablagerungen	etwa 2.5
Gusseiserne Rohre	neu, typische Gusshaut	0.2–0.3
	neu, bitumiert	0.1–0.13
	gebraucht, angerostet	1–1.5
	verkrustet	1.5–4
	nach mehrjährigem Betrieb gereinigt	0.3–1.5
	städt. Kanalisationen	etwa 1.2
	stark verrostet	4.5
Betonrohre	neu, handelsüblich. Glattstrich	0.3–0.8
	neu, handelsüblich, mittelrau	1–2
	neu, handelsüblich, rau	2–3
	neu, Stahlbeton, glatt	0.1–0.15
	neu, Schleuderbeton, glatt	0.1–0.15
	neu, Schleuderbeton, ohne Verputz	0.2–0.8
	glatte Rohre, nach mehrjährigem Betrieb	0.2–0.3
	Mittelwert Rohrstrecke ohne Stöße	0.2
	Mittelwert Rohrstrecke mit Stößen	2.0
Rohre aus Asbestzement	neu, glatt	0.03–0.10
Tonrohre	neu, Drainagerohre	etwa 0.7
	neu, aus rohen Tonziegeln	etwa 9

und mit der Definition des *hydraulischen Radiuses* R_h

$$\frac{A}{P} = R_h \tag{8.30}$$

erhält man

$$h_v = \lambda \frac{L}{4R_h} \frac{V^2}{2g} \tag{8.31}$$

die verallgemeinerte Bemessungsformel für nicht-kreisrunde Rohre.

Nachdem für ein Kreisrohr, $R_h = D/4$, bzw. $D = 4R_h$, gilt, kann das Moody-Diagramm auch für nicht-kreisrunde Rohre angewendet werden, wobei

$$\lambda = f\left(Re = \frac{V \cdot 4R_h}{\nu}, \frac{k_s}{4R_h}\right) \tag{8.32}$$

Diese Vorgehensweise ist für die Praxis ausreichend genau. Das Konzept des hydraulischen Radiuses ist auch für die Analyse von Gerinneströmungen, die ja ein genereller Fall eines nichtkreisförmigen Querschnittes sind, wesentlich (sh. Absch. 10.1 und 10.3).

8.5 Ungleichförmige Strömungen in Rohrleitungen

8.5.1 Strömungsentwicklung am Rohreinlauf

Abb. 8.10 zeigt den Übergang von einem großen Behälter in eine Rohrleitung. Der Einlauf ist ausgerundet, um Strömungsablösungen zu vermeiden. Weit genug vom Einlauf entfernt ist die Strömung, wie oben beschrieben, entweder laminar oder turbulent ausgebildet.

Die G.S. wachsen allmählich von der Berandung in den Kern der Strömung. Die Kernzone selbst ist scherungsfrei. Die Entwickungslänge L_e ist bei laminaren Strömungen abhängig von der Reynoldszahl

$$L_e \cong 0{,}05D\,Re \tag{8.33}$$

und bei turbulenten Strömungen

$$L_e \cong 50D \tag{8.34}$$

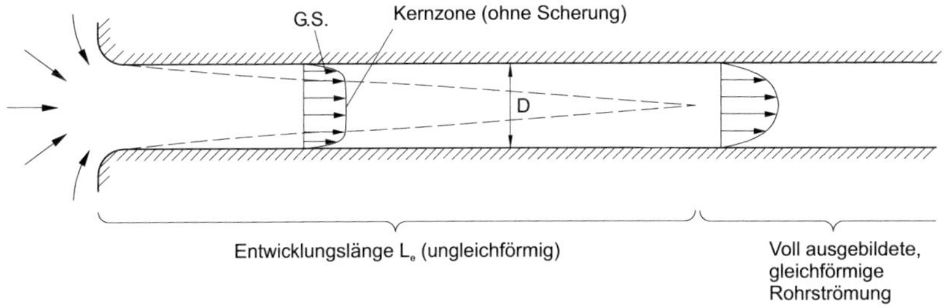

Abb. 8.10: Übergang von einem Behälter in eine Rohrleitung

8.5.2 Örtliche Energieverluste

Rohrleitungen bestehen nicht nur aus gleichförmigen geraden Rohrstücken. In Rohrleitungen gibt es Krümmer, Abzweigungen, Verengungen und Erweiterungen, Regelorgane und weitere Einbauten, die alle zu örtlichen Energieverlusten führen, welche gegenüber den kontinuierlichen Reibungsverlusten nicht vernachlässigbar klein sind.

Abb. 8.11 zeigt z.B. eine plötzliche Rohrerweiterung. Die Strömung, die im Querschnitt A_1 voll ausgebildet ist, kann an der plötzlichen Erweiterung der Geometrie nicht folgen. Es kommt in diesem Bereich zu Ablösungen und dadurch zu Rückströmungen und erhöhten Energieverlusten durch turbulente Dissipation (sh. auch Abschn. 5.4 zur Analyse der Rohrerweiterungsströmung). Nach einer gewissen Distanz stellt sich wieder eine gleichförmige Strömung im Querschnitt A_2 ein.

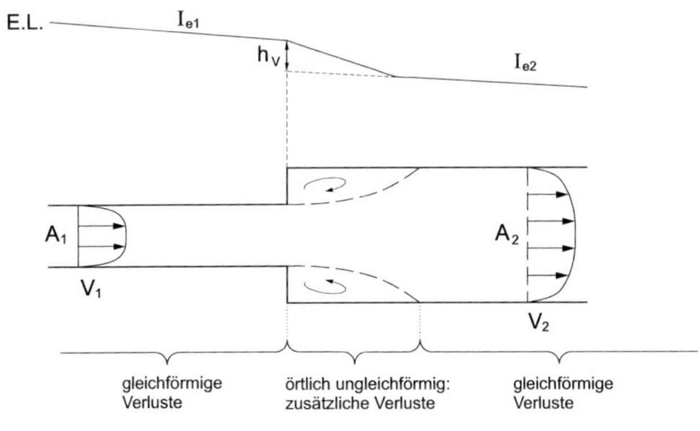

Abb. 8.11: Örtliche Energieverluste durch plötzliche Rohrerweiterung

Während die Energielinie im ersten Abschnitt einen Gradienten I_{e_1} bzw. im zweiten Abschnitt I_{e_2} hat, stellt der Wert h_v (sh. Abb. 8.11) den zusätzlichen *örtlichen Energieverlust* dar. Solch örtliche Verluste werden als

$$h_v = \zeta \frac{V^2}{2g} \tag{8.35}$$

d. h. proportional zur Geschwindigkeitshöhe, parameterisiert, wobei ζ ein dimensionsloser Verlustbeiwert ist. Je nach Strömungsbedingungen kann die Referenzgeschwindigkeit V dabei den Zustand vor oder nach der Ungleichförmigkeit beschreiben.

Abb. 8.12 gibt Beispiele für örtliche Verlustbeiwerte ζ für verschiedene Rohrleitungsgeometrien, wie z. B. Einlauf und Auslauf, Rohrumlenkungen, Verengungen und Erweiterungen, und Schieber an. Nur in wenigen Fällen (z. B. plötzliche Rohrerweiterung, sh. Abschn. 5.4) sind diese Verlustbeiwerte analytisch erfassbar. Der Großteil der Daten geht auf experimentelle Messungen zurück.

8.6 Rohrleitungssysteme

Rohrleitungssysteme, wie z. B. im städtischen Wasserversorgungssystem, in industriellen Anlagen oder zur Energienutzung in Wasserkraftanlagen, bestehen aus Rohrsträngen, die mehrfach vernetzt sein können, aber auch aus vielen anderen Komponenten wie Behälter, Pumpen, Turbinen und Kontrollorganen.

Die Hauptvorgehensweise für die Berechnung von *stationären Fließvorgängen* in solchen Systemen ist die Arbeits-Energie-Gl. (Kap. 5) mit den zusätzlichen Abschätzungen der Energieverluste wie in den vorherigen Abschnitten. Als Beispiel dazu ist in Abb. 8.13 ein Zwei-Behälter-System mit zwei Rohrsträngen und Schieber dargestellt. Die Energielinie E.L. bzw. Drucklinie D.L. sind schematisch eingezeichnet. Typisch für die Praxis sind Fragen nach Durchflussmengen und Energiehöhen, Auswirkungen von Öffnen und Schließen von Schiebern, bzw. ob der Einbau von Pumpen und Turbinen notwendig oder effektiv ist.

Bei plötzlichen Änderungen in dem hydraulischen System, z. B. durch Einschalten oder Abstellen von Pumpen oder Schließen von Ventilen, treten auch *instationäre Fließvorgänge* in Form von Druckstosswellen (sh. Abschn. 4.2.1) im System auf.

Einlauf	gerundet	ζ=0,2 $V \sim$ nach Einlauf
	scharfkantig	ζ=0,5
Auslauf		ζ=1,0 $V \sim$ vor Auslauf

Rohrumlenkung

Krümmer (90° Krümmungswinkel)

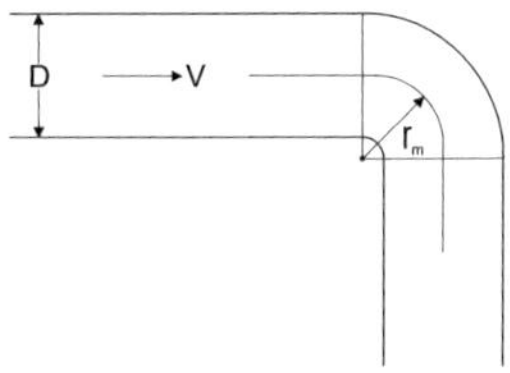

r_m/D	
1	ζ=0,35 (scharf)
2	ζ=0,19
4	ζ=0,16 (minimal)
6	ζ=0,21
8	ζ=0,28
10	ζ=0,32 (lang)

Ecke ohne Umlenkschaufeln: $\zeta = 1{,}1$

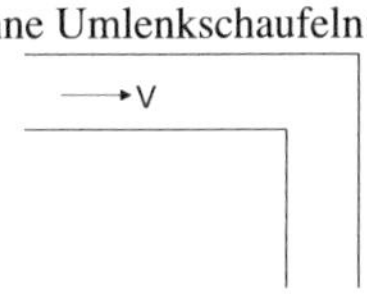

mit Umlenkschaufeln: $\zeta = 0{,}2$

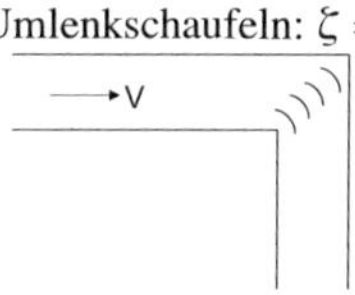

Verengung

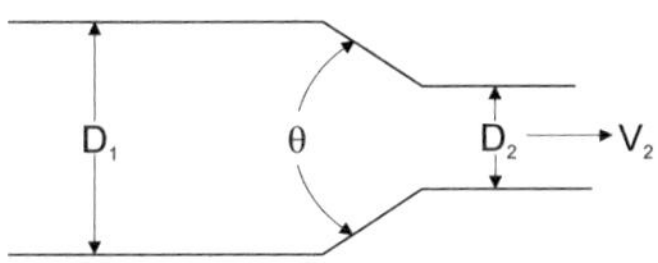

r_m/D	θ=60°	θ=180° (abrupt)
0,0	ζ=0,08	ζ=0,50 (Einlauf)
0,2	ζ=0,08	ζ=0,49
0,4	ζ=0,07	ζ=0,42
0,6	ζ=0,06	ζ=0,32
0,8	ζ=0,05	ζ=0,18
0,9	ζ=0,04	ζ=0,10

Erweiterung

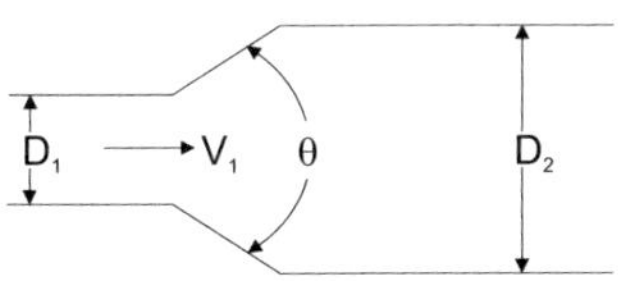

r_m/D	θ=60°	θ=180° (abrupt)
0,0		ζ=1,00
0,2	ζ=0,13	ζ=0,92
0,4	ζ=0,11	ζ=0,72
0,6	ζ=0,06	ζ=0,42
0,8	ζ=0,03	ζ=0,16

theoretisch: $\zeta = (1-(D_1/D_2)^2)^2$

Plattenschieber

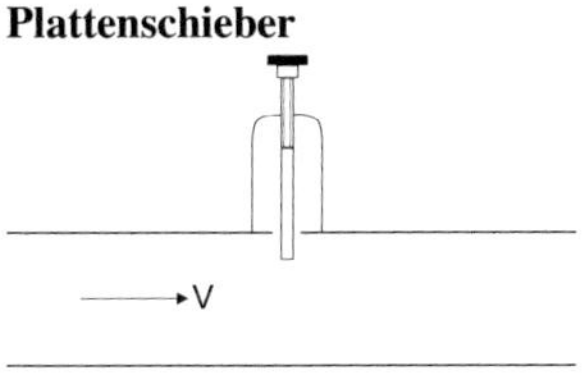

	offen	3/4	1/2	1/4
	ζ=0,2	1,15	5,6	24,0

Abb. 8.12: Örtliche Energieverluste für verschiedene Rohrleitungsgeometrien

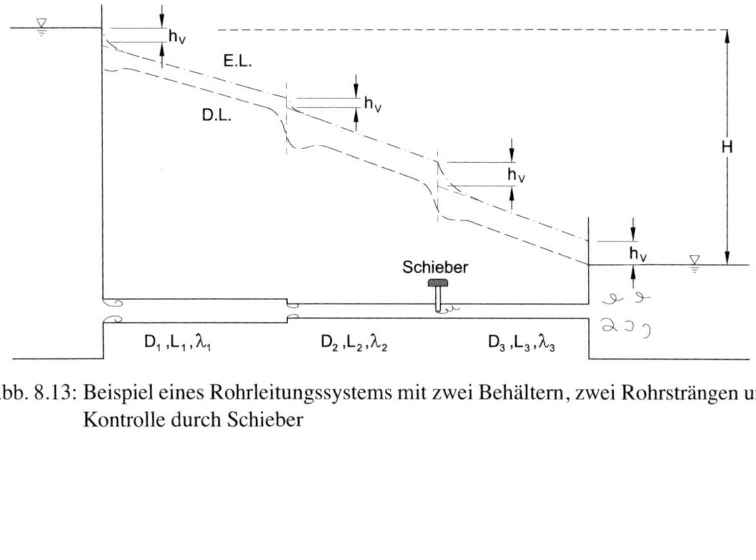

Abb. 8.13: Beispiel eines Rohrleitungssystems mit zwei Behältern, zwei Rohrsträngen und Kontrolle durch Schieber

Kapitel 9

Strömungskräfte auf Körper

Die Strömung eines realen Fluides um einen Körper verursacht hydrodynamische Kräfte auf den Körper. Die Existenz und die Größe dieser Kräfte stehen in direktem Zusammenhang mit dem Einfluss der Viskosität auf die Strömung. Die Verhältnisse sind dabei analog zu denen, die schon in den beiden vorhergehenden Kapiteln besprochen wurden: Bei sehr kleinen Geschwindigkeiten, also hohem Viskositätseinfluss, ist der gesamte Strömungsbereich in der Körperumgebung viskos beeinflusst (sog. schleichende Strömung). Bei größeren Geschwindigkeiten dagegen ist der viskose Einfluss auf dünne Grenzschichten an der Körperperipherie beschränkt. Je nach Körperform lösen sich die G.S. früher oder später vom Körper ab, was die Druckverteilung besonders an der Körperrückseite beeinflusst.

9.1 Widerstand und Auftrieb

Abb. 9.1 zeigt einen willkürlich geformten zweidimensionalen Körper (Koordinatensystem $x-y$), der von einer Strömung mit Geschwindigkeit V_o und Referenzdruck p_o angeströmt wird. Die Körperaußenfläche sei A, und ein lokales Flächenelement dA ist durch den Neigungswinkel θ relativ zur positiven x-Achse definiert.

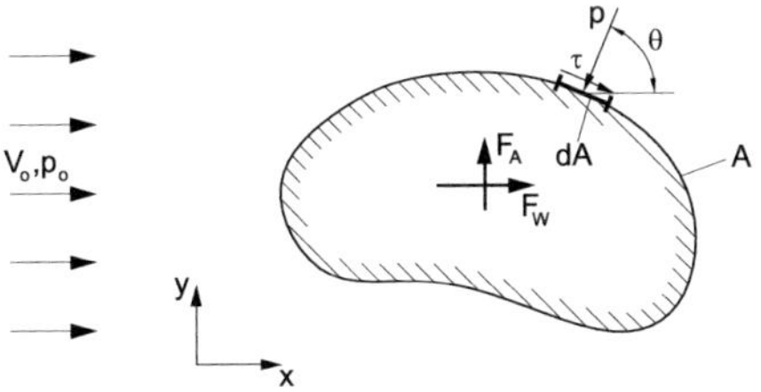

Abb. 9.1: Widerstand und Auftrieb bei Umströmung eines Körpers

Als Folge der Umströmung stellt sich eine Verteilung der Druckspannungen p (normal zu dA) und der Schubspannungen τ (tangential zu dA) ein. Durch Integration der Spannungskomponenten in die x- bzw. y-Richtung definieren sich zwei Kräfte, die auf den Körper wirken. Die *Widerstandskraft* F_W (engl. „drag force"; in der internationalen Literatur wird das Symbol F_D verwendet)

$$F_w = \int_A (-p\cos\theta)dA + \int_A (\tau\sin\theta)dA \tag{9.1}$$

ist die Nettokraft in der Strömungsrichtung (x-Richtung). Sie setzt sich aus zwei Anteilen zusammen, dem Formwiderstand, gegeben durch die Druckverteilung, und dem Oberflächenreibungswiderstand, gegeben durch die Schubspannungsverteilung.

Die *Auftriebskraft*[1] F_A (engl. „lift force", mit dem Symbol F_L)

$$F_A = \int_A (-p\sin\theta)dA + \int_A (-\tau\cos\theta)dA \tag{9.2}$$

ist die Nettokraft normal zur Strömungsrichtung (y-Richtung), wobei der zweite Term aufgrund der Schubspannungsverteilung meist vernachlässigbar klein ist.

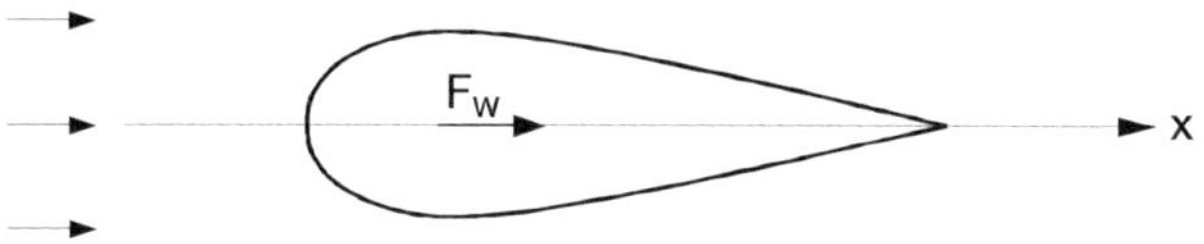

Abb. 9.2: Widerstand bei Umströmung eines symmetrischen Körpers

Ist ein Körper relativ zur Strömungsrichtung (x-Richtung) symmetrisch (Abb. 9.2), so verschwindet die Auftriebskraft F_A. Es können zwar kurzzeitig Querkräfte (z. B. hydrodynamische Schwingungskräfte durch intermittierende Ablösungen) auftreten, diese sind im Mittel aber gleich Null.

9.2 Strömungsverhalten bei großen Reynoldszahlen

Dem Strömungsverhalten bei großen Reynoldszahlen fällt für die Ingenieurpraxis, z. B. Widerstand bei Fahrzeugen oder Flugkörpern oder Strömungskräfte auf Bauwerke, besondere Bedeutung zu.

[1] Die hydrodynamische Auftriebskraft F_A sollte nicht mit der hydrostatischen Auftriebskraft auf eingetauchte Körper (Abschnitt 2.5) verwechselt werden.

Im Prinzip bilden sich bei großen Reynoldszahlen, d.h. bei relativ kleinen Viskositätseinflüssen, dünne Grenzschichten entlang der Körperperipherie aus. Die Strömungsbedingungen in den G.S. sind aber ganz entscheidend von der *Körperform* und den dadurch induzierten *Druckgradienten in der Umströmung* abhängig.

Hier sei auf Resultate hingewiesen, die schon in vorigen Kapiteln abgeleitet wurden:

1. Die längsgestellte ebene Platte (Abschn. 7.2) ist der Extremfall einer *langgestreckten Körperform*, bei der kein Druckgradient in der Umströmung induziert wird, $dp/ds = 0$. In diesem Fall bilden sich laminare G.S., die je nach Distanz und Plattenrauheit in turbulente G.S. übergehen. Die G.S. sind ablösungsfrei und stabil. Der Strömungswiderstand ist einzig und allein durch den Oberflächenreibungswiderstand bestimmt.

2. Der Kreiszylinder (sh. auch Abschn. 4.1.6) ist dagegen ein Beispiel einer *gedrungenen oder gewölbten Körperform*. Hier induziert der Körper einen Druckgradienten, $dp/ds \neq 0$, in der Umströmung entlang der Körperperipherie. An der Körpervorderseite ist dabei $dp/ds < 0$, d.h. der Druck nimmt ab, wie es aus einfachen Überlegungen mit reibungsfreien Annahmen (Bernoulli-Gleichung) ersichtlich ist, während sich die Umströmung beschleunigt.

   Die Strömung in der begleitenden G.S. ist dabei auch beschleunigend und stabil, wobei die G.S.-Dicke $\delta(s)$ im Vergleich zum Fall ohne Druckgradienten kleiner ist. Der Tatsache einer stabilen G.S. entsprechend stellt $dp/ds < 0$ einen *günstigen Druckgradienten* dar.

   An der Körperrückseite nimmt der reibungsfreien Annahme entsprechend aber der Druck zu, $dp/ds > 0$, und die Umströmung verzögert sich. Der Verzögerungseffekt ist aber innerhalb der bestehenden G.S. besonders ausgeprägt, so dass sich die Geschwindigkeit in der G.S. ab einer gewissen Position, dem sogenannten *Ablösungspunkt*, umkehrt. Die G.S. löst sich demnach vom Körper ab und Rückströmungen entwickeln sich an der Körperhinterseite. Die abgelöste G.S.-Strömung führt zu internen Scherungen und Turbulenzausbildung in der Nachlaufzone des Körpers. Grenzschichtablösungen werden also durch einen *adversalen Druckgradienten*, $dp/ds > 0$, induziert.

Abb. 9.3 zeigt schematisch für eine elliptische Körperform das G.S.-Verhalten und das Ablösungsphänomen (sh. auch Abb. 4.14). Der Druck entlang der Körperhinterseite ist relativ konstant (da die Rückströmgeschwindigkeiten klein sind) und in erster Linie durch den Druck an den Ablösungspunkten A bestimmt. Für die Widerstandskraft F_W ist demnach die Position der G.S.-Ablösung entscheidend: Löst sich die G.S. früh ab, so ergibt sich eine Rezirkulationszone und danach eine breite *Nachlaufzone* (engl. „wake") b_w und

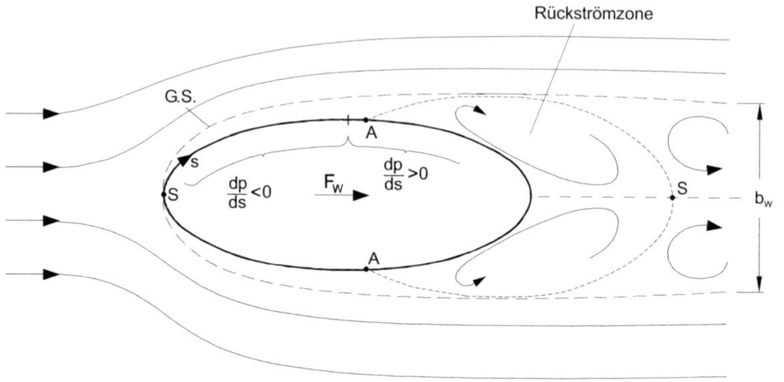

Abb. 9.3: Grenzschichtverhalten bei Umströmung eines gewölbten Körpers

ein großer Widerstand. Bei einer späteren Ablösung dagegen wird b_w und somit F_W kleiner. Die Ablösungspositionen wiederum werden durch G.S.-Strömung beeinflusst. Diese kann rein laminar oder, nach einer Transition, turbulent sein. Im laminaren Fall findet eine frühe Ablösung statt. Bei einer turbulenten G.S. dagegen wird durch den intensiveren Impulsaustausch die Geschwindigkeitsumkehrung erst später stattfinden, so dass engere Nachlaufzonen gebildet werden und der Strömungswiderstand kleiner ist. Reynoldszahlen und Körperrauheit beeinflussen natürlich diese Phänomene.

Der Strömungswiderstand eines gedrungenen Körpers ist also vorwiegend durch die Druckverteilung, die sich durch G.S.-Ablösungserscheinungen ergibt, bestimmt (sh. Gl. (9.1)]. Da die Druckverteilung eng mit der Körperform verbunden ist, wird diese Art des Widerstands auch *Formwiderstand* genannt.

Die dimensionslose Druckverteilung an der Körperperipherie ist durch den Druckkoeffizienten C_p (sh. Gl. (4.26))

$$C_p = \frac{p - p_o}{\rho \frac{V_o^2}{2}} \tag{9.3}$$

bestimmt. Als Beispiel dazu siehe Abb. 4.16 mit der gemessenen Druckverteilung an einem Kreiszylinder bei einer Reynoldszahl $Re = V_o d/\nu \approx 10^5$.

9.3 Widerstandsbeiwerte

Da der Staudruck $\rho V_o^2/2$ die maßgebliche dynamische Größe der Anströmung ist, wird die Widerstandskraft F_W als

$$F_W = C_W \rho \frac{V_o^2}{2} A_p \tag{9.4}$$

parameterisiert, wobei A_P die projizierte Querschnittsfläche (d. h. die maximale, zur Strömungsrichtung normale Querschnittsfläche) des Körpers ist (sh. Abb. 9.4).

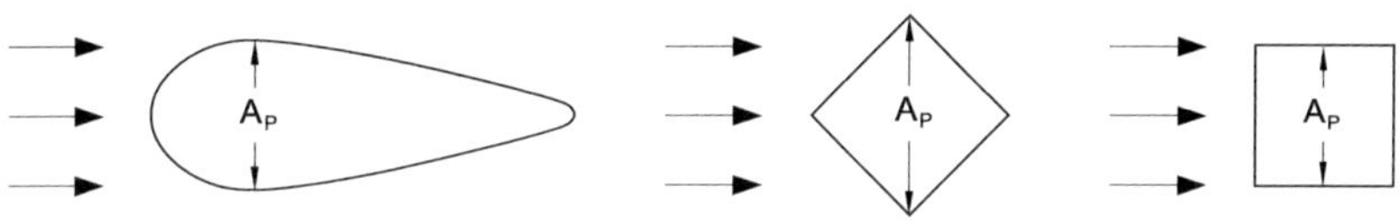

Abb. 9.4: Beispiele zur Definition der Querschnittsfläche bei Körperumströmung

C_W ist der Widerstandsbeiwert (engl. „drag coefficient", mit Notation C_D), der in umgekehrter Form

$$C_W = \frac{F_W}{\rho \frac{V_o^2}{2} A_p} \tag{9.5}$$

als dimensionslose Widerstandskraft angesehen werden kann. Den Überlegungen des vorhergehenden Abschnitts gemäß hat C_W folgende Abhängigkeiten

$$C_W = f(\text{Körperform}, \text{Re}, \text{Rauheit}, \text{Ma}) \tag{9.6}$$

Der Kompressibilitätseinfluss, gemessen durch die Machzahl $Ma = V_o/c$, ist nur für Hochgeschwindigkeitsströmungen im kompressiblen Medium (z. B. Luft) wesentlich. Er kann für $Ma < 0{,}3$ generell vernachlässigt werden. Für Luftströmungen bedeutet dies, dass $V_o < 100\ m/s$ ($\sim 300\ km/h$).
Die Körperform ist der entscheidende Faktor, zu welchem Grad der C_W-Beiwert durch die Druck- bzw. Schubspannungskomponente beeinflusst wird. Tabelle (9.1) gibt hierzu eine Übersicht, die zeigt, dass gestreckte Körper [2]in erster Linie durch Oberflächenreibung und gedrungene Körper durch Formwiderstand kontrolliert sind.

[2]Im asymptotischen Grenzfall der längsgestellten dünnen Platte, $A_P \to 0$, ist die Parameterisierung nach Gl. (9.4) nicht mehr sinnvoll. Hier wird gemäß Gl. (7.24) die gesamte Plattenoberfläche als maßgebliche geometrische Größe benutzt, und $F_W = F_S$.

Tabelle 9.1: Einfluss der Körperform auf die Druck- bzw. Schubspannungskomponente des Strömungswiderstands

Körperform			Druckkomponente	Schubspannungskomponente
gestreckte Körpertypen	Längsgestellte Platte	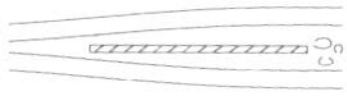	0%	100%
	Stromlinienförmig (gestreckt)	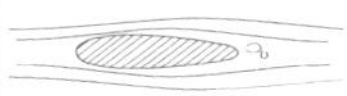	≈10%	≈90%
gedrungene Körpertypen	Kreiszylinder	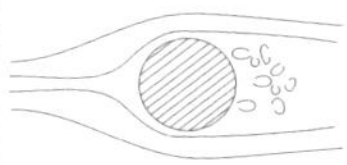	≈90%	≈10%
	Quergestellte Platte	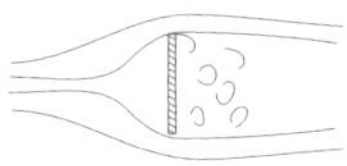	100%	0%

9.3.1 Widerstände von zweidimensionalen Körpern

Grundbeispiel: Quergestellte Platte bei hoher Reynoldszahl:

Wegen der Komplexität der Strömungsverhältnisse werden Widerstandsbeiwerte fast ausschließlich durch experimentelle Messungen ermittelt. Hierbei wird entweder die Kraft F_W direkt gemessen (durch Kraftmesseinrichtungen) oder die Druckverteilung an der Körperperipherie ermittelt. Das folgende Beispiel zeigt die Beziehung zwischen beiden Vorgehensweisen.

Abb. 9.5 zeigt eine quergestellte Platte mit Breite b, die von der Strömung V_o mit Referenzdruck p_o umströmt wird. Die Plattenlänge l beschreibt die dritte Dimension. Bei genügend großer Reynoldszahl $Re = V_o b/\nu > 10$ ergibt sich ein Strömungsbild und Druckverteilung wie in Abb. 9.5 skizziert. An der Plattenvorderseite herrschen Staubedingungen mit Überdruck, $C_p > 0$. Der mittlere gemessene Wert ist dabei $\overline{C}_{pv} \approx +0{,}8$. An den Plattenkanten herrschen klare Ablösungsbedingungen, und es bildet sich eine turbulente Nach-

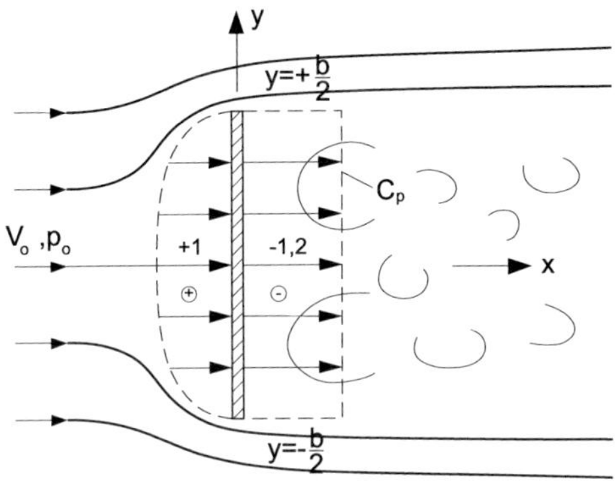

Abb. 9.5: Umströmung einer quergestellten Platte mit Ablösung an den Plattenkanten

laufzone etwa der Plattenbreite b entsprechend. Der Druck an der Plattenrückseite fällt unter den Referenzdruck $p_o, C_p < 0$. Gemessene Werte zeigen einen etwa konstanten Wert, $\overline{C}_{pr} \approx -1{,}2$.

Zur Auswertung des Widerstandes F_W, Gl. (9.1), sei beachtet, dass der Winkel θ der Flächenelemente an der Vorderseite $\theta = 180°$ und an der Rückseite $\theta = 0°$ ist. Demnach $\sin\theta = 0$, und der Oberflächenwiderstand (zweiter Term in Gl. (9.1)) verschwindet in diesem Fall. Zur Auswertung des Formwiderstands (erster Term), der sich aus der Druckverteilung ergibt, ist nach Definition, Gl. (9.3)

$$p = p_o + C_p \rho \frac{V_o^2}{2}$$

Wird dies in Gl. (9.1) eingesetzt, so ergeben sich zwei Anteile für die Vorderseite, $\cos\theta = -1$, bzw. Rückseite, $\cos\theta = +1$, der Plattenoberfläche mit Flächenelement $dA = l dy$

$$F_W = \int_{-b/2}^{b/2} \left(p_o + \overline{C}_{pv} \rho \frac{V_o^2}{2} \right) l dy + \int_{-b/2}^{b/2} - \left(p_o + \overline{C}_{pr} \rho \frac{V_o^2}{2} \right) l dy \,.$$

Der Nettobeitrag des Referenzdruckes p_o ist natürlich gleich Null und mit den gemessenen Mittelwerten $\overline{C}_{pv} \approx +0{,}8$ und $\overline{C}_{pr} \approx -1{,}2$ ergibt sich

$$F_W \cong (0{,}8 + 1{,}2) \rho \frac{V_o^2}{2} lb = 2{,}0 \rho \frac{V_o^2}{2} lb \qquad (9.7)$$

so dass $C_W \cong 2{,}0$. Die so ermittelte Kraft F_W sollte mit direkten Messungen (z. B. mit Hilfe eines Kraftabnehmers) übereinstimmen (sh. Abb. 9.8).

Kreiszylinder:

Wir betrachten hier den gesamten Reynoldszahlbereich für den Kreiszylinder mit Durchmesser d und für inkompressible Strömungen, so dass

$$C_W = f\left(Re = \frac{V_o d}{\nu}, \frac{k_s}{d}\right) \tag{9.8}$$

Der Rauheitseffekt wird durch relative Rauheit k_s/d gemessen, analog zur Vorgehensweise bei Rohrströmungen.

Abb. 9.6 zeigt das Widerstandsverhalten und die damit gekoppelten Strömungstypen bei der Umströmung eines *glatten* ($k_s/d = 0$) Kreiszylinders. Folgende Bereiche können unterschieden werden:

$Re \leq 4$: Bei sehr kleinen Reynoldszahlen herrscht schleichende Strömung. Die Trägheit ist unbedeutend. Der C_W-Beiwert ist stark Re-abhängig. Eine analytische Lösung nach Lamb (1932) beschreibt diesen Bereich

$$C_W = \frac{8\pi}{Re(2 - lnRe)} \tag{9.9}$$

$4 \leq Re \leq 40$: Hier wird das Trägheitsverhalten zunehmend wichtiger. Es bilden sich Ablösungszonen an der Rückseite mit einem stehenden Wirbelsystem.

$40 \leq Re \leq 300$: In diesem Bereich gibt es eine ausgeprägte laminare G.S., die sich etwa an den Zylinderscheitelpunkten ablöst. Es tritt aber eine periodische Wechselwirkung zwischen den abgelösten Wirbeln ein, so dass sich im Nachlauf ein gut ausgeprägtes System von alternierenden Wirbeln ausbildet. Dieses Phänomen wurde von von Karman zuerst analytisch beschrieben und wird die *Karman'sche Wirbelstraße* genannt. Die periodischen Ablösungen mit Frequenz sind durch eine sogenannte Strouhalzahl[3] St

$$St = \frac{fd}{V_o} \tag{9.10}$$

[3]Vincent Strouhal (1850-1922), tschechischer Physiker

dimensionslos dargestellt. Im Bereich $4 \leq Re \leq 300$ nimmt St kontinuierlich von etwa 0,16 bis 0,21 zu. Dies ist für technische Anwendungen wichtig, da eine Rückwirkung dieser Strömungen auf den Körper selbst, d. h. eine Schwingungsanregung (z. B. Schwingen und hörbares Surren von Drähten) stattfinden kann.

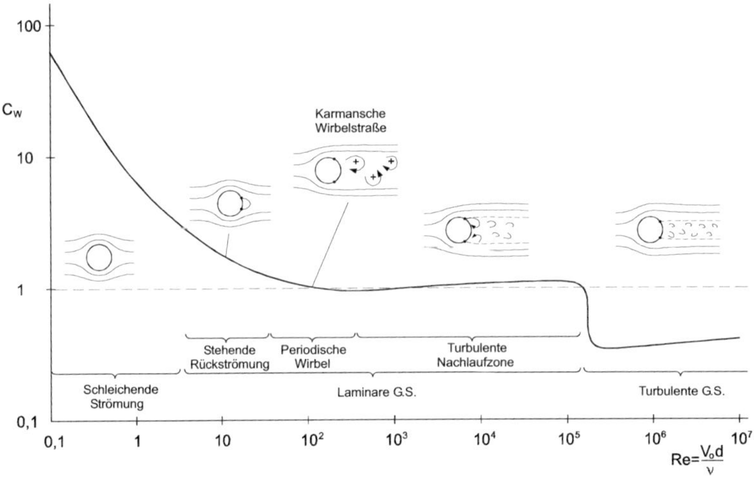

Abb. 9.6: Strömungstypen und Widerstandsbeiwerte bei Umströmung eines glatten Kreiszylinders

$300 \leq Re \leq 3 \cdot 10^5$: Die laminare G.S. löst sich nahe den Zylinderscheitelpunkten ab. Die Wirbel, die sich in der Nachlaufzone bilden, sind aber nicht länger stabil und geordnet, sondern zerfallen rapide in eine turbulente Nachlaufströmung, die etwa dem Zylinderdurchmesser d entspricht. Typische C_W-Werte in diesem breiten Re-Bereich sind $C_W \approx 1{,}2$, also konstant. Dies entspricht einer „Reynolds-Invarianz“, die für die strömungsmechanische Modelltechnik wichtig ist, wie schon in Abschn. 6.4.1 betont wurde.

$Re \geq 10^5$: Bei genügend großen Reynoldszahlen wird die G.S. bei der Körperumströmung turbulent. Durch den verstärkten transversalen Impulsaustausch verzögert sich die G.S.-Ablösung und die Ablösungspunkte verlagern sich weiter nach rückwärts. Als Folge davon bildet sich eine engere turbulente Nachlaufzone aus. Der Widerstand, und demnach der C_W-Beiwert, fällt; er kann sich etwa um einen Faktor 3 unmittelbar im Transitionsbereich reduzieren. Allerdings tritt ein allmählicher Anstieg bei noch höheren Re-Zahlen auf, die aber bislang aus modelltechnischen Gründen nicht im Detail erforscht wurden.

Einfluss der Rauheit k_s/d : Abb. 9.7 zeigt den zusätzlichen Rauheitseinfluss aufgrund von Messungen im Bereich $4 \cdot 10^4 < Re < 10^6$. Erhöhte Rauheit erzeugt einen schnelleren Übergang (also bei kleinerer Re) zur turbulenten G.S. und damit eine Verringerung des C_W-Beiwerts in einem gewissen Re-Bereich. Diese Verringerung wird zum Teil aber durch den erhöhten Oberflächenreibungswiderstand kompensiert. Z. B. zeigen die Versuche mit stark rauhen Zylinderabflüssen ($k_s/d = 6{,}3 \cdot 10^{-2}$), dass keine Reduzierung des C_W-Beiwerts mehr stattfindet. Im generellen zeigt Abb. 9.7 aber, dass das Widerstandsverhalten von Körperumströmungen durch künstliche Rauheitselemente gesteuert werden kann[4]. Dies ist wichtig für eine Vielzahl von technischen Anwendungen.

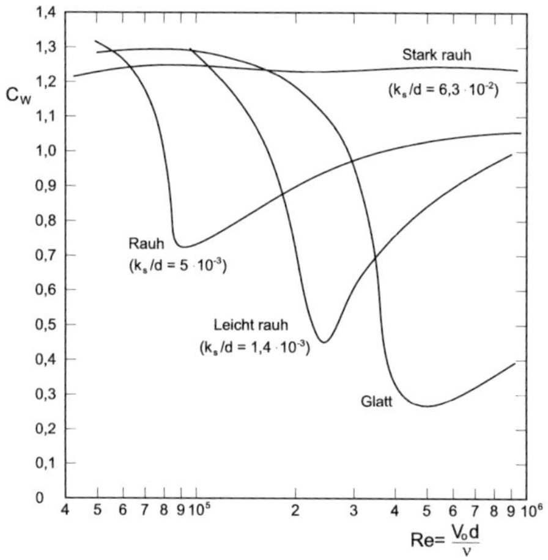

Abb. 9.7: Einfluss der Rauheit k_s/d auf den Widerstandsbeiwert C_W des Kreiszylinders aufgrund der Transition zur turbulenten G.S. (nach Roberson und Crowe, 1993)

Andere Körperformen:

Zusätzliche Daten für die C_W-Beiwerte für diverse Körperformen sind in Abb. 9.8 mit Vergleich zum Kreiszylinder zusammengestellt. Es ist ersichtlich, dass Objekte mit klar ausgebildeten Ablösungskanten (z. B. eckiger Balken) ein gut ausgeprägtes Reynolds-invariantes Verhalten (hier über zwei Potenzbereiche von Re) zeigen. Stromlinienförmige Körper dagegen sind immer stark Re-abhängig, da Ablösungspunkte und demnach die Breite der Nachlaufzone stark vom G.S.-Verhalten abhängig sind.

[4]Turbulente Fluktuationen in der Anströmung selbst sind ein zusätzlicher Faktor, der den Umschlag in der G.S.-Strömung stimulieren kann

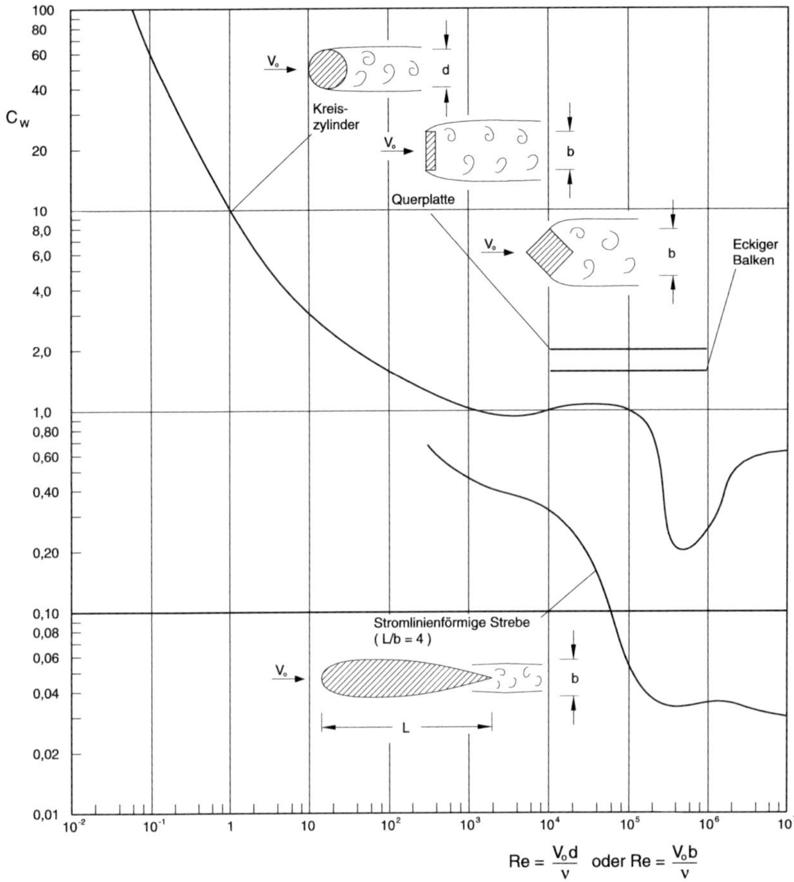

Abb. 9.8: Widerstandsbeiwerte C_W als Funktion der Reynoldszahl Re für zweidimensionale Körperformen (nach Roberson und Crowe, 1993)

Tabelle 9.2 gibt zusätzlich C_W-Beiwerte für diverse zwei- und dreidimensionale Körperformen, allerdings auf den *Re*-invarianten Bereich beschränkt, an.

Tabelle 9.2: Widerstandsbeiwerte C_W für diverse Körperformen im Reynolds-invarianten Bereich (nach Roberson und Crowe, 1993)

Körper		l/b	Re	C_W
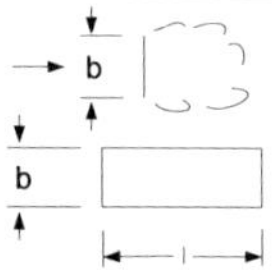	Rechteckplatte	1	$>10^4$	1,18
		5	$>10^4$	1,20
		10	$>10^4$	1,30
		20	$>10^4$	1,50
		∞	$>10^4$	1,98
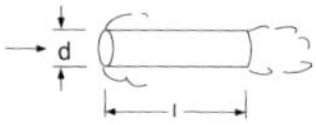	Kreiszylinder parallel zur Achse angeströmt	0 (Scheibe)	$>10^4$	1,17
		0,5	$>10^4$	1,15
		1	$>10^4$	0,90
		2	$>10^4$	0,85
		4	$>10^4$	0,87
		8	$>10^4$	0,99
	Quadratbalken	∞	$>10^4$	2,00
	Quadratbalken	∞	$>10^4$	1,50
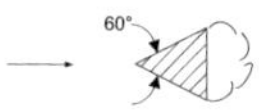	Dreiecksbalken 60°	∞	$>10^4$	1,39
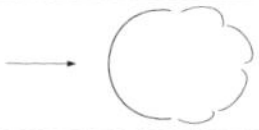	Halbzylinder	∞	$>10^4$	1,20
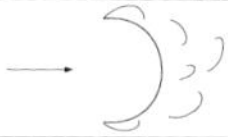	Halbzylinder	∞	$>10^4$	2,30
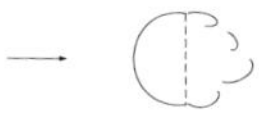	Halbkugel		$>10^4$	0,39
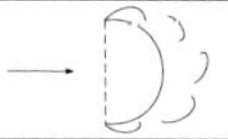	Halbkugel		$>10^4$	1,40
	Kubus		$>10^4$	1,10
	Kubus		$>10^4$	0,81
	Konus 60°		$>10^4$	0,49
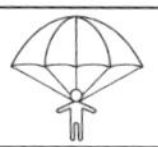	Fallschirm		$\approx 3 \cdot 10^7$	1,20

9.3.2 Widerstände von dreidimensionalen Körpern

Kugel:

Die Kugelform ist das dreidimensionale Analog zum Kreiszylinder. Wie Abb. 9.9 im Vergleich zu Abb. 9.6 bzw. Abb. 9.8 zeigt, ist die Kugelumströmung durch ähnliche Strömungstypen und Transitionen gekennzeichnet. Diese werden hier nicht im Einzelnen besprochen, mit Ausnahme des Bereiches der schleichenden Strömung.

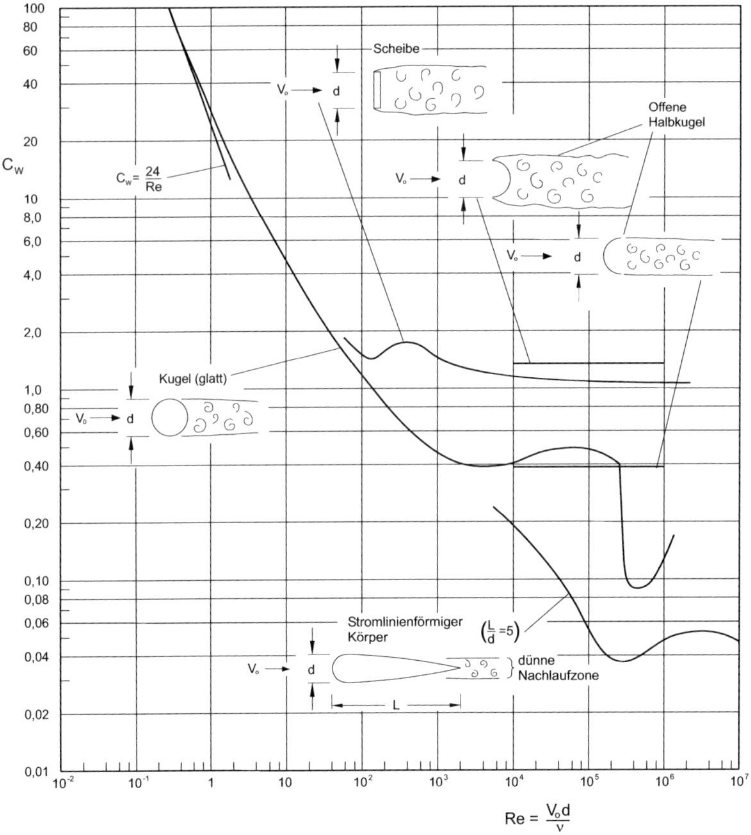

Abb. 9.9: Widerstandsbeiwerte C_W als Funktion der Reynoldszahl für dreidimensionale Körperformen (nach Roberson und Crowe, 1993)

$Re < 1$: Eine exakte analytische Lösung nach Stokes (1850) für die schleichende Strömung (also ohne Trägheitsterme, siehe Gl. (4.70)) um eine Kugel ergibt folgende Widerstandkraft

$$F_W = 3\pi\mu V_o d \tag{9.11}$$

also proportional zu V_o wie es für rein viskos beeinflusste Strömungen typisch ist! Mit dem Standardansatz zum C_W-Beiwert, Gl. (9.5), ergibt sich daraus ($A_P = d^2\pi/4$ für die Kugel)

$$C_W = \frac{24}{Re} \tag{9.12}$$

Wichtige technische Anwendungen für diese sogenannten *Stokes'schen Strömungen* sind Absetzvorgänge von feinen Sedimentpartikeln in Gewässern bzw. Klärbecken oder das Absinken von Staubpartikeln (Aerosolen) in der Atmosphäre. Hierbei ergibt sich die Sinkgeschwindigkeit aus dem Gleichgewicht

$$F_W = G - F_B \tag{9.13}$$

wobei G das Partikelgewicht und F_B die hydrostatische Auftriebskraft, Gl. (2.19), sind.

Andere dreidimensionale Körperformen:

Abb. 9.9 schließt auch Daten für andere Körperformen, wie Scheiben und Halbkugeln bzw. stromlinienförmige Körper ein. Bei Körpern mit gut definierten Ablösungskanten ist wieder ein klarer Re-invarianter Bereich für die C_W-Beiwerte erkenntlich. Zusätzlich gibt Tabelle 9.2 weitere Daten für dreidimensionale Körperformen.

9.4 Auftriebsbeiwerte

Der wichtigste Strömungsfall eines asymmetrischen Körpers ist der Tragflügel (engl. „airfoil" bzw. „hydrofoil" bei Anwendungen im Wasser). Ein Tragflügel (sh. Abb. 9.10) ist durch die Sehnenlänge c und seine Breite b (dritte Dimension) definiert. Je nach Formgebung und dem Anstellwinkel α bildet sich ein Strömungsbild aus, das durch höhere Geschwindigkeiten (und niedere Drücke) an der Flügeloberseite bzw. durch niedere Geschwindigkeiten (und höhere Drücke) an der -unterseite gekennzeichnet ist. Im normalen Strömungsfall bildet sich die G.S.-Ablösung erst am Flügelende aus, und es entsteht eine dünne turbulente Nachlaufzone.

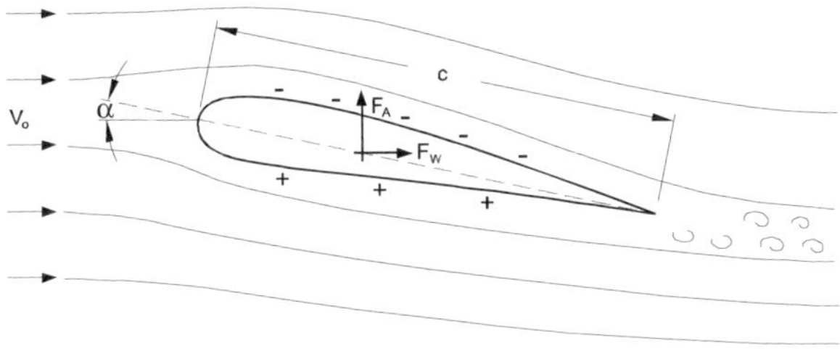

Abb. 9.10: Umströmung eines Tragflügels

Aufgrund der Druckunterschiede ergibt sich die Auftriebskraft F_A, die als

$$F_A = C_A \rho \frac{V_o^2}{2} bc \tag{9.14}$$

angeschrieben wird. Also wird die Draufsichtfläche, bc, als die wesentliche geometrische Größe angenommen. C_A ist hier der *Auftriebsbeiwert* (engl. „lift coefficient", mit Notation C_L).

Die Widerstandskraft des Tragflügels wird ebenfalls mit der Fläche bc parameterisiert

$$F_W = C_W \rho \frac{V_o^2}{2} bc \tag{9.15}$$

Abb. 9.11 zeigt gemeinsam die Auftriebs- bzw. Widerstandsbeiwerte für einen typischen Tragflügel als Funktion des Anstellwinkels α für variable Flügelbreitenverhältnisse. Bei kurzen Tragflügeln (kleines b/c) entsteht ein Druckausgleich am Flügelende und der C_A-Beiwert wird kleiner.

Folgendes Anwendungsbeispiel illustriert das Tragflügelverhalten:

Standardflügel mit b/c = 7:

Flugphase	**Anstellwinkel**	C_A	C_W
Reiseflug mit hoher Geschwindigkeit V_o	$\alpha \approx 0°$	$\approx 0{,}4$	$\approx 0{,}01$
Starten/Landen mit kleiner Geschwindigkeit V_o	$\alpha \approx 10°$	$\approx 1{,}0$	$\approx 0{,}08$
Überziehen	$\alpha > \alpha_{\text{krit}} \approx 16°$	fällt stark	steigt stark

Beim Reiseflug ist der Tragflügel (und auch der Flugzeugrumpf) flach gestellt. C_A ist moderat groß, so dass bei der hohen Reisegeschwindigkeit V_o der gesamte Auftrieb, Gl. (9.14), dem Gewicht G des Flugzeuges entspricht, $F_A = G$. C_W ist durch die stromlinienförmige

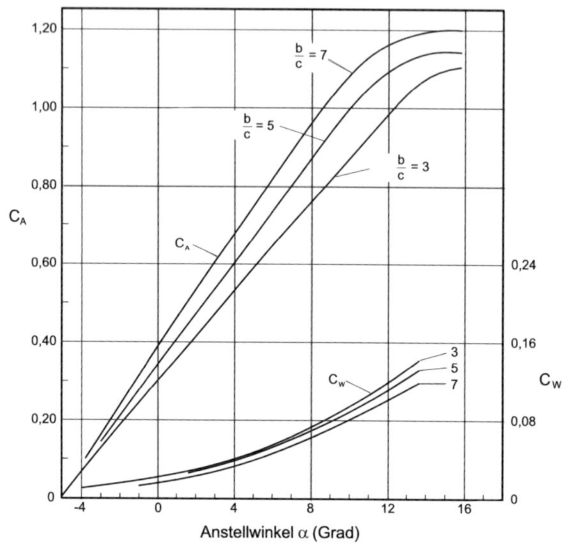

Abb. 9.11: Auftriebs- und Widerstandsbeiwerte eines typischen Tragflügels in Abhängigkeit vom Anstellwinkel (nach Prandtl, 1921)

Körperform klein genug, so dass die Widerstandskraft (z. B. Propeller- oder Düsenschub) und demnach der Treibstoffverbrauch klein gehalten werden können.

Beim Starten oder Landen ist die Geschwindigkeit V_o notwendigerweise kleiner. Daher muss der Flügel relativ zur Strömung geneigt werden (bzw. die Flügelform durch Klappenverstellung geändert werden), um einen größeren C_A-Beiwert zu erreichen und dem Gewicht entgegenzuwirken. In dieser Phase steigt der C_W-Beiwert an.

Ist der Anstellwinkel α aber zu steil ($\alpha > \alpha_{krit} \approx 16°$ für den Flügel nach Abb. 9.11), so kann sich die G.S.-Ablösung plötzlich an der Flügeloberseite nach vorne schieben und die Druckverhältnisse radikal verändern (sh. Abb. 9.12). Dadurch sinkt der C_A-Beiwert stark ab, während der C_W-Beiwert durch die breite Nachlaufzone stark ansteigt. Ein plötzliches Absinken des Flugzeugs kann dadurch eintreten.

Invertierte (nach unten wirkende) Tragflügel werden auch als „negative Auftriebseinrichtungen“ in der Fahrzeugtechnik (insbesondere Rennautos) eingesetzt, um die Bodenhaftung zu vergrößern.

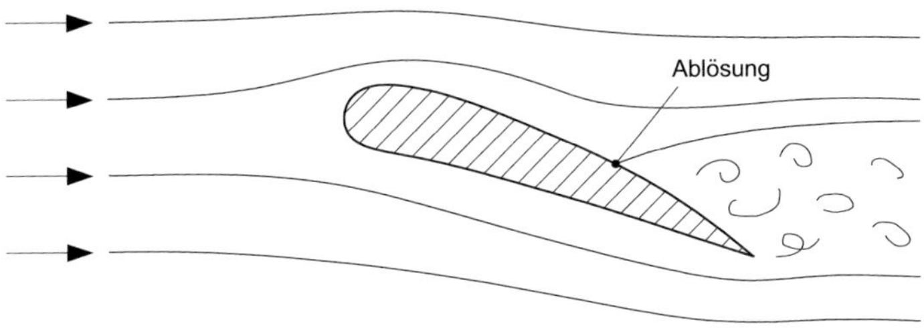

Abb. 9.12: Strömungsverhältnisse beim Überziehen eines Tragflügels mit breiter Nachlaufzone

9.5 Anwendungen

9.5.1 Fahrzeugaerodynamik

Die Widerstandskraft berechnet sich für Fahrzeuge nach Gl. (9.4), wobei A_P der Ansichtsfläche (Stirnfläche) des Fahrzeuges entspricht. Je kleiner diese Querschnittsfläche ist, desto kleiner wird auch die Widerstandskraft des Wagens.

Moderne Automobile, die nach strömungsmechanischen Prinzipien konzipiert sind, erreichen standardmäßig C_W-Beiwerte von etwa 0,35. Bei Sportwagen können diese Werte auf etwa 0,28 reduziert werden.

Im Vergleich zu früheren Ansätzen zur „Stromlinienformgebung" (z. B. der historische VW-Käfer hatte trotz seiner gekurvten Heckausbildung viel höhere Werte, $C_W \approx 0{,}46$) haben sich folgende Prinzipien durchgesetzt: Die Vorderseite soll gut stromlinienförmig ausgebildet sein, an der Heckseite dagegen sollen klar ausgebildete G.S.-Ablösungskanten vorgegeben werden, um fluktuierende G.S.-Ablösungen (wie z. B. beim VW-Käfer) zu vermeiden. Zusätzliche Formgebungsaspekte wie Fließheck (mit Winkeln kleiner als etwa 30°) und Spoiler können eine weitere Strömungsbeeinflussung mit begrenzter Nachlaufzone, und damit verminderten C_W-Beiwerten, erreichen.

Zusätzliche Sicherheits- bzw. Komforteinrichtungen wie Rückspiegel, Stoßstangen, Entlüftungsgrille oder Chassisunterseite können aber, kumulativ gesehen, beträchtliche Erhöhungen des Widerstandsverhaltens verursachen. Die Optimierung dieser Effekte erfolgt in der Praxis in Windkanaleinrichtungen.

9.5.2 Gebäudeaerodynamik

Typische Aufgaben der Gebäudeaerodynamik sind die Analyse von Windkräften auf Bauwerke (z. B. Hochhäuser, Türme, Brücken) oder Bauwerkskomponenten (z. B. Dächer, Glasflächen). Als Grundlage für extreme Belastungen wird hier der *Bemessungswind* angenommen. Für den Bereich der Bundesrepublik Deutschland liegt dieser zwischen 24 m/s (86 km/h) im Landesinneren und 30 m/s (108 km/h) in den Küstengebieten. In extremen Klimazonen der Erde (z. B. Hurrikane, Taifune) werden Werte zwischen 70 und 80 m/s (250 bis 290 km/h) angesetzt.

Für einzelstehende hohe Gebäude (z. B. Türme, Schornsteine) mit einfacher Geometrie können die C_W-Beiwerte nach den vorhergehenden Abbildungen und Tabellen abgeschätzt werden, wobei Gl. (9.4) die Kraft pro Höheneinheit angibt. Abb. 9.13 zeigt Beispiele dazu. Bei Türmen oder Pfeilern mit Aufbauten (z. B. einer kugelförmigen Aussichtsplattform) können diese Elemente zusätzlich betrachtet werden. Bei diesen Berechnungen muss eventuell die Verteilung der Windgeschwindigkeit in der atmosphärischen Grenzschicht (logarithmisches Gesetz, Abschn. 7.2) berücksichtigt werden.

Für Gebäude im Verbund bzw. im Stadtbereich muss auch die Wechselwirkung der Strömung zwischen den Gebäuden mitberücksichtigt werden. Hierzu sind im Detail fast immer Simulationen im Windkanal notwendig.

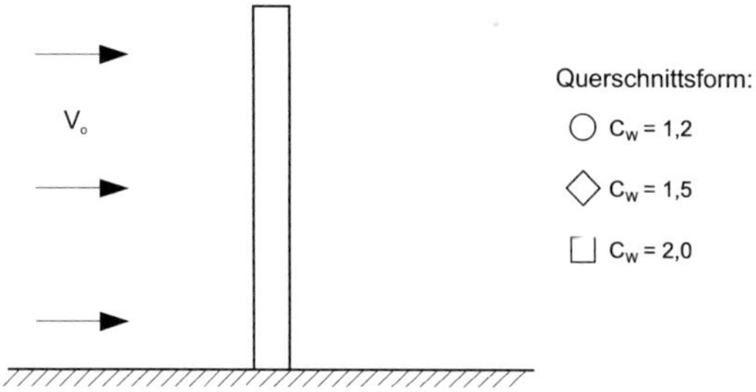

Abb. 9.13: Windkraft auf ein Einzelgebäude (z. B. Turm oder Schornstein)

Zusätzliche Problemstellungen beziehen sich auf die Druckverteilungen bei Gebäudeumströmungen. Als Beispiel hierzu zeigt Abb. 9.14 die Umströmung eines quergestellten Gebäudes durch den Wind. Ablösungszonen ergeben sich an der Dachvorderkante und, besonders wichtig, am Giebel. Die darauf entstehende Druckverteilung an der Gebäudeperipherie ist als Überdruck (+) bzw. Unterdruck (−) eingezeichnet. Dächer bzw. Fensterflächen müssen entsprechend bemessen werden, um diesen Druckkräften zu widerstehen.

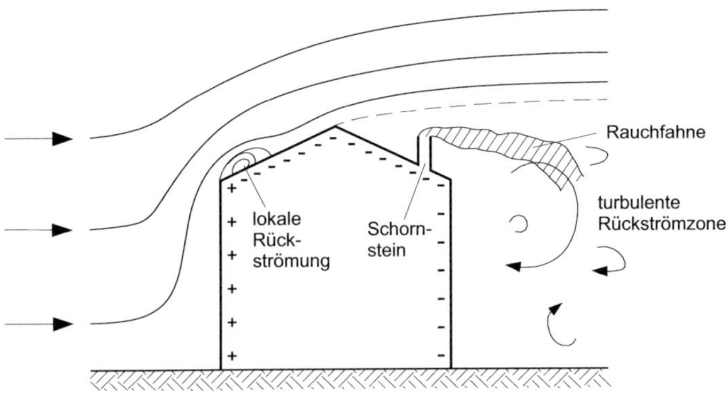

Abb. 9.14: Windanströmung eines Gebäudes

Die Umströmungsform ist aber auch für umwelttechnische Fragestellungen entscheidend. Wird z. B. ein niederer Schornstein in der Leeseite des Daches von Abb. 9.14 angeordnet, so werden die Abgase in der Rauchfahne direkt in der Rückströmzone hinter dem Gebäude transportiert, was zu Schadstoffbelastungen auf Straßenniveau führen würde. Um dies zu vermeiden, müssen Schornsteinhöhen und -position so gewählt sein, dass sie über den Gebäudegrenzschichten liegen.

9.5.3 Bauwerkseinbauten in Gerinnen

Einzelnstehende Einbauten in offenen Gerinnen wie z. B. Brückenpfeiler in Flüssen oder Offshore-Plattformen in Küstengewässern unterliegen ebenfalls Strömungskräften. Erste Abschätzungen zu diesen Kräften können auch mit den vorliegenden Bemessungsdiagrammen erfolgen.

Bei Gerinneströmungen ist aber auch zu beachten, dass sich bei starken Strömungen stehende Oberflächenwellen bilden, also eine Froudezahlabhängigkeit, die eine weitere Kraftwirkung darstellen. Bei Bauten im Küstenbereich, die durch instationäre Wellenbewegungen beeinflusst sind, müssen darüber hinaus zusätzliche Trägheitskräfte berücksichtigt werden.

Kapitel 10

Gerinneströmungen

Gerinneströmungen nennt man Strömungen, bei denen ein dichtes Fluid, das durch eine Zwischenfläche von einem darüber liegenden leichteren Fluid getrennt ist, unter Schwerkrafteinfluss in einem offenen Querschnitt fließt.

Der wichtigste Fall von Gerinneströmungen sind *Wasserströmungen mit freier Oberfläche* wie in Flüssen oder Kanälen. Die freie Oberfläche, also der Wasserspiegel, trennt die Wasserströmung von der darüber liegenden Luftschicht (siehe Abb. 10.1). Da die Dichte der Luft wesentlich kleiner als die des Wassers ist, kann die Dynamik der Luftströmung (z. B. Schereffekte) dabei fast immer vernachlässigt werden[1].

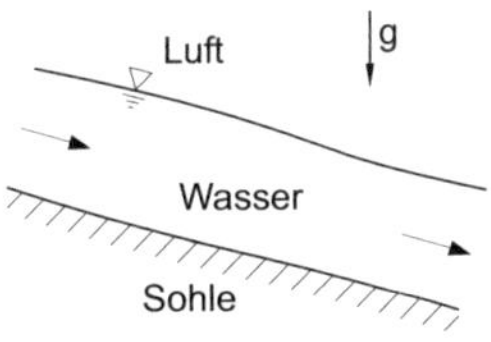

(a) Seitenansicht

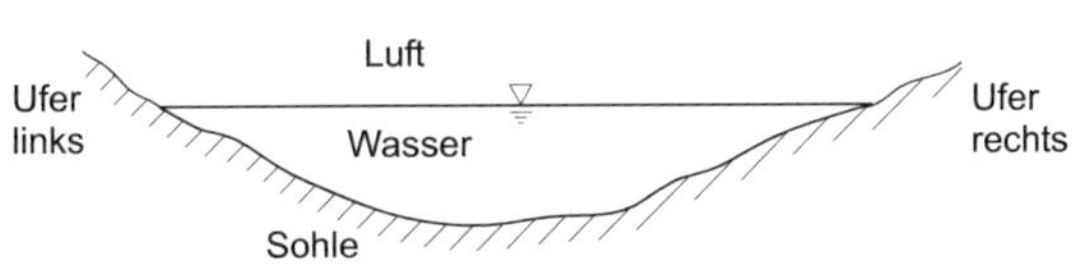

(b) Querschnitt

Abb. 10.1: Gerinneströmung mit freier Wasseroberfläche (Beispiel Fluss)

Das Hauptcharakteristikum von Gerinneströmungen ist der örtlich und zeitlich variable Strömungsquerschnitt. Bei voll gefüllten Rohrströmungen (siehe Fachgebiet „Rohrhydraulik") ist der Querschnitt vorgegeben und je nach Strömungsverhältnissen stellt sich ein variabler Druck ein. Bei Gerinneströmungen dagegen entspricht dem variablen Druck eine variable Wasseroberfläche, da Wasserspiegel und Drucklinie identisch sind. Gerinneströmungen haben also einen zusätzlichen Freiheitsgrad, der ihre Analyse erschwert.

[1] Ausnahmen sind z. B. Hochgeschwindigkeitsströmungen bei Überfallwehren an hohen Dämmen. Hier können die Scherspannungen an der Luft-Wasser-Zwischenfläche und damit verbundene Instabilitätseffekte, die zu Lufteinmischung führen, so groß werden, dass sie in der Analyse berücksichtigt werden müssen (siehe Wood, 1991).

Das Grundprinzip von schwerkraftbeeinflussten Gerinneströmungen gilt auch für sogenannte *Schichtströmungen*, in denen sich ein oder mehrere Fluidschichten, die sich in ihrer Dichte unterscheiden, bewegen. Beispiele hierzu sind schwebstoffführende, also schwere Dichteströme, die in natürliche Seen oder Stauseen fließen, sowie Schichtströmungen in Ästuarien, die sich aus der Wechselwirkung zwischen Süßwasser aus Flüssen und dem Salzwasser im Meer ergeben. Atmosphärische Beispiele sind kalte (oft neblige) Luftströmungen in Tälern. Bei der Analyse dieser Strömungstypen sind die Verhältnisse an den Schichtzwischenflächen, wie Impulsaustausch und Mischprozesse, zu beachten.

10.1 Gerinnequerschnitte

Die Gerinnequerschnittsform, auch Gerinneprofil genannt, ist ein wesentlicher Faktor bei Gerinneströmungen, da sich am benetzten Umfang der Impulsaustausch, in Form von Schubspannungen, zwischen der Strömung und der festen Berandung abspielt. Wie schon im Falle von nicht-kreisförmigen Rohrströmungen (siehe Abschn. 8.4.2) ist hier das Konzept des hydraulischen Radiuses, R_h, Gl. (8.30)), als Quotient von Querschnittsfläche durch benetzten Umfang von Bedeutung.

Das *Rechteckprofil* (Abb. 10.2) mit Breite B ist hier der wesentliche Grundfall. Bei einer bestimmten Wassertiefe[2] h, somit Querschnittsfläche $A = Bh$ und benetzter Umfang $P = B + 2h$, ergibt sich der hydraulische Radius R_h

$$R_h = \frac{A}{P} = \frac{h}{1 + 2h/B} \tag{10.1}$$

Für ein sehr *breites Gerinne*, $\frac{h}{B} \to 0$, reduziert sich Gl. (10.1) zu

$$R_h = h \tag{10.2}$$

Dies stellt einen wichtigen Referenzfall, nämlich die „zweidimensionale Gerinneströmung“ dar, mit der Hauptfliessrichtung als erste Dimension und der vertikalen Richtung als zweite.

Ein häufig vorkommendes Profil bei künstlichen Kanälen ist das *Trapezprofil* (Abb. 10.3(a)) mit Böschungsneigung m. Bei nicht vollgefüllten Rohren, z. B. in städtischen Abwasserkanälen, findet man ein *teilgefülltes Kreisprofil* (Abb. 10.3(b)).

[2] In der älteren Literatur stellt meist das Symbol y die Wassertiefe dar. Dies führt aber zu Verwechslungen bei zwei- bzw. dreidimensionalen Strömungsberechnungen, wo y für eine Koordinatenrichtung steht. Daher wird in diesem Skript das Symbol h verwendet.

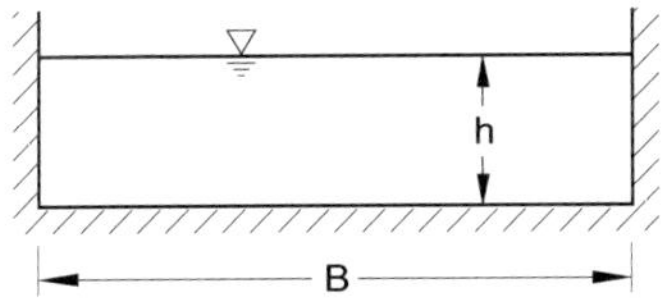

Abb. 10.2: Gerinneströmung mit Rechteckprofil

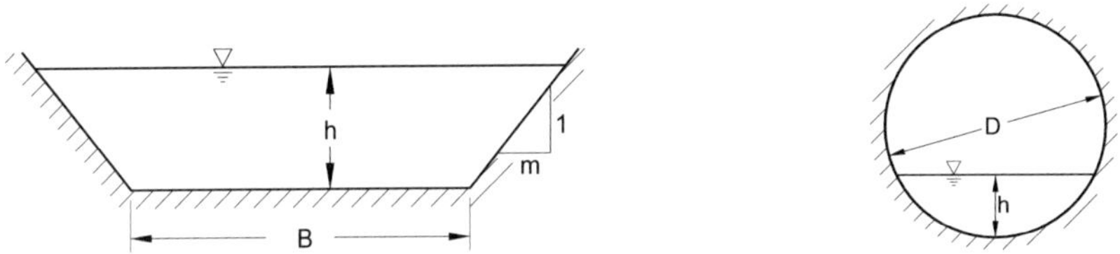

(a) Trapezprofil

(b) Teilgefülltes Kreisprofil

Abb. 10.3: Gerinnequerschnitte bei künstlichen Kanälen

Bei regulierten Flüssen werden oft *Verbund- bzw. gegliederte Profile* (Abb. 10.4) angelegt, die den Fluß in ein Hauptgerinne, das bis zum Mittelwasserabfluß (MQ) gefüllt ist, und ein zusätzliches Überschwemmungsgerinne, das nur bei Hochwasserabflüssen (HQ) gefüllt ist, unterteilen.

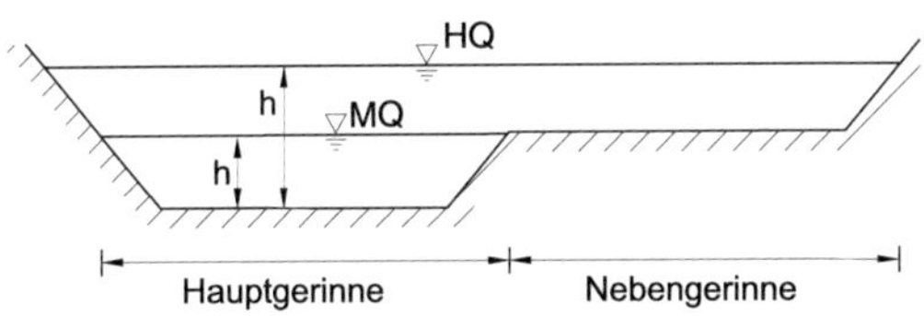

Abb. 10.4: Verbundprofil bestehend aus Hauptgerinne (bei Niedrig- bis Mittelwasserabflüssen) und Überschwemmungsgerinne (bei Hochwasserabflüssen)

Natürliche Flussprofile sind dagegen unregelmäßig ausgebildet. Die Wassertiefe h wird hierbei am tiefsten Punkt des Profils definiert (Abb. 10.5).

Für alle gegebenen Profilformen – ob künstlich oder natürlich – kann der jeweilige hydraulische Radius $R_h = A/P$ bestimmt werden, was für die Berechnung der Abflussverhältnisse (siehe Abschn. 10.3) nötig ist. Dabei ist zu beachten, dass der hydraulische Radius eine Funktion des Wasserstandes ist, da $R_h(h) = A(h)/P(h)$.

Für die Praxis wichtig ist außerdem die Tatsache, dass bei Flüssen und Kanälen die Profilbreite B meist vielfach größer als die Wassertiefe h ist, $B \gg h$. Unter diesen Verhältnissen

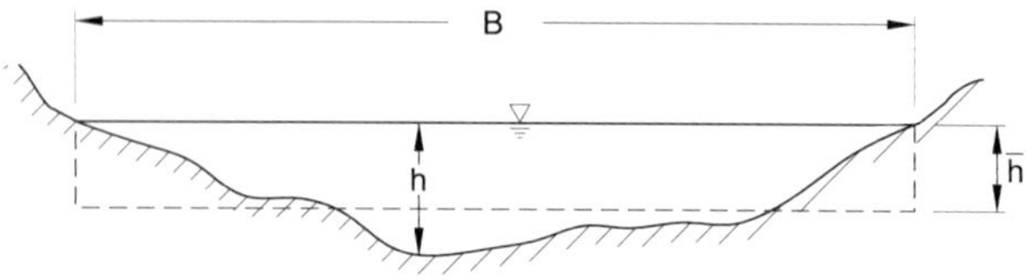

Abb. 10.5: Natürliches Flussprofil

ergibt sich

$$R_h \approx \overline{h} \qquad (10.3)$$

wobei $\overline{h}$ die mittlere Wassertiefe eines Querschnittes ist (siehe Abb. 10.5).

10.2 Klassifizierung der Gerinneströmungen

Gerinneströmungen können nach vier Kriterien klassifiziert werden (Rouse, 1950): der räumlichen Variation, der zeitlichen Variation, dem internen Fließzustand, und der Reaktion auf Randeinwirkungen.

10.2.1 Räumliche Variation

Im Bezug auf die räumliche Variation können Gerinneströmungen *gleichförmig* oder *ungleichförmig* sein. Hierzu zeigt Abb. 10.6 in Seitenansicht ein langes Gerinne (gekennzeichnet durch ein konstantes Gefälle I_o, konstante Breite und konstante Rauheit). Die Strömung wird durch einen Ausfluss aus einem See gespeist und endet in einem Überfall. Sowohl durch Ausfluss (mit eventuellen lateralen Zuströmverhältnissen) als auch durch Überfall ergeben sich Bereiche von ungleichförmigen Strömungen. Ist das Gerinne aber genügend lang, so findet sich ein Bereich einer gleichförmigen Strömung, in dem ein konstantes Gleichgewicht zwischen Schwerkräften und Reibungskräften gegeben ist. Strömungscharakteristiken wie Wassertiefe, Geschwindigkeit und deren Verteilung ändern sich in Strömungsrichtung nicht. Der Wasserspiegel, gleich der Drucklinie D.L., ist beim gleichförmigen Abfluss parallel zur Sohle und auch parallel zur Energielinie E.L. (nicht eingezeichnet in Abb. 10.6).

Die Strömungsänderungen im ungleichförmigen Bereich werden durch lokale Beschleunigungen, gegeben durch Profil-, Sohl- bzw. Rauheitsänderungen, verursacht. Dabei kann

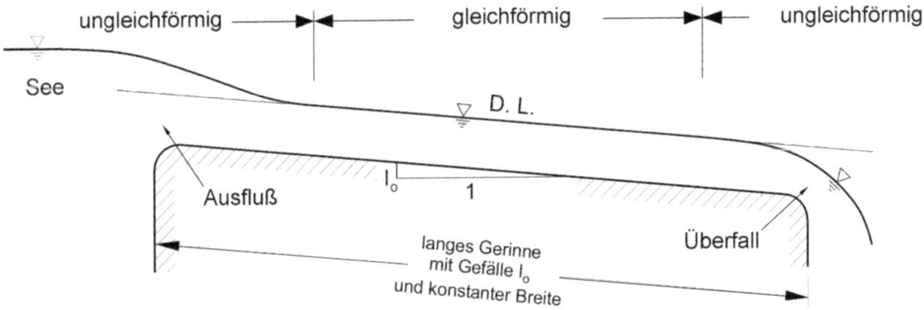

Abb. 10.6: Seitenansicht einer Gerinneströmung

zusätzlich eine Unterteilung in *stark ungleichförmige* (aufgrund von Bauwerken oder starken Querschnittsänderungen im Gerinne, wie bei Wehren, Schützen, Überfällen etc.) und *leicht ungleichförmige* Strömungen (aufgrund von geometrischen Gefällen oder Rauheitsänderungen) erfolgen. In erstem Fall sind die Änderungen auf einen lokalen Bereich beschränkt. Im zweiten Fall dagegen können sich die Änderungen über große Distanzen in Form von sogenannten Wasserspiegelprofilen abwickeln.

10.2.2 Zeitliche Variation

Nach der zeitlichen Variation unterteilt man in *stationäre* und *instationäre* Gerinneströmungen. Die Strömung in Abb. 10.6 wurde z. B. implizit als stationär, also zeitunabhängig, angenommen. Wird aber etwa der Wasserstand im See für eine Zeit angehoben und dann wieder abgesenkt, so ergibt sich eine instationäre, wellenartige Strömung im Gerinne, wie in Abb. 10.7 angedeutet.

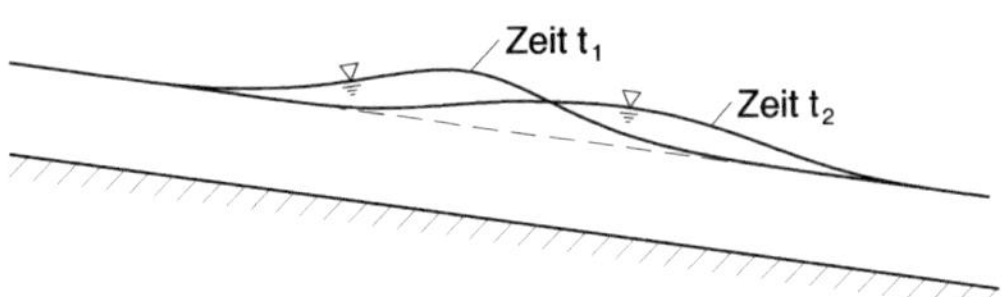

Abb. 10.7: Instationäre Gerinneströmung mit progressiver Einzelwelle

Solche instationäre Strömungsabläufe treten in Flüssen als Folge von Hochwasserwellen oder in Ästuarien als Gezeitenwellen auf. Auch künstlich erzeugte instationäre Strömungen, wie Schwall- oder Sunkwellen durch Öffnen bzw. Schließen von Wehren, und Dammbruchwellen gehören in diese Kategorie. Schließlich sind auch periodische Oberflächenwellen, wie z. B. durch Wind erzeugte Meereswellen, ein Spezialfall von instationären Gerinneströmungen.

10.2.3 Interner Fließzustand und Geschwindigkeitsverteilung

Nach dem internen Fließzustand sind Gerinneströmungen entweder laminar oder turbulent. Dies wird charakterisiert durch die Reynoldszahl, die auf dem hydraulischen Radius basiert,

$$\mathrm{Re}_h = \frac{V 4 R_h}{\nu} \tag{10.4}$$

wobei V die mittlere Geschwindigkeit und ν die kinematische Viskosität ist. Wird das wohlbekannte Kriterium für Rohrströmungen $Re_{\text{krit}} \approx 2000$ (basierend auf dem Rohrdurchmesser) benutzt, so ergibt sich aufgrund von $D = 4R_h$,

$$\mathrm{Re}_{h,\text{krit}} \approx 500 \tag{10.5}$$

für den Umschlagpunkt von laminar zu turbulent bei Gerinneströmungen. Dieses ist auch experimentell bestätigt.

$\mathrm{Re}_h \lesssim 500$: Die *laminare Gerinneströmung* (siehe Abschn. 7.1.3) hat eine *parabolische Geschwindigkeitsverteilung*, Gl. (7.14)). Hauptanwendungen liegen bei flächigen Abflüssen in dünnen Schichten, wie bei Entwässerung von Straßen, Parkplätzen, Flugpisten, bei denen kleine Wassertiefen, etwa nach einem Regenereignis, auftreten.

$\mathrm{Re}_h \gtrsim 500$: In der Mehrzahl der praktischen Anwendungen existiert eine *turbulente Gerinneströmung*. Sie ist in starker Analogie zur Grenzschichtströmung entlang einer Platte (Abschn. 7.2.2) durch die *logarithmische Geschwindigkeitsverteilung* geprägt.

Im Weiteren werden in diesem Text ausschließlich turbulente Strömungen betrachtet.

10.2.4 Randeinwirkungen

Je nach der Reaktion einer Gerinneströmung auf eine Störung (z. B. in Form eines kleinen Hindernisses, sh. Abb. 10.8) unterscheidet man zwischen *strömendem* und *schießendem* Abfluss.

Die Anwendung der Impulsgleichung auf eine kleine Störwelle in einem stehenden Gewässer mit Tiefe h (siehe Abschn. 4.2.1, Gl. (4.50)) ergibt deren Fortpflanzungsgeschwindigkeit

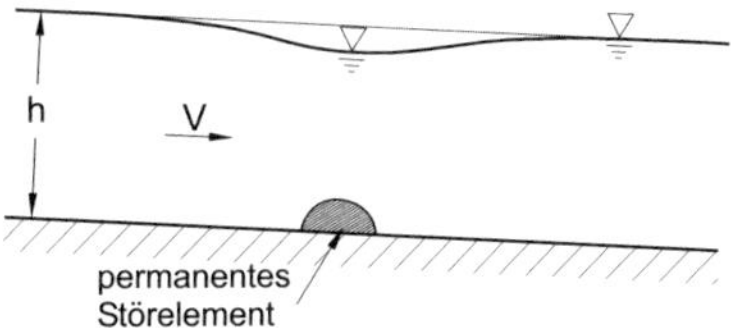

(a) Strömender (unterkritischer) Abfluss (Fr < 1)

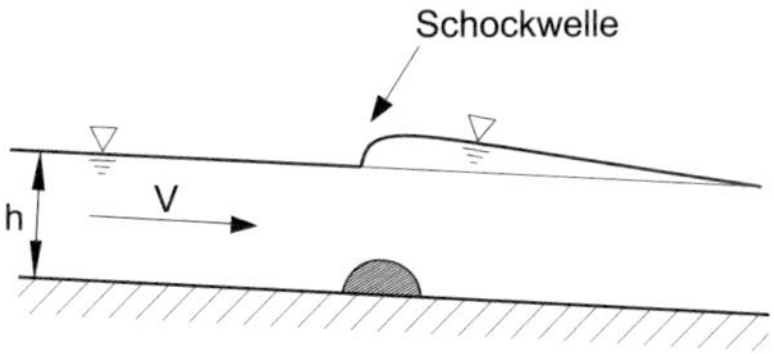

(b) Schießender (überkritischer) Abfluss (Fr > 1)

Abb. 10.8: Beeinflussung des Wasserspiegels durch ein permanentes Störelement (Seitenansicht)

in der gegenwärtigen Notation

$$c = \sqrt{gh} \tag{10.6}$$

Je nachdem, ob die Fließgeschwindigkeit V größer oder kleiner als c ist, kann sich also der Störeffekt, d. h. die Randeinwirkung, in beide Richtungen oder aber nur stromabwärts bemerkbar machen. Dieses Verhältnis ist aber durch die Froudezahl

$$\mathrm{Fr} = \frac{V}{c} = \frac{V}{\sqrt{gh}} \tag{10.7}$$

gegeben.

Fr $<$ 1: Bei kleinen Froudezahlen existiert *strömender oder unterkritischer Abfluss*. Wie in Abb. 10.8(a) skizziert, wird die Strömung durch den Randeinfluss in beide Richtungen beeinflusst.

Fr $>$ 1: Bei großen Froudezahlen ergibt sich *schießender oder überkritischer Abfluss* (Abb. 10.8(b)). Hier macht sich die Störung nur in Strömungsrichtung bemerkbar. Typisch sind dabei auch schock- oder sprungartige Störeffekte direkt oberstrom des Störelements.

Randeinflüsse haben einen entscheidenden Einfluss auf die Strömungsverhältnisse in einzelnen Gerinneabschnitten, was durch den Verlauf der Wasserspiegellage sichtbar wird.

10.3 Fließwiderstand

10.3.1 Energiebetrachtungen

Abb. 10.9 zeigt schematisch die Energieverhältnisse in einer ungleichförmigen Gerinneströmung über die Fließstrecke L. Der Sohlenwinkel θ ist normalerweise klein, so dass die

Schwerkrafteinwirkung durch das *Sohlengefälle*

$$I_o = \frac{z_1 - z_2}{L} = \tan\theta \approx \sin\theta \tag{10.8}$$

gegeben ist.

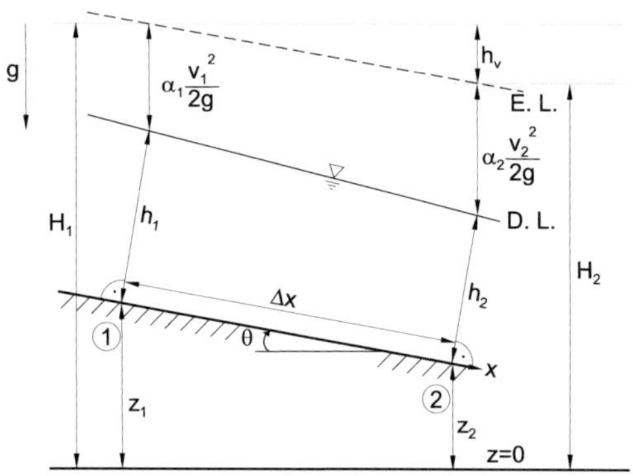

Abb. 10.9: Ungleichförmige Gerinneströmung

Es gilt die Arbeits-Energie-Gl. (5.16), wobei die Energieungleichförmigkeitsfaktoren $\alpha = 1$ angenommen sind, in der Form

$$z_1 + h_1 + \frac{V_1^2}{2g} = z_2 + h_2 + \frac{V_2^2}{2g} + h_v \tag{10.9}$$

Mit der Definition der *gesamten Energiehöhe H*

$$H = z + h + \frac{V^2}{2g} \tag{10.10}$$

wird Gl. (10.9) zu

$$H_1 = H_2 + h_v \tag{10.11}$$

Die Energieverlusthöhe (Reibungsverlust) h_v über die Fließstrecke L definiert das *Energiegefälle* I_e

$$I_e = \frac{h_v}{L} \tag{10.12}$$

Die *spezifische Energiehöhe E*

$$E = h + \frac{V^2}{2g} \tag{10.13}$$

bestimmt den Energieinhalt der Strömung relativ zur lokalen Sohlenhöhe (sh. Abb. 10.9) und ist eine wichtige Größe für das Strömungsverhalten bei lokalen Querschnittsänderungen, wie in Abschn. 10.4 erläutert wird.

10.3.2 Fließformeln

Zur Bestimmung des Reibungsverlustes h_v über eine Gerinnestrecke L kann im Prinzip ähnlich wie bei den Rohrströmungen (sh. Abschn. 8.4.2) vorgegangen werden. In der Gerinnehydraulik ist aber üblich, sogenannte „Fließformeln", die eine Beziehung zwischen Fließgeschwindigkeit V, Querschnittsgeometrie, gegeben durch den hydraulischen Radius R_h, und Energiegefälle I_e beschreiben, zu verwenden. Zwei Methoden werden in der modernen Praxis angewandt.

Fließformel nach Darcy-Weisbach:

Wird der Widerstandsansatz nach Darcy-Weisbach, Gl. (8.21) bzw. (8.31), mit Hilfe von Gl. (10.12) umgeformt, so ergibt sich die Fließformel nach Darcy-Weisbach

$$V = \left(\frac{8g}{\lambda}\right)^{\frac{1}{2}} R_h^{\frac{1}{2}} I_e^{\frac{1}{2}} \tag{10.14}$$

Der Reibungsbeiwert λ ist abhängig von Reynoldszahl (viskose Einflüsse) und Sohlrauheit

$$\lambda = f\left(\mathrm{Re} = \frac{V4R_h}{\nu}, \frac{k_s}{4R_h}\right) \tag{10.15}$$

und wird im Moody-Diagramm (Abb. 8.8) dargestellt. Rauheitslängen k_s (äquivalente Sandrauheit), typisch für künstliche bzw. natürliche offene Gerinne, sind in Tabelle 10.1 aufgelistet.

Bei der Anwendung der Fließformel nach Darcy-Weisbach ist zu beachten, dass sich der λ-Beiwert je nach dem Wasserstand im Gerinne ändert, also nicht konstant ist. Dies ist aus Gl. (10.15) zu sehen, da der hydraulische Radius in erster Näherung proportional zur Wassertiefe ist, vgl. Gl. (10.2) oder (10.3).

Tabelle 10.1: Absolute Rauheit k_s von offenen Gerinnen bei Benutzung der *Fließformel nach Darcy-Weisbach* (aus *DVWK*, 1991)

Gerinnetypen	k_s [mm]
Ebene Fließgewässersohle aus	
Sand oder Kies ($d_{k,90}$ = Korndurchmesser, der von 90% des Materials unterschritten wird)	$d_{k,90}$
Grobkies bis Schotter	60–200
schwere Steinschüttung	200–300
Sohlenpflasterung	30–50
Grenzbedingung für Einzelrauheiten: $k_s \leq 0{,}45 R_h$	
Unebene Fließgewässersohle (h_T = Höhe des Transportkörpers) mit	
Riffeln ($l_T < 0{,}3\ m$; $h_T < 0{,}05\ m$)	h_T
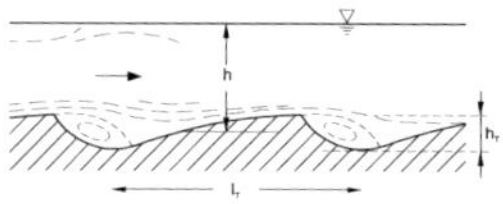	
mit Dünen ($l_T < 2\pi h$; $h_T < 0{,}06\ l_T$)	$h_T = h/6 - h/3$
Vorländer und Böschungen mit	
Ackerboden	20–250
Ackerboden mit Kulturen	250–800
Waldboden	160–320
Rasen	60
Steinschüttung 80/450 mm mit Gras überwachsen	300
Gras	100–350
Gras und Stauden	130–400
Rasengittersteine	15–30
Wände aus	
Ziegelmauerwerk	2–8
Beton glatt	1–6
Beton rauh	6–20
Bruchstein	15–20
rauhe Natursteinmauer	80–100
Stahlspundwand je nach Profiltiefe	20–100

Fließformel nach Manning-Strickler:

Eine alternative empirische Formel für Gerinnebemessungen ist die Fließformel nach Manning-Strickler[3]

$$V = k_{\mathrm{St}} R_h^{\frac{2}{3}} I_o^{\frac{1}{2}} \tag{10.16}$$

Sie hat sich auf der Basis einer Vielzahl von Feldmessungen bewährt. Beachtenswert ist die unterschiedliche Abhängigkeit vom hydraulischen Radius $R_h^{2/3}$, im Gegensatz zur

[3]Robert Manning (1816–1897), irischer Bauingenieur; Albert Strickler (1887–1963), schweizerischer Wasserbauer. In der mitteleuropäischen Literatur wird diese Fließformel auch manchmal als Gauckler-Manning-Strickler-Formel zitiert (Gaspar-Philibert Gauckler (1826–1905), französischer Wasserbauingenieur). In der angelsächsischen Literatur wird sie meist nur als „Manning-Gleichung" in der Form $V = \frac{1}{n} R_h^{2/3} I_o^{1/2}$ zitiert und der Beiwert $n = 1/k_{\mathrm{St}}$ wird „Manning's n" genannt.

Darcy-Weisbach-Formel, in welcher $R_h^{1/2}$.

k_{St} ist der Strickler-Beiwert für die Gerinnerauheit mit der Dimension $[\mathrm{m}^{1/3}/\mathrm{s}]$, wobei die Dimensionen $[\mathrm{m}/\mathrm{s}]$ für die Geschwindigkeit und $[\mathrm{m}]$ für den hydraulischen Radius zwingend sind. Die Manning-Strickler-Fließformel hat also den Nachteil, dass sie dimensionsanalytisch nicht homogen ist.

Typische Strickler-Beiwerte k_{St} für offene Gerinne sind in Tabelle 10.2 zusammengefasst. Einige Richtwerte sind:

sehr glatte Gerinne (z. B. Zementglattstrich)	$k_{St} \approx 100\ \mathrm{m}^{1/3}/\mathrm{s}$
Erdgerinne, Flussbetten	$k_{St} \approx 30$ bis $40\ \mathrm{m}^{1/3}/\mathrm{s}$
sehr raue Gerinne (z. B. Wildbäche)	$k_{St} \approx 20\ \mathrm{m}^{1/3}/\mathrm{s}$

10.3.3 Gleichförmige Gerinneströmung: Normalabfluss

Eine gleichförmige Gerinneströmung, auch *Normalabfluss* genannt, stellt sich in einem genügend langen Gerinne mit gleichmäßigen Gefälle- und Rauheitsbedingungen ein. In dem Falle ist das Energiegefälle gleich dem Sohlgefälle

$$I_e = I_o \tag{10.17}$$

und I_o wird direkt in den Fließformeln, Gl. (10.14) bzw. (10.16), verwendet.

10.4 Lokales Abflussverhalten: Spezifische Energie

Die spezifischen Energiehöhe E relativ zur Gerinnesohle, Gl. (10.13), ist eine wichtige Größe, die das Strömungsverhalten bei lokalen Querschnittsänderungen beschreibt.

Ihre Bedeutung wird im Folgenden für den einfachsten Fall eines Rechteckgerinnes mit Breite B (sh. Abb. 10.2), und Durchfluss Q stattfindet, erläutert. Der Durchfluss q pro Breiteneinheit, auch *spezifischer Durch- bzw. Abfluss* genannt, ist

$$q = \frac{Q}{B} \tag{10.18}$$

Des weiteren gilt für die mittlere Geschwindigkeit

$$V = \frac{q}{h} \tag{10.19}$$

Tabelle 10.2: Strickler-Beiwert k_{St} für die **Fließformel nach Manning-Strickler** (nach Naudascher, 1992)

Gerinnetypen	k_{St} [$m^{1/3}/s$]
Erdkanäle	
Erdkanäle in festem Material, glatt	60
Erdkanäle in festem Sand mit etwas Ton oder Schotter	50
Erdkanäle mit Sohle aus Sand und Kies mit gepflasterten Böschungen	45–50
Erdkanäle aus Feinkies, etwa 10/20/30 mm	45
Erdkanäle aus mittlerem Kies, etwa 20/40/60 mm	40
Erdkanäle aus Grobkies, etwa 50/100/150 mm	35
Erdkanäle aus scholligem Lehm	30
Erdkanäle, mit groben Steinen angelegt	25–30
Erdkanäle aus Sand, Lehm oder Kies, stark bewachsen	20–25
Felskanäle	
Mittelgrober Felsausbruch	25–30
Felsausbruch bei sorgfältiger Sprengung	20–25
Sehr grober Felsausbruch, große Unregelmäßigkeiten	15–20
Gemauerte Kanäle	
Kanäle aus Ziegelmauerwerk, Ziegel, auch Klinker, gut gefugt	80
Bruchsteinmauerwerk	70–80
Kanäle aus Mauerwerk (normal)	60
Normales (gutes) Bruchsteinmauerwerk, behauene Steine	60
Grobes Bruchsteinmauerwerk, Steine nur grob behauen	50
Bruchsteinwände, gepflasterte Böschungen mit Sohle aus Sand und Kies	45–50
Betonkanäle	
Zementglattstrich	100
Beton bei Verwendung von Stahlschalung	90–100
Glattverputz	90–95
Beton geglättet	90
Gute Verschalung, glatter unversehrter Zementputz, glatter Beton	80–90
Beton bei Verwendung von Holzschalung, ohne Verputz	65–70
Stampfbeton mit glatter Oberfläche	60–65
Alter Beton, unebene Flächen	60
Betonschalen mit 150-200 kg Zement je m^3, je nach Alter u. Ausführung	50–60
Grobe Betonauskleidung	55
Ungleichmäßige Betonflächen	50
Holzgerinne	
Neue glatte Gerinne	95
Gehobelte, gut gefügte Bretter	90
Ungehobelte Bretter	80
Ältere Holzgerinne	65–70
Blechgerinne	
Glatte Rohre mit versenkten Nietköpfen	90–95
Neue gußeiserne Rohre	90
Genietete Rohre, Niete nicht versenkt, im Umfang mehrmals überlappt	65–70
Natürliche Wasserläufe	
Natürliche Flußbetten mit fester Sohle, ohne Unregelmäßigkeiten	40
Natürliche Flußbetten mit mäßigem Geschiebe	33–35
Natürliche Flußbetten, verkrautet	30–35
Natürliche Flußbetten mit Geröll und Unregelmäßigkeiten	30
Natürliche Flußbetten, stark geschiebeführend	28
Wildbäche mit grobem Geröll (kopfgroße Steine) bei ruhendem Geschiebe	25–28
Wildbäche mit grobem Geröll, bei in Bewegung befindlichem Geschiebe	19–22

Dies führt in Verbindung mit Gl. (10.13) zu

$$E = h + \frac{q^2}{2gh^2} \tag{10.20}$$

Gl. (10.20) lässt sich umformen zu

$$h^3 - Eh^2 + \frac{q^2}{2g} = 0 \tag{10.21a}$$

also in eine Gleichung 3. Ordung für die Wassertiefe, die funktional als

$$h = f(E, q) \tag{10.21b}$$

dargestellt werden kann. D.h. die lokale Wassertiefe ergibt sich als Funktion der lokalen spezifischen Energie sowie des spezifischen Durchflusses. Im Folgenden wird die hydraulische Bedeutung von Gl. (10.21a) auf zwei Arten betrachtet:

a) **Gegebener spezifischer Durchfluss, q = const.:**

Gl. (10.21a) hat im Allgemeinen zwei positive Lösungen für die Wassertiefe h, wie im *Energiediagramm* (Abb. 10.10) als Funktion der spezifischen Energie E dargestellt ist. Für einen gewissen Wert von E gibt es demnach zwei mögliche Wassertiefen, h_1 und h_2, für die Strömung.

Nimmt E ab, so gehen bei einem Minimalwert $E_{\min}$ beide Lösungen ineinander über, und es stellt sich ein Grenzwert der Wassertiefe, h_c, ein. Dieser Minimalwert ergibt sich, indem die Ableitung von Gl. (10.20)

$$\frac{dE}{dh} = 1 - \frac{q^2}{gh^3} \tag{10.22}$$

gleich Null gesetzt wird, also $dE/dh = 0$, so dass

$$\frac{q^2}{gh_c^3} = 1 \tag{10.23}$$

h_c wird *kritische Wassertiefe* (oder Grenztiefe) genannt

$$h_c = \left(\frac{q^2}{g}\right)^{1/3} \tag{10.24}$$

Bei gegebenem Abfluss $q = Vh = V_c h_c$, entspricht diese Wassertiefe auch einer *kriti-*

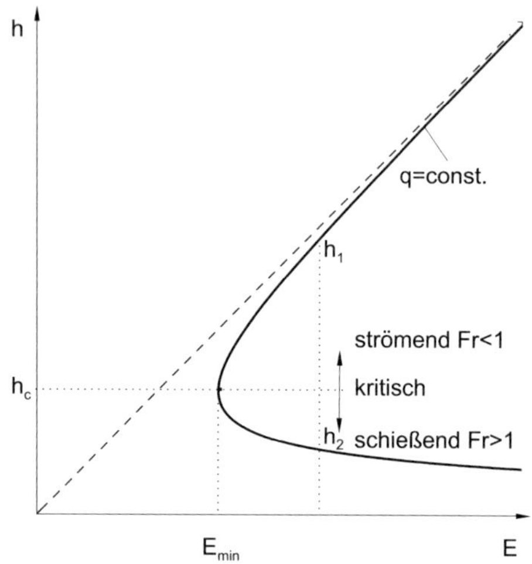

Abb. 10.10: Energiediagramm: Wassertiefe h als Funktion der spezifischen Energie E bei gegebenem spezifischem Durchfluss $q = \text{const.}$

schen Geschwindigkeit V_c. Wird $V_c h_c$ für q in Gl. (10.23) eingesetzt, so gilt

$$\frac{V_c^2}{gh_c} = Fr_c^2 = 1 \tag{10.25}$$

d. h. der kritische Abflusszustand ist durch eine Froudezahl Fr $= 1$ gekennzeichnet. Wird weiterhin Gl. (10.23) in Gl. (10.20) eingesetzt, findet man die minimale spezifische Energie

$$E_{\min} = h_c + \frac{1}{2}h_c = \frac{3}{2}h_c \tag{10.26}$$

Dies bedeutet, dass beim kritischen Abflusszustand zwei Drittel (h_c) der lokalen Energie als potentielle und ein Drittel $(1/2h_c)$ als kinetische Energie vorhanden sind.

Der obere Ast des Energiediagramms, $h = h_1 > h_c$, ist demnach durch Froudezahlen Fr < 1,

$$\frac{q^2}{gh^3} = Fr^2 < 1 \tag{10.27}$$

(vgl. Gl. (10.23)) gekennzeichnet und repräsentiert strömende Abflussverhältnisse. Hier verläuft die Strömung mit großer Tiefe (großer potentieller Energieanteil) und kleiner Geschwindigkeit (kleiner kinetischer Energieanteil).

Für den unteren Ast, $h = h_2 < h_c$, gilt

$$Fr^2 > 1 \tag{10.28}$$

d. h. hier herrschen schießende Abflussverhältnisse mit kleiner Tiefe und hoher Geschwindigkeit.

Die zwei einander entsprechenden Abflusstiefen h_1 und h_2 werden *alternierende Tiefen* genannt.

b) **Gegebene spezifische Energie, E = const.:**

Wird h als Funktion des spezifischen Abflusses q aufgetragen, so ergibt sich die *Abflussparabel* (Abb. 10.11).

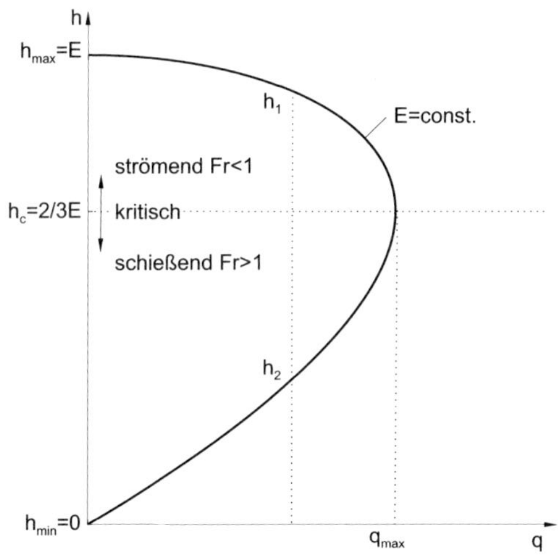

Abb. 10.11: Abflussparabel: Wassertiefe h als Funktion des spezifischen Abflusses q bei gegebener spezifischer Energie E = const.

Für einen gewissen Wert q können sich also wiederum die zwei alternierenden Tiefen h_1 (strömend) und h_2 (schießend) einstellen. Der maximale Wert der Wassertiefe, $h_{\max} = E$, entspricht einem ruhenden Gewässer (ohne kinetische Energie). Der minimale Wert, $h_{\min} = 0$, dagegen entspricht einer sehr dünnen, schnell fließenden Schicht ohne potentielle Energie.

Der maximale Abfluss $q_{\max}$ ist gleich dem Abfluss bei kritischen Bedingungen q_c und kann entweder als Extremwert gefunden werden oder ergibt sich direkt aus den obigen Gleichungen

$$q_c = q_{\max} = V_c h_c = \sqrt{g\left(\frac{2}{3}E\right)^3} \tag{10.29}$$

10.5 Anwendungen: Reibungsfreie Strömungsübergänge

In diesem Abschnitt wird das Konzept der spezifischen Energie durch einige Beispiele illustriert. Die Strömung ist bei diesen Anwendungen stationär und verläuft ablösungs- und rückströmungsfrei über kurze Distanzen, so dass sie als reibungsfrei angenommen werden kann.

Schütz:

Abb. 10.12 zeigt eine Gerinneströmung in einem Kanal mit ebener Sohle und konstanter Breite B, durch den Wasser aus einem großen Speicher ausfließt. Der Abfluss im Kanal wird dabei durch ein Schütz, d.h. eine vertikal verstellbare Platte, kontrolliert. Im Bereich des Schützes sind die Stromlinien gekrümmt und es herrschen nicht-hydrostatische Verhältnisse. Weiter stromauf- bzw. stromabwärts dagegen sind die Stromlinien geradlinig und parallel, so dass dort das spezifische Energiekonzept jeweils gültig ist.

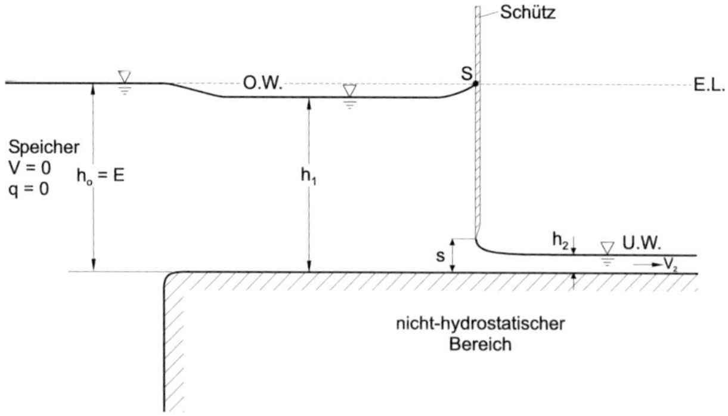

Abb. 10.12: Kanalströmung mit einem Schütz

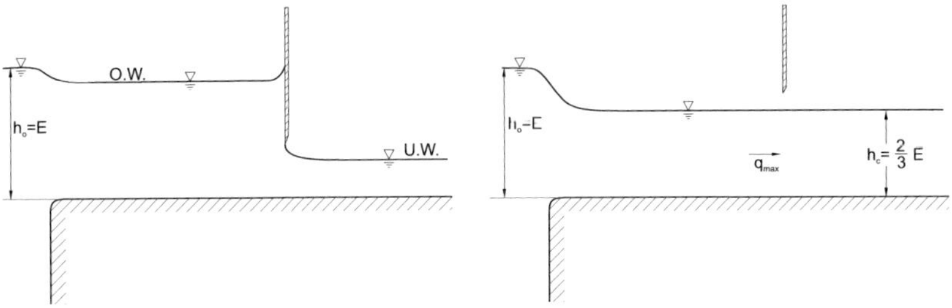

(a) Vergrößerte Schützöffnung (b) Schütz vollständig geöffnet

Abb. 10.13: Wasserspiegelverlauf nach Anheben des Schützes

Je nach Öffnungshöhe s des Schützes stellt sich ein kontrollierter Durchfluss Q ein, der durch die *Abflussformel für ein Schütz*

$$Q = C_Q \sqrt{2g h_1} s B \tag{10.30}$$

gegeben ist, die sich direkt aus der Torricelli-Formel (Gl. (4.23)) ableiten lässt. h_1 ist die Anströmtiefe oberhalb des Schützes. C_Q ist dabei ein empirischer Abflussbeiwert, der vorrangig der Einschnürung des Wasserspiegels stromabwärts entspricht und eine Funktion der Geometrie im Strömungsbereich des Schützes ist. Ein typischer Wert ist hierbei $C_Q \approx 0{,}6$.

Die E.L. ist konstant im Strömungsbereich, so dass aufgrund der ebenen Sohle auch die spezifische Energie konstant und gleich dem Wasserstand h_o im Speicher ist, $E = h_o$. Zur weiteren Betrachtung ist es deshalb nützlich, die Abflussparabel (E = const.) zu verwenden.

Als Folge des vom Schütz kontrollierten spezifischen Abflusses, $q = Q/B$, stellen sich zwei alternierende Tiefen ein: die Anströmung ist unterkritisch mit Tiefe h_1 und die Abströmung ist überkritisch mit Tiefe h_2. Das Schütz erzeugt also einen Strömungsübergang von strömenden (unterkritischen) zu schießenden (überkritischen) Bedingungen.

Wird das Schütz nun angehoben (Abb. 10.13(a)), also s vergrößert, so ergibt sich aufgrund der Abflussformel ein vergrößerter Abfluss q. Dies entspricht in der Abflussparabel, Abb. 10.11, einer Verschiebung nach rechts. Dadurch wird die Anströmtiefe h_1 gesenkt, während die Abströmtiefe h_2 zunimmt, wie in Abb. 10.13(a) qualitativ dargestellt ist.

Der maximale mögliche Abfluss $q_{\max} = \sqrt{g\left(\frac{2}{3}h_c\right)^3}$ nach Gl. (10.29) stellt sich ein, wenn das Schütz höher als die kritische Tiefe $h_c = \frac{2}{3}h_o$ angehoben worden ist, also $s > h_c$. In diesem Falle stellt sich kritischer Abfluss in diesem Gerinnebereich[4] ein (Abb. 10.13(b)).

Sohlschwelle:

Der Einfluss einer Sohlschwelle, also einer Erhöhung Δh an der Gerinnesohle, ist in Abb. 10.14 dargestellt. Das Gerinne mit konstanter Breite B hat eine ebene Sohle vor und nach der Sohlschwelle, die eine allmähliche, also ablösungsfreie Formgebung hat.

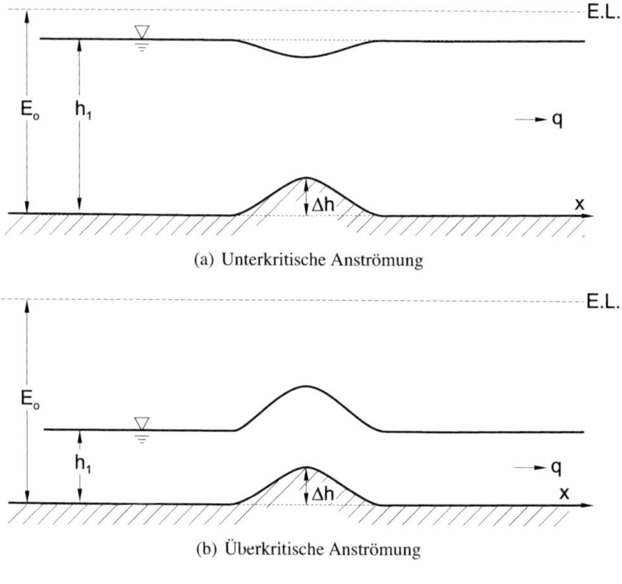

Abb. 10.14: Strömungsübergang über eine Sohlschwelle

Die spezifische Energie der Anströmung sei E_o. Im Bereich der Sohlschwelle reduziert sich die spezifische Energie je nach Sohlenhöhe z, $E = E_o - z$. Am obersten Punkt der Sohlschwelle gilt der Mindestbetrag $E_o - \Delta h$.

Abb. 10.14(a) zeigt den Wasserspiegelverlauf bei strömendem (unterkritischem) Abfluss. Wie aus dem Energiediagramm (Abb. 10.10) ersichtlich ist, nimmt die Wassertiefe h_1

[4] Der reibungsfreie Abfluss kann natürlich nicht über lange Distanzen verlaufen. Das Strömungsproblem in Abb. 10.13(b) hängt demnach von der Geometrie weiter stromabwärts ab, wo sich z. B. ein Sohlenabsturz befinden kann oder wo sich in einem längeren Gerinne der Reibungseinfluss kumulativ auswirken wird.

stärker als die Energiehöhe ab, so dass sich der Wasserspiegel über der Sohlschwelle absenkt.

Umgekehrte Verhältnisse herrschen bei schießendem (überkritischem) Abfluss, wie in Abb. 10.14(b) angedeutet. In diesem Fall erhöht sich die Abflusstiefe über der Schwelle!

Bei einer höheren Sohlschwelle nähern sich die beiden Strömungstiefen über der Schwelle einander an. Bei einer maximalen Schwellenhöhe $\Delta h_{\max}$ stellt sich ein kritischer Abflussquerschnitt mit einer Wassertiefe

$$h_c = \frac{2}{3}\left(E_0 - \Delta h_{\max}\right)$$

an der Schwelle ein, wie in Abb. 10.15 für den Fall einer unterkritischen Anströmung dargestellt ist. Nach Erreichen der Grenztiefe entspricht der weitere Wasserspiegel dann dem unteren Ast des Energiediagramms, d. h. die Strömung geht in einen schießenden Abfluss über.[5]

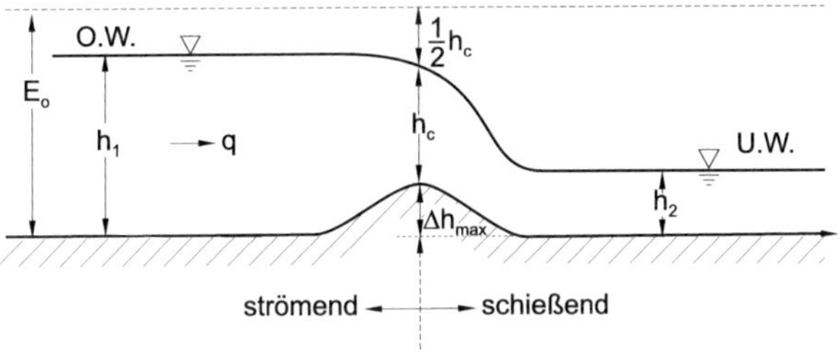

Abb. 10.15: Strömungswechsel bei Sohlschwelle mit maximaler Höhe $\Delta h_{\max}$

Bei stationären Strömungsverhältnissen sind Sohlschwellenhöhen größer als $\Delta h_{\max}$ nicht möglich. Sollte die Schwelle höher angehoben werden (z. B. durch einen flexiblen Boden), so würde sie den gegebenen Abfluss beeinflussen und es würde sich eine instationäre Schwallwelle im Gerinne bilden und sich stromaufwärts fortpflanzen.

Wehr:

Den vorhergehenden Überlegungen folgend, entspricht ein Wehr in seinem Funktionsprinzip einer stark überhöhten Sohlschwelle. Es erzeugt an seinem höchsten Punkt einen kri-

[5] Theoretisch könnte die Abströmung auch wieder unterkritisch erfolgen. In der Praxis aber verursachen vertikale Beschleunigungen, die in der spezifischen Energietheorie nicht berücksichtigt sind, immer einen Übergang vom Strömen zum Schießen.

tischen Querschnitt (auch Kontrollquerschnitt genannt) mit Übergang zwischen Strömen und Schießen und kontrolliert dadurch den Abfluss über das Wehr.

Abb. 10.16 zeigt ein Überfallwehr mit Wehrhöhe w und Anströmhöhe über Wehrkrone h_o. Die Abflussformel für das Wehr lautet

$$Q = C_Q \sqrt{2g} h_o^{3/2} B \tag{10.31}$$

Gl. (10.31) lässt sich der Form nach aus der Beziehung für den maximalen Abfluss, Gl. (10.29), ableiten. Der Abflussbeiwert C_Q schließt hier den Einfluss der Wasserspiegelabsenkung über der Wehrkrone, der relativen Überströmung h_o/w und der Geometrie (Formgebung) ein. Ein Richtwert für rundkronige Wehre (sh. Abb. 10.16) ist $C_Q \approx 0{,}4$.

Andere Wehrtypen sind scharfkantig (vertikale Platte) oder breitkronig. Für diese weichen die Abflussbeiwerte mehr oder weniger ab.

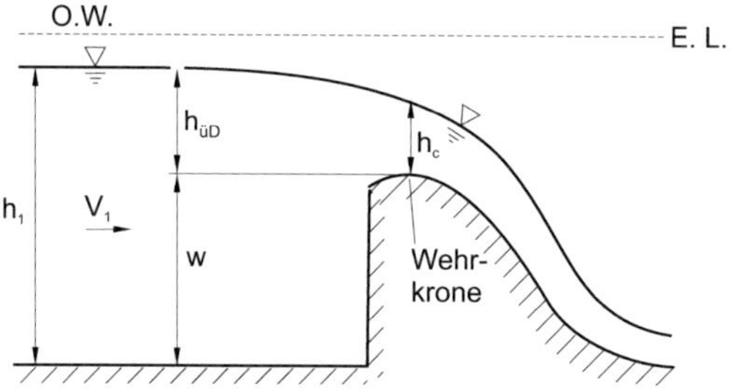

Abb. 10.16: Rundkroniges Überfallwehr

10.6 Wechselsprung: Energiedissipation

Die vorliegenden Beispiele haben gezeigt, dass Gerinneströmungen einen glatten, allmählichen Übergang vom unter- zum überkritischen Abfluss haben können. Sie verhalten sich dabei annähernd reibungsfrei, da sich die Strömung beschleunigt.

Umgekehrt aber ist der Übergang vom über- zum unterkritischen Abfluss, d.h. von kleinerer zu größerer Tiefe, praktisch immer abrupt in Form eines Wechselsprungs, auch Wassersprung (engl. "hydraulic jump") genannt, der mit erheblichen Energieverlusten verbunden ist. Abb. 10.17 zeigt das Beispiel eines Wechselsprungs, wie er unterstrom eines Wehres auftreten kann. Die Tiefe h_1 an der Basis des Wehres entspricht hier der überkritischen Anströmung, so wie im vorigen Abschnitt betrachtet. Die größere unterkritische Tiefe h_2

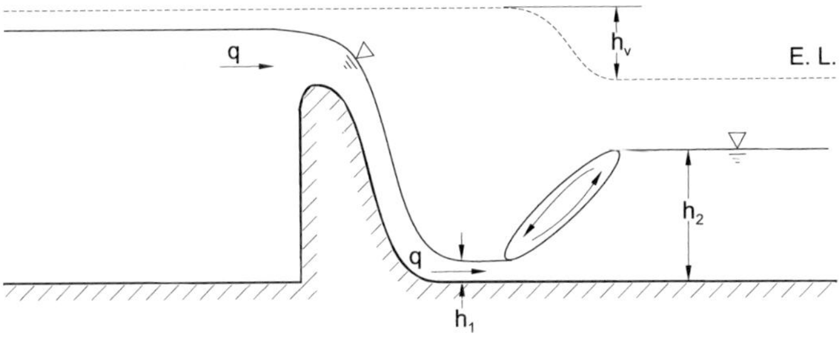

Abb. 10.17: Wechselsprung am Fuße eines Wehres

dagegen ist von weiter stromabwärts beeinflusst, z. B. durch weitere Kontrollbauwerke oder durch die Reibung im Gerinne (Normalabfluss).

Im Wechselsprung herrscht ein adversaler Druckgradient, $dp/dx > 0$, der zu einer Verzögerung und Aufweitung des Strömungsprofils führt, wie in Abb. 10.18 dargestellt. Als Folge davon entsteht eine Rückströmung in Form einer "Deckwalze" an der Oberseite des Wechselsprungs. Turbulenzerzeugung und Energiedissipation finden statt. Die Deckwalze ist des weiteren durch Lufteintrag an ihrem oberstromigen Ende, und dadurch Schaumbildung, gekennzeichnet.

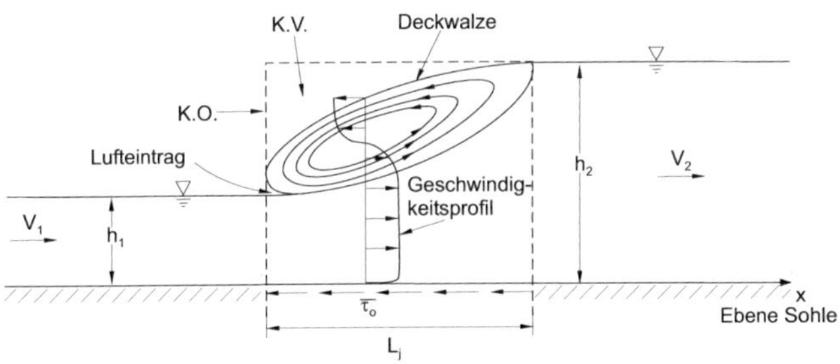

Abb. 10.18: Kontrollvolumen zur Analyse eines Wechselsprungs in einem Gerinne mit konstanter Breite und ebener Sohle

Zur Analyse des Wassersprungs kann also das spezifische Energiekonzept nicht verwendet werden, da die Energieverluste wesentlich und a priori unbekannt sind. Dagegen ist die Impulsgleichung anwendbar, da alle Krafteinwirkungen auf ein K.V., das den Wechselsprung beinhaltet, bekannt oder gut abschätzbar sind. Abb. 10.18 zeigt einen Wechselsprung mit konstanter Breite und auf ebener Sohle. Die Anströmbedingungen mit Abfluss q, Tiefe h_1 und Geschwindigkeit V_1 sind bekannt. Der Wechselsprung hat eine Länge L_j, über welche die mittleren Sohlschubspannungen auftreten. Anwendung der Impulsgleichung Gl. (4.40a) in der Strömungsrichtung x für die stationäre Strömung führt zu

$$\gamma\frac{h_1^2}{2}-\gamma\frac{h_2^2}{2}-\overline{\tau}_o L_j=\rho q(V_2-V_1) \tag{10.32}$$

Für kurze Distanzen, wie sie beim Wechselsprung typisch sind, ist die Schubspannungskraft $\overline{\tau}_o L_j$ im Vergleich zu den hydrostatischen Druckkräften vernachlässigbar, $\overline{\tau}_o L_j \to 0$.

Wird die Kontinuitätsgleichung

$$q=V_1h_1=V_2h_2 \tag{10.33}$$

in Gl. (10.32) eingesetzt, so erhält man nach einiger Umformung die unterstromige Tiefe h_2 mit der sog. Wechselsprunggleichung

$$h_2=\frac{h_1}{2}\left(\sqrt{1+8Fr_1^2}-1\right) \tag{10.34}$$

wobei Fr_1 die gegebene Froudezahl der überkritischen Anströmung ist,

$$Fr_1=\frac{q}{\sqrt{gh_1}}>1 \tag{10.35}$$

Mit der nun bekannten Lösung für die Tiefe h_2 und die Geschwindigkeit $V_2=q/h_2$ kann die Arbeits-Energie-Gleichung (Gl. (10.9)) verwendet werden (mit ebener Sohle $z_1=z_2$), um die Energieverlusthöhe

$$h_v=\frac{(h_2-h_1)^3}{4h_1h_2} \tag{10.36}$$

zu berechnen.

Abb. 10.19 zeigt Gl. (10.34) bzw. Gl. (10.36) in dimensionsloser Darstellung, mit der Anströmenergiehöhe, $E_1=h_1+\frac{V_1^2}{2g}$, normalisiert. Darin ist zu sehen, dass mit zunehmender Froudezahl Fr_1 des Wechselsprunges die Sprungstärke h_2/h_1 und die Energiedissipation zunehmen. So z. B. existiert bei $Fr_1=10$ ein starker Wechselsprung, $h_2/h_1\approx 14$, und etwa 75% der Anströmenergie werden im Wechselsprung dissipiert. Diese Eigenschaft wird oft bewusst im Wasserbau eingesetzt, um etwa bei Hochwasserentlastungsanlagen hinter Wehren oder Staudämmen die Abströmenergie zu vermindern und Sohlenerosion stromab zu vermeiden.

Die Länge L_j und Form des Wechselsprungs kann aus einfachen Analysen nicht ermittelt

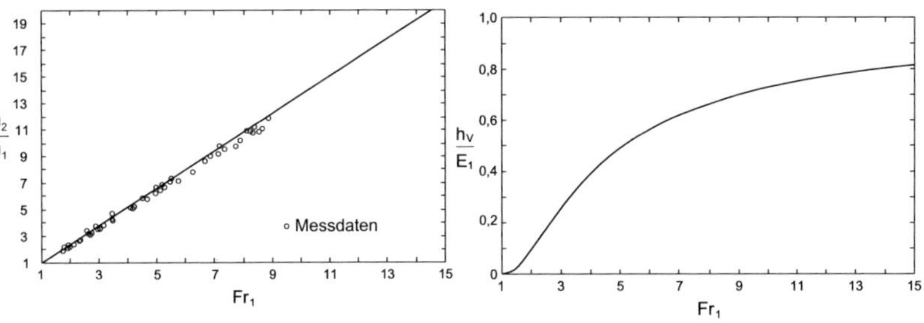

(a) Relative Sprungstärke

(b) Relative Energieverlusthöhe, h_v/E_1

Abb. 10.19: Wechselsprung als Funktion der Froudezahl Fr_1

werden. Experimentelle Untersuchungen zeigen

$$L_j \approx 6{,}0h_2 \tag{10.37}$$

Des weiteren sind Wechselsprünge je nach der Anström-Froudezahl Fr_1 mit mehr oder weniger Wellenbildung bzw. Oszillationen verbunden, wie in Abb. 10.20 skizziert ist.

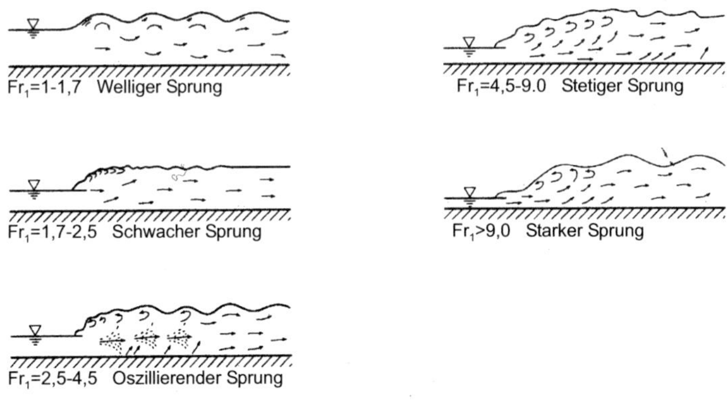

Abb. 10.20: Wechselsprungausbildung bei verschiedenen Froudezahlen der Anströmung (nach Ven te Chow, 1959)